21 世纪高等院校计算机辅助设计规划教材

Protel 99 SE 应用教程

赵全利　周　伟　主　编
李会萍　罗中剑　沈　阳　等编著

机械工业出版社

本书以 Protel 99 SE 电路设计应用为主线，由浅入深地介绍了电路原理图和 PCB 设计的方法及操作步骤，将 Protel 99 SE 的各项功能、应用技术及实际操作结合起来，力求在实践过程中，引导读者逐步认识、熟悉、应用 Protel 99 SE，掌握使用 Protel 进行电路设计的方法和技能。各章均配有实践练习题，以巩固本章所学知识。书中所有实例均在 Protel 99 SE 环境下完成。

本书结构合理、内容详实、实例丰富、便于自学，可作为大学本科、高职高专院校的电子、通信、自动化及相关专业电子电路设计的教学用书，也可作为工程技术人员的参考书。

本书配有电子教案，需要的教师可登录 www.cmpedu.com 免费注册，审核通过后下载，或联系编辑索取（QQ：2966938356，电话：010-88379739）。

图书在版编目（CIP）数据

Protel 99 SE 应用教程 / 赵全利，周伟主编. —北京：机械工业出版社，2014.10
21 世纪高等院校计算机辅助设计规划教材
ISBN 978-7-111-48195-9

Ⅰ. ①P… Ⅱ. ①赵… ②周… Ⅲ. ①印刷电路－计算机辅助设计－应用软件－高等学校－教材 Ⅳ. ①TN410.2

中国版本图书馆 CIP 数据核字（2014）第 230751 号

机械工业出版社（北京市百万庄大街22号　邮政编码100037）
责任编辑：和庆娣　　责任校对：张艳霞
责任印制：乔　宇

唐山丰电印务有限公司印刷

2014 年 11 月第 1 版·第 1 次印刷
184mm×260mm·18 印张·445 千字
0001—3000 册
标准书号：ISBN 978-7-111-48195-9
定价：39.00 元

凡购本书，如有缺页、倒页、脱页，由本社发行部调换

电话服务	网络服务
社 服 务 中 心：（010）88361066	教 材 网：http://www.cmpedu.com
销 售 一 部：（010）68326294	机工官网：http://www.cmpbook.com
销 售 二 部：（010）88379649	机工官博：http://weibo.com/cmp1952
读者购书热线：（010）88379203	封面无防伪标均为盗版

前　言

随着电子技术的发展，电路设计人员逐渐掌握电子线路计算机辅助设计（CAD）和计算机辅助制造（CAM）的相关知识，并能熟练运用有关电子设计自动化（EDA）软件进行电子线路设计、仿真分析及 PCB 设计等，从而减少了设计人员的劳动强度，大大提高了工作效率。电子线路 CAD 软件 Protel 99 SE，因其操作灵活、方便、实用，功能强大，长期以来，一直深得电子工程师青睐，是工程师们进行电子系统设计的常用的软件之一。

本书是作者丰富的电路设计与布线经验的总结，是作者长期进行电子工程设计及教学经验的成果。本书从实用角度出发，具有以下特色。

（1）工程导向

以工程实例为引导，首先介绍 Protel 99 SE 的实用环境及基本操作，然后循序渐进介绍 Protel 99 SE 设计基础知识、电路原理图和印制电路板的设计方法、元器件库及封装库的建立和使用，最后通过实例介绍电路仿真和信号完整性分析。

（2）实例操作

本书以应用实例和实际操作为引线，将每一个知识点贯穿其中，将 Protel 99 SE 的各项功能结合起来，使读者快速建立整个设计流程，然后结合相应实例进一步介绍知识点与实际操作，力求在实践过程中，引导读者逐步认识、熟悉、应用 Protel 99 SE，掌握使用 Protel 进行电路设计的方法和技能。

（3）便于自学

本书提供了主要知识点的翔实描述和操作过程，通俗易懂、条理清楚、实例丰富、图文并茂、便于自学，对从事电子设计人员和高等学校相关专业的师生均能提供强劲的 EDA 技术支持。

本书共 11 章，第 1 章为 Protel 99 SE 概述；第 2 章为 Protel 99 SE 基础知识；第 3 章为 Protel 99 SE 原理图设计基础；第 4 章为 Protel 99 SE 原理图设计；第 5 章为创建元器件库与制作元器件；第 6 章为 PCB 设计基础；第 7 章为 PCB 设计；第 8 章为元器件封装库的相关知识；第 9 章为电路仿真的基本知识；第 10 章为 PCB 信号完整性分析；第 11 章为 Protel 99 SE 设计实例。每章结合实例对其应用技术及操作过程进行了详细描述，使读者可以轻松掌握 Protel 99 SE 的各功能模块的使用方法。书后附录提供了 Protel 99 SE 菜单的中英文对照和快捷键，方便读者使用，解决实际阅读问题，保证设计质量，提高原理图与 PCB 设计速度与效率。

本书由赵全利、周伟主编，李会萍、罗中剑、沈阳、宋国林、王志新等编著。周伟编写第1章、第3章、第4章、第6章、第11章，赵全利编写第2章，李会萍编写第5章、第7章，罗中剑编写第8章、沈阳编写第9章及图形处理、宋国林编写第10章及各章实例，电路仿真、习题解答、文档编辑、附录等部分由刘瑞新、张开阳、王志新、曾涛、朱江波、田金雨、骆秋容、王如雪、曹媚珠、陈文焕、刘有荣、李刚、孙明建、李索、刘大学、刘克纯、沙世雁、缪丽丽、田金凤、陈文娟、李继臣、王如新、赵艳波、王茹霞、田同福、徐维维、徐云林编写完成。本书由周伟统稿，赵全利负责全书统筹设计，刘瑞新教授主审。

　　本书所使用的软件环境中部分图片固有元器件符号可能与国家标准不一致，读者可自行查阅相关国家标准及资料。

　　限于编者水平，书中难免有疏漏之处，恳请广大读者批评指正。

编　者

目　　录

前言
第 1 章　Protel 99 SE 概述 ··· 1
1.1　Protel 发展历史 ·· 1
1.2　Protel 99 SE 的主要特点 ·· 2
1.3　Protel 99 SE 的安装与启动 ·· 3
  1.3.1　Protel 99 SE 的运行环境 ··· 3
  1.3.2　Protel 99 SE 的安装 ·· 3
  1.3.3　Protel 99 SE 的卸载 ·· 6
  1.3.4　Protel 99 SE 的启动 ·· 7
1.4　Protel 99 SE 电子线路设计流程 ··· 8
1.5　思考与练习 ··· 11
第 2 章　Protel 99 SE 基础知识 ··· 12
2.1　Protel 99 SE 的界面设置 ·· 12
  2.1.1　屏幕分辨率设置 ··· 12
  2.1.2　系统参数设置 ··· 12
2.2　Protel 99 SE 的界面 ··· 14
  2.2.1　Protel 99 SE 系统菜单 ··· 15
  2.2.2　Protel 99 SE 菜单栏 ·· 16
2.3　创建一个设计项目 ··· 17
2.4　打开已有设计项目 ··· 19
2.5　Protel 99 SE 文件管理 ·· 21
  2.5.1　设计文件管理 ··· 21
  2.5.2　使用快捷菜单 ··· 24
  2.5.3　文件的编辑 ··· 24
  2.5.4　查看工具栏 ··· 24
2.6　设计工作组管理 ··· 25
2.7　创建设计文件 ··· 27
  2.7.1　新建原理图文件 ··· 28
  2.7.2　新建 PCB 文件 ··· 30
2.8　设计文件的常用操作 ··· 31
  2.8.1　设计文件的打开、保存、删除、恢复和关闭 ··································· 31
  2.8.2　不同设计数据库间的文件复制 ··· 33
2.9　思考与练习 ··· 34

第3章 Protel 99 SE 原理图设计基础 ·········35
3.1 Protel 99 SE 创建设计数据库和电路原理图 ·········35
3.2 电路原理图编辑器工作界面 ·········37
3.3 设置原理图图纸 ·········39
3.4 元器件库操作 ·········43
3.4.1 安装与删除元器件库 ·········44
3.4.2 查找未知所在库的元器件 ·········44
3.5 放置元器件 ·········45
3.6 元器件布局 ·········49
3.6.1 元器件的旋转 ·········50
3.6.2 元器件的移动 ·········50
3.6.3 取消元器件的选择 ·········52
3.6.4 元器件的删除 ·········52
3.7 连接电路 ·········53
3.7.1 放置导线 ·········53
3.7.2 放置电气节点 ·········54
3.8 放置电源及接地端口 ·········55
3.9 放置文本字符串 ·········55
3.10 实例——绘制晶体管放大电路 ·········57
3.11 思考与练习 ·········60

第4章 Protel 99 SE 原理图设计 ·········63
4.1 元器件的编辑 ·········63
4.1.1 元器件的复制、剪切和粘贴 ·········63
4.1.2 元器件的阵列式粘贴 ·········65
4.1.3 元器件的排列和对齐 ·········66
4.2 连接线路 ·········68
4.2.1 绘制总线及总线入口 ·········68
4.2.2 放置网络标签 ·········69
4.2.3 放置端口 ·········70
4.3 绘图工具 ·········71
4.3.1 绘制直线 ·········72
4.3.2 绘制多边形 ·········72
4.3.3 绘制圆弧与椭圆弧 ·········73
4.3.4 绘制贝塞尔曲线 ·········74
4.3.5 绘制矩形 ·········75
4.3.6 绘制圆边矩形 ·········75
4.3.7 绘制椭圆与圆 ·········76
4.3.8 绘制饼图 ·········77

4.3.9　放置文本框 ··· 77
　　　4.3.10　插入图片 ··· 78
　4.4　层次原理图的设计 ·· 79
　　　4.4.1　层次原理图的设计方法 ··· 79
　　　4.4.2　自上而下的层次原理图设计 ··· 80
　　　4.4.3　自下而上的层次原理图设计 ··· 85
　　　4.4.4　层次原理图之间的切换 ··· 86
　4.5　原理图报表及原理图打印 ··· 86
　　　4.5.1　ERC 表 ·· 86
　　　4.5.2　网络表 ·· 88
　　　4.5.3　生成元器件清单 ·· 91
　　　4.5.4　交叉参考报表 ··· 92
　　　4.5.5　项目工程层次结构报表 ··· 92
　　　4.5.6　网络比较报表 ··· 93
　　　4.5.7　原理图打印 ·· 93
　4.6　实例——设计七段数码显示电路 ·· 94
　4.7　思考与练习 ·· 98

第 5 章　创建元器件库与制作元器件 ··· 100
　5.1　原理图元器件库 ··· 100
　　　5.1.1　启动原理图元器件库编辑器 ··· 100
　　　5.1.2　元器件库编辑器界面 ··· 101
　　　5.1.3　原理图元器件库编辑器的菜单 ······································· 102
　5.2　创建新元器件 ·· 105
　5.3　创建项目的原理图元器件库 ··· 111
　5.4　实例——制作七段数码管的图形符号 ·································· 111
　5.5　思考与练习 ·· 113

第 6 章　PCB 设计基础 ··· 115
　6.1　PCB 的基础知识 ·· 115
　　　6.1.1　PCB 的结构 ·· 115
　　　6.1.2　有关 PCB 的基本概念 ·· 115
　6.2　新建 PCB 文件 ··· 117
　　　6.2.1　通过向导生成 PCB 文件 ·· 117
　　　6.2.2　利用"更新"方式生成 PCB 文件 ·································· 121
　　　6.2.3　利用菜单新建 PCB 文件 ·· 121
　6.3　PCB 编辑器工作界面 ··· 122
　　　6.3.1　菜单栏 ··· 123
　　　6.3.2　工具栏 ··· 123
　　　6.3.3　"Browse PCB"面板 ·· 124

VII

6.3.4 PCB 工作区 ······125
6.3.5 工作层标签 ······125
6.4 规划电路板 ······126
6.4.1 电路板的工作层面设置 ······126
6.4.2 层堆栈管理器 ······128
6.4.3 设置环境参数 ······131
6.4.4 设计电路板外形 ······132
6.4.5 PCB 电气边界 ······132
6.5 准备原理图 ······133
6.6 确定元器件封装 ······134
6.6.1 修改元器件封装 ······134
6.6.2 元器件封装库的添加与移除 ······134
6.6.3 实例中元器件及其封装 ······135
6.7 从原理图更新到 PCB ······135
6.7.1 网络表 ······136
6.7.2 加载网络和元器件 ······136
6.8 PCB 的设计规则 ······139
6.8.1 布线规则 ······139
6.8.2 制造规则 ······147
6.8.3 其他规则 ······148
6.9 PCB 元器件布局 ······148
6.9.1 元器件的自动布局 ······149
6.9.2 元器件的手工布局 ······150
6.10 PCB 3D 效果图 ······151
6.11 PCB 密度分析 ······152
6.12 PCB 的布线 ······153
6.12.1 自动布线 ······153
6.12.2 手工布线 ······155
6.13 PCB 的后期处理 ······155
6.13.1 补泪滴 ······155
6.13.2 敷铜 ······156
6.13.3 调整元器件标注 ······157
6.14 设计规则检查 ······159
6.15 实例——LED 闪烁灯电路的 PCB 设计 ······162
6.16 思考与练习 ······165

第 7 章 PCB 设计 ······167
7.1 PCB 编辑器的参数设置 ······167
7.2 PCB 的放置工具 ······168

  7.2.1 放置导线 ·· *168*
  7.2.2 放置焊盘 ·· *169*
  7.2.3 放置过孔 ·· *170*
  7.2.4 放置字符串 ·· *171*
  7.2.5 放置坐标 ·· *171*
  7.2.6 放置尺寸标注 ·· *172*
  7.2.7 放置直线 ·· *173*
  7.2.8 绘制圆弧 ·· *173*
  7.2.9 放置矩形填充 ·· *174*
  7.2.10 设置坐标原点 ··· *174*
  7.2.11 放置元器件 ··· *175*
 7.3 PCB 编辑器的编辑功能 ·· *176*
  7.3.1 对象的选择和取消 ·· *176*
  7.3.2 对象的删除 ·· *177*
  7.3.3 对象的移动 ·· *177*
  7.3.4 对象的排列 ·· *178*
  7.3.5 跳转功能 ·· *178*
  7.3.6 全局编辑元器件属性 ··· *179*
 7.4 单面 PCB 的设计 ·· *180*
 7.5 PCB 设计输出 ··· *182*
  7.5.1 PCB 报表的生成 ··· *182*
  7.5.2 PCB 制造与装配文件的生成 ··· *184*
  7.5.3 PCB 图打印输出 ··· *188*
 7.6 实例——单片机开发板 PCB 设计 ··· *190*
 7.7 思考与练习 ··· *192*
第 8 章 元器件封装库 ··· **195**
 8.1 PCB 封装 ·· *195*
 8.2 PCB 封装库编辑器 ·· *195*
  8.2.1 启动 PCB 封装库编辑器 ··· *195*
  8.2.2 PCB 封装库文件编辑器菜单 ··· *197*
 8.3 元器件封装库管理 ··· *197*
  8.3.1 浏览元器件库 ·· *197*
  8.3.2 新建元器件封装 ··· *198*
  8.3.3 元器件封装重命名 ··· *198*
  8.3.4 删除元器件封装 ··· *199*
  8.3.5 放置元器件封装 ··· *199*
  8.3.6 编辑元器件封装焊盘 ··· *199*
  8.3.7 设置信号层的颜色 ··· *199*

- 8.4 手工创建新的 PCB 封装 ··· 199
- 8.5 利用向导创建 PCB 封装 ··· 201
- 8.6 创建项目的元器件 PCB 封装库 ··· 203
- 8.7 实例——制作七段数码管的封装 ··· 204
- 8.8 思考与练习 ··· 207

第 9 章 电路仿真 ··· 209

- 9.1 Protel 99 SE 的仿真元器件库 ··· 209
  - 9.1.1 常用元器件库 ··· 210
  - 9.1.2 仿真激励源 ··· 212
  - 9.1.3 仿真传输线库 ··· 212
- 9.2 初始状态的设置 ··· 213
  - 9.2.1 设置仿真电路节点 ··· 213
  - 9.2.2 节点电压设置 ··· 214
  - 9.2.3 初始状态设置 ··· 214
- 9.3 仿真器的设置 ··· 214
  - 9.3.1 仿真分析设定 ··· 215
  - 9.3.2 工作点分析 ··· 215
  - 9.3.3 瞬态分析或傅里叶分析 ··· 215
  - 9.3.4 交流小信号分析 ··· 217
  - 9.3.5 直流扫描分析 ··· 217
  - 9.3.6 蒙特卡罗分析 ··· 218
  - 9.3.7 参数扫描分析 ··· 219
  - 9.3.8 温度扫描分析 ··· 219
  - 9.3.9 噪声分析 ··· 220
  - 9.3.10 传递函数分析 ··· 221
- 9.4 仿真原理图设计 ··· 221
  - 9.4.1 加载仿真元器件库 ··· 221
  - 9.4.2 仿真原理图 ··· 222
- 9.5 原理图仿真实例 ··· 222
  - 9.5.1 串联电路仿真 ··· 222
  - 9.5.2 半波整流电路仿真 ··· 225
  - 9.5.3 低通滤波器电路仿真 ··· 226
- 9.6 思考与练习 ··· 228

第 10 章 PCB 信号完整性分析 ··· 230

- 10.1 Protel 99 SE 信号完整性分析概述 ··· 230
- 10.2 信号完整性分析规则 ··· 230
- 10.3 设计规则检查（DRC） ··· 237
- 10.4 信号完整性分析器 ··· 238

  10.4.1　启动信号完整性分析器 ······ 239
  10.4.2　信号完整性分析器的设置 ······ 239
 10.5　信号波形分析 ······ 241
 10.6　思考与练习 ······ 243
第 11 章　Protel 99 SE 设计实例 ······ 244
 11.1　设计串行通信接口电路 ······ 244
  11.1.1　串行通信接口电路的原理图设计 ······ 244
  11.1.2　串行通信接口电路的 PCB 设计 ······ 251
 11.2　单片机系统电路设计 ······ 257
  11.2.1　单片机系统中 LED 电路的原理图设计 ······ 257
  11.2.2　单片机系统中 LED 显示电路的 PCB 设计 ······ 261
 11.3　思考与练习 ······ 264
附录 ······ 266
 附录 A　Protel 99 SE 菜单中英文释义对照 ······ 266
 附录 B　Protel 99 SE 常用快捷键 ······ 272
参考文献 ······ 276

第 1 章　Protel 99 SE 概述

随着电子行业的飞速发展，电子线路的设计日趋复杂，传统的人工方式早已无法适应社会对电子技术的需求，便捷、高效的计算机辅助设计（Computer Aided Design，CAD）方式就应运而生，电子设计 CAD 软件飞速发展起来，Protel 软件就是其中的典型代表。在许多计算机辅助设计软件中，它们的功能大同小异，其中历经考验的 Protel 99 SE 以其操作简单、方便、易学、易用、高效等优点，是进行电子线路设计的常用软件之一。

本章通过对 Protel 99 SE 简要介绍，使读者对 Protel 99 SE 的发展、特点、安装与启动和电子线路设计流程有一个基本的了解。

1.1　Protel 发展历史

Protel 是 Protel Technology 公司在 20 世纪 80 年代末推出的 EDA 软件，它是 TANGO 的继承者。1988 年由美国 ACCEL Technologies 公司推出的 TANGO，是第一个应用于电子线路设计的软件包，它开创了电子设计自动化（Electronic Design Automation，EDA）的先河，具有操作方便、易学、实用、高效的特点，但是随着集成电路技术的不断进步，电子线路的设计越来越复杂，TANGO 的局限性也就越来越明显，难以适应电子行业的飞速发展，因此，为了响应时代的需求，澳大利亚的 Protel Technology 公司以其强大的研发能力推出了 Protel for DOS 作为 TANGO 的升级版本。Protel 上市后迅速取代了 TANGO，成为当时影响最大、用户最多的电子设计软件之一。

20 世纪 90 年代，随着 Windows 操作系统的不断发展和日益流行，众多应用软件也纷纷跟随着给予支持，Protel 也适应形势的需要相继推出了 Protel for Windows 1.0、Protel for Windows 1.5、2.0、3.0 等多个升级版本，这些版本开始提供可视化功能，从而为电子线路的设计带来了极大的方便。

20 世纪 90 年代中期，Protel 推出基于 Windows 95 的 3.X 版本，采用了新颖的主从式结构，但在自动布线方面却没有出众的表现，由于是 16 位与 32 位的混合型软件，运行不太稳定。1998 年，Protel 公司推出了新版本的 Protel 98，极大地增强了自动布线能力，从而获得了业内人士的一致好评。

1999 年，Protel 公司又推出了更新一代的电子线路设计系统——Protel 99。Protel 99 是一个全面、集成、全 32 位的电路设计系统，功能很强，提供了在电路设计时从概念到成品过程中所需的一切，将输入电路原理图设计、建立可编程逻辑器件、直接进行电路混合信号仿真、进行 PCB 编辑和布线并维护电气连接和布线规则、检查信号完整性、生成报表文件等功能融合在一起，从而实现了电子设计自动化。Protel 99/99 SE 所有对象都具有相同或者相似的操作方式，例如元器件、连线、网络标号、焊盘等，达到了 CAD 软件操作的简单、方便、易学、实用、高效的要求。Protel 99 以其优异的性能奠定了 Protel 公司在电子设计行业的领先地位。Protel 99 SE 是 Protel 99 的增强版本，在文件组织方面既可以采用传统的 Windows 文件格式又可以采用 Access 数据库文件格式，同时具有更强大的功能和良好的操作性，给电路设计者的工作带来了更大的便利。此外 Protel 公司还不断推出 Protel 99 的升级包，对原有软件的问题加以修正和改良，更新版本到 Service Pack 6。

2001 年，Protel 公司改名为 Altium，随后 2002 年发布了在 Windows 2000、Windows XP 操作系统下运行的 Protel DXP 版本，集成了更多工具，使用更方便，功能更强大。2003 年推出了 Protel DXP 2004 对 Protel DXP 进一步完善。

2005 年底，Altium Designer 6.0 成功推出后，集成了更多工具，功能更强大，特别是在 PCB 设计这一块性能大大提高。它是完全一体化电子产品开发系统的一个新版本，是业界第一款，也是唯一一个完整的板级设计解决方案。Altium Designer 是业界首例将设计流程、集成化 PCB 设计、可编程器件（如 FPGA）设计和基于处理器设计的嵌入式软件开发功能整合在一起的产品，一种同时进行 PCB 和 FPGA 设计以及嵌入式设计的解决方案，具有将设计方案从概念转变为最终成品所需的全部功能。

本书将详细介绍 Protel 99 SE 的功能及使用方法。软件版本采用 Protel 99 SE Service Pack 6，操作系统为 Windows XP。

1.2 Protel 99 SE 的主要特点

Protel 99 SE 是一个 Client/Server 型的应用程序，它提供了一个基本的框架窗口和相应的 Protel 99 SE 组件之间的用户接口，在运行主程序时各服务器程序可在需要的时间调用，从而加快了主程序的启动速度，而且极大地提高了软件本身的可扩展性。Protel 99 SE 主要功能模块包括电路原理图设计、PCB 设计和电路仿真，各模块具有丰富的功能，可以实现电路设计与分析的目标。Protel 99 SE 具有如下特点。

1）将电路原理图编辑（Schematic Edit）、印制电路板设计（PCB）、可编程逻辑器件（PLD）设计、自动布线（Route）、电路仿真（Sim）等功能有机地结合在一起，是真正意义上的 EDA 软件，智能化、自动化程度高。

2）可选择设计文件存储类型，在创建新设计文件项目时，允许选择设计文件存储类型，可选择数据库文件（*.ddb），也可以选择 Windows 系统文件类型。

3）支持层次化设计。可进行自上而下或自下而上的层次电路设计，使 Protel 99 SE 能够完成大型、复杂的电路设计。

4）交互式全局编辑。在设计任何对象时，例如元器件、连线、网络标号等，可以修改对象的属性，也可将修改扩展到一类对象上，即进行全局修改。

5）当绘制的电路原理图中的元器件全部来自仿真元器件库时，可以直接对该原理图中的电路进行仿真测试。

6）提供电气规则检查（ERC）和设计规则检查（DRC），最大限度地减少设计差错。

7）库元器件的管理、编辑功能完善，操作非常方便。通过基本的绘图工具，即可完成原理图用元器件电气图形符号以及 PCB 中元器件封装图形的编辑与制作。

8）全面兼容低版本 Protel 文件，并提供了与 OrCAD 格式文件转换功能。

9）原理图和 PCB 之间具有动态链接功能，保证了原理图与 PCB 设计的一致性，以便相互检查、校验等操作。

10）具有连续操作功能，例如可以快速地放置同类型元器件、连线等操作。

11）支持 Windows 系统所有输出外设，并能预览设计文件，可输出光绘（Gerber）文件、NC 文件等。

Protel DXP 作为 Protel 99 SE 的更新版本，操作界面变化比较大，菜单项较多，初学者不易掌握，虽然 DXP 版本新增了一些功能，但是很多功能是用户很少用到的，所以，Protel 99 SE 仍有广大的用户群体。

1.3 Protel 99 SE 的安装与启动

Protel 99 SE 软件的安装过程非常简单，用户只需运行相应的安装程序，然后根据软件向导即可完成。下面对其运行环境、安装与卸载、启动 4 个方面分别介绍。

1.3.1 Protel 99 SE 的运行环境

Protel 99 SE 对计算机硬件要求不高，最低配置为：Pentium II 或 Celeron 以上 CPU（CPU 主频越高，运行速度越快），内存容量不小于 32MB（最好是 64MB 或 128MB），硬盘容量必须大于 1GB（最好使用 8GB 以上硬盘），显示器尺寸在 15in[①]或以上，分辨率不能低于 1024×768，最好是 1280×1024，当分辨率为 800×600 或更低时，将不能完整显示 Protel 99 SE 窗口的下方及右侧部分。总之，硬件配置越高，Protel 运行速度越快，效果越好。

1．硬件配置

基本配置为 CPU 为 Pentium II 233 MHz，内存为 32MB，硬盘为 300MB，显示器为 15in，显示分辨率为 1024×768。建议配置为 CPU 为 Pentium II 300MHz 以上，内存为 128MB 以上，硬盘为 6GB 以上，显示器为 17in，显示分辨率为 1280×1024。

2．操作系统

Microsoft Windows NT 4.0 或以上版本，Microsoft Windows 98/2000 或以上版本。

目前来说，Protel 99 SE 软件对计算机的硬件要求不高，容易满足要求。

1.3.2 Protel 99 SE 的安装

Protel 99 SE 的安装很简单，与大多数 Windows 程序类似，只需要按照安装向导的提示进行操作即可，将 Protel 99 SE 安装光盘插入 CD-ROM 驱动器内，如果 CD-ROM 自动播放功能未被禁止的话，Protel 99 SE 安装向导将自动启动，并引导用户完成 Protel 99 SE 的安装过程，具体安装步骤如下。

1）将 Protel 99 SE 安装光盘放入光驱，系统会自动运行安装向导程序，也可以打开光盘文件找到 Protel 99 SE 文件夹中的 Setup.exe 文件，在该文件图标上双击，运行此文件，进入安装程序，系统弹出如图 1-1 所示的安装对话框。

2）单击"Next"按钮，系统会出现填写用户信息对话框，如图 1-2 所示。这里用户可以分别在 Name 和 Company 文本框中输入注册姓名和公司名称，在 Access Code 中输入 Protel 99 SE 的序列号。

---

① 1in=2.54cm

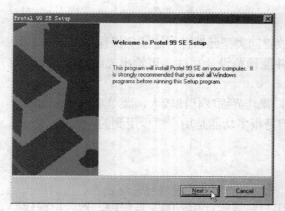
图 1-1 安装对话框

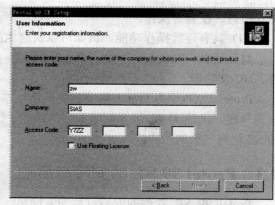
图 1-2 用户信息对话框

3）输入完成后，单击"Next"按钮，进入安装路径选择对话框，如图 1-3 所示。窗口中会提示当前的安装路径，可以单击"Browse"按钮进行修改安装路径，如图 1-4 所示。

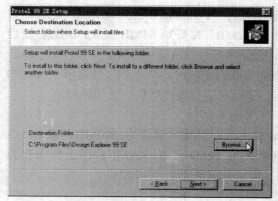
图 1-3 安装路径选择对话框

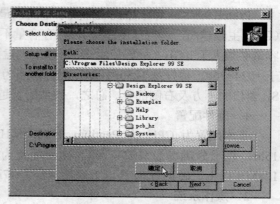
图 1-4 修改安装路径对话框

4）选择好安装路径后，单击"Next"按钮。系统进入选择安装类型选择对话框，如图 1-5 所示，一般选择 Typical（典型安装）。

5）单击"Next"按钮，系统提示创建开始菜单，如图 1-6 所示。单击"Next"按钮，进入开始复制文件对话框。

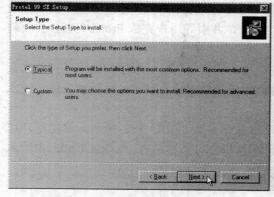
图 1-5 选择安装类型对话框

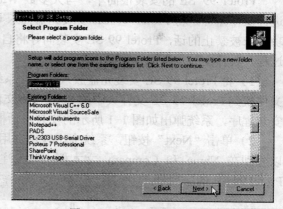
图 1-6 创建开始菜单对话框

6）设置完成，单击"Next"按钮将开始安装，如图 1-7 所示。如果需要更改设置，则可以单击"Back"按钮回到上一步骤进行修改。

7）安装过程如图 1-8 所示。

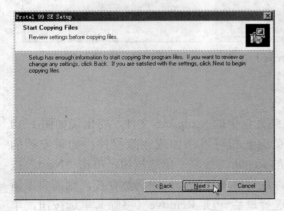 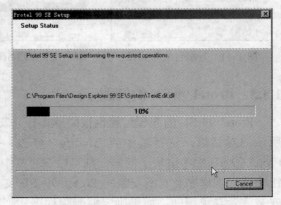

图 1-7　完成设置开始复制文件对话框　　　　图 1-8　软件安装过程对话框

8）安装完成后，系统弹出安装完成对话框，如图 1-9 所示，单击"Finish"按钮，完成 Protel 99 SE 的安装。

9）如果安装的 Protel 99 SE 不是最新版本，则最好安装升级包，这样能够保证程序拥有最好的性能，方便后面的学习和使用。目前 Protel 99 SE 最新的升级包是 Service Pack 6，双击其安装文件，出现如图 1-10 所示的确认窗口。

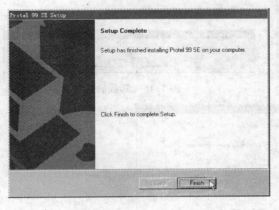 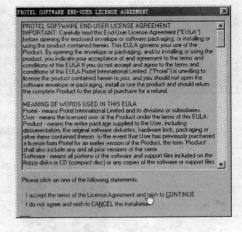

图 1-9　完成安装对话框　　　　图 1-10　确认安装 Service Pack 6

选择同意协议内容继续，则更新程序会自动搜索到机器中安装的 Protel 99 SE 程序，如图 1-11 所示。单击"Next"按钮确认开始升级，如图 1-12 所示。更新完成后出现如图 1-13 所示的界面，单击"Finish"按钮完成。至此就安装好了 Protel 99 SE 程序。

图 1-11　升级包安装路径　　　图 1-12　安装 Service Pack 6　　　图 1-13　完成升级安装

1.3.3　Protel 99 SE 的卸载

Protel 99 SE 的卸载过程也很简单，打开安装光盘中的 Setup.exe 文件，将出现如图 1-14 所示的对话框，选择其中的 Modify（修改）单选按钮可以添加或删除组件；如果安装的 Protel 99 SE 程序出现了问题，则可以选择其中的 Repair（修复）单选按钮，单击"Next"按钮确认，则程序会对所安装的 Protel 99 SE 文件进行修复，如果问题仍然存在，则需要重新安装或者寻求帮助；如果确定要删除程序，则选择最后一项 Remove（移除）单选按钮，单击"Next"按钮，弹出如图 1-15 所示的确认对话框，单击"确定"按钮。系统弹出删除 Protel 99 SE 程序完成对话框，如图 1-16 所示，单击"Finish"按钮即可完成卸载。

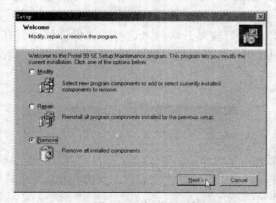 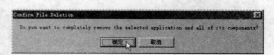

图 1-14　卸载对话框　　　　　　　　　　　图 1-15　卸载确认对话框

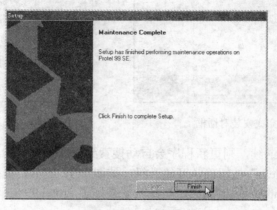

图 1-16　完成卸载

此外，在 Windows 的"控制面板"中通过"添加删除程序"选项也可以实现 Protel 99 SE 的卸载。

1.3.4 Protel 99 SE 的启动

在 Protel 99 SE 的安装过程中，安装程序自动在系统"开始"菜单和系统桌面上创建 Protel 99 SE 的快捷启动方式图标，同时在"开始"菜单→"所有程序"项建立快捷启动方式菜单。与其他 Windows 程序类似，除直接在安装目录下双击启动程序外，启动 Protel 99 SE 还有以下几种方式。

1．桌面快捷方式启动

在安装 Protel 99 SE 的同时，在系统桌面上创建了快捷方式，可以直接双击桌面上的快捷图标来启动，如图 1-17 所示。

2．使用"开始"菜单中的快捷图标

在 Protel 99 SE 的安装过程中，安装程序自动在"开始"菜单中建立快捷方式，可以直接单击快捷方式来启动 Protel 99 SE 程序，如图 1-18 所示。

图 1-17　桌面上 Protel 99 SE 的快捷图标　　　图 1-18　使用"开始"菜单中的快捷方式

3．从"开始"菜单启动

单击任务栏上的"开始"菜单，从弹出的"开始"菜单中选择 Protel 99 SE 命令，即可启动程序，如图 1-19 所示。

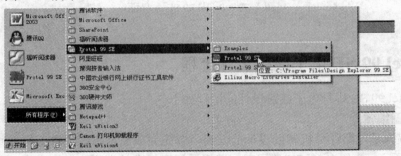

图 1-19　从"开始"菜单启动 Protel 99 SE

4. 通过设计数据库文件启动

可以在存档文件夹中双击一个 Protel 99 SE 的设计数据库文件（.DDB 文件）启动 Protel 99 SE 程序，同时所选择的设计数据库文件也会被打开，如图 1-20 所示。

Protel 99 SE 启动后，屏幕上将出现如图 1-21 所示的启动画面，随后系统将进入 Protel 99 SE 的主界面，如图 1-22 所示。

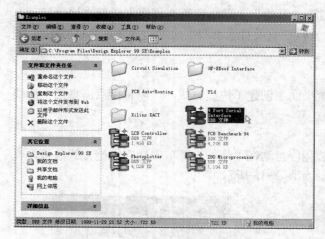

图 1-20 以设计数据库文件启动 Protel 99 SE 　　　图 1-21 Protel 99 SE 启动画面

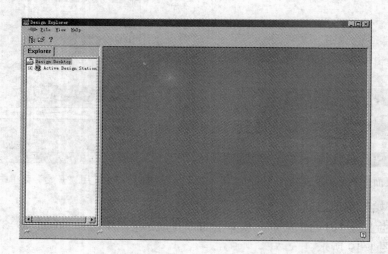

图 1-22 Protel 99 SE 主界面

1.4 Protel 99 SE 电子线路设计流程

使用 Protel 99 SE 进行电子线路设计的流程如下。

1. 原理图编辑

原理图编辑是电路计算机辅助设计的前提，首先完成原理图的编辑工作。原理图编辑界面如图 1-23 所示。Protel 99 SE 的原理图编辑采用了标准的图形化编辑方式，用户能够非常直观地控制整个编辑过程。在原理图编辑器中，用户可以实现 Windows 的一些普通编辑操作，如复制、剪切、粘贴等。编辑器中采用了交互式的编辑方法，在编辑对象属性时，用户只需要在所需编辑的对象上双击鼠标，即可打开对象属性对话框，直接对其进行修改，非常直观、方便。

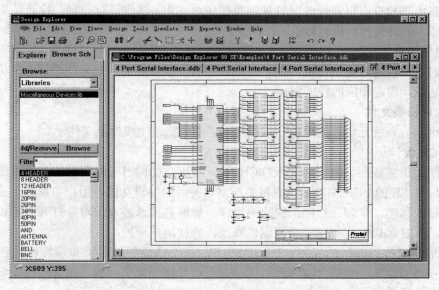

图 1-23　原理图编辑界面

2．元器件库的编辑

如果在编辑原理图的过程中，当某一个元器件的电气图形符号在 Protel 99 SE 已有的电气符号库中找不到时，则需要进入元器件图形符号编辑器中制作相应的元器件的电气图形符号。元器件电气图形符号的编辑界面如图 1-24 所示。

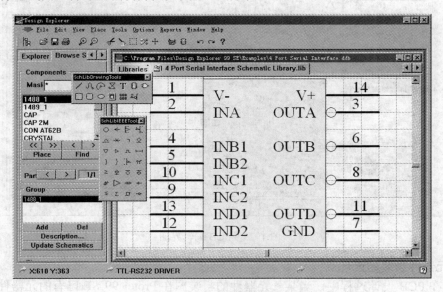

图 1-24　元器件电气图形符号编辑界面

3. 电气规则检查

电路原理图设计完成后,在进行 PCB 设计之前至少需要查明所设计的电路有没有电气连接上的错误,这样才能提高电路设计的效率,避免一些不必要的麻烦。Protel 99 SE 提供了强大的电气规则检查功能(ERC),能够迅速地对大型复杂电路进行电气检查,用户可以通过设置忽略电气检查点以及修改电气规则等操作对 ERC 过程进行控制,检查结果会直接标注在原理图上,方便用户进行修改。

4. 电气仿真

必要时,可以通过电气仿真功能,对原理图整体或者局部单元电路进行电气仿真分析,验证电路功能,确定相应的性能指标。

5. 生成报表文件

此时可以为系统元器件的采购、工程预算提供依据,生成报表文件。

6. PCB 设计

原理图编辑完成后,就可以进入 PCB 设计阶段,如图 1-25 所示。与原理图编辑器相似,Protel 99 SE 的 PCB 编辑器也提供了丰富而灵活的编辑功能,用户可以很容易地实现元器件的选择、移动、复制、粘贴、删除等操作,能够直接通过双击对象打开对象属性对话框进行修改,PCB 编辑器也提供了全局属性修改,方便用户操控。

接下来完成布局布线的任务。Protel 99 SE 有一些极好的手动布线特性,包括绕障碍(slam-and-jam)方式,能够自动地弯折线,并与设计规则完全一致,结合拖拉线时自动抓取实体电气网格特性和预测放线特性,能够在很理想的网格上有效地布置出带有混合元器件技术的复杂板。Protel 99 SE 还提供功能强大的自动布线功能,实现设计的自动化。

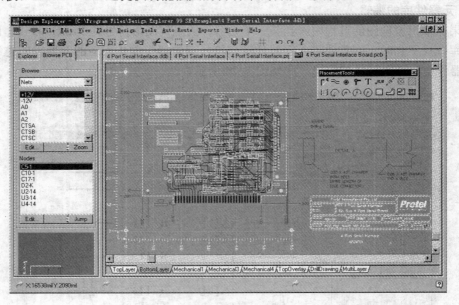

图 1-25 PCB 编辑界面

7. 元器件封装的设计

如果在 PCB 设计过程中,当某一元器件的封装图在 Protel 99 SE 已有的元器件封装库中找不到时，则需要进入元器件封装图编辑器制作需要的元器件封装图。元器件封装的编辑器界面，如图 1-26 所示。Protel 99 SE 也提供了众多常见的 PCB 元器件封装，用户可以通过加载这些库文件方便地使用，同时也具备完善的库元器件管理功能，用户可以通过多种方式方便快速地创建一个新的 PCB 元器件封装。

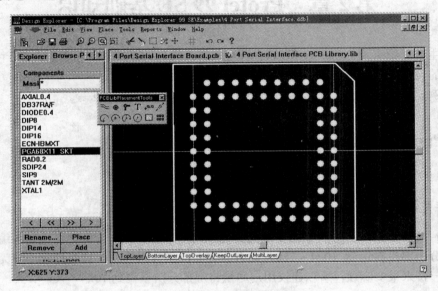

图 1-26　元器件封装库编辑器界面

8．设计规则检查

PCB 设计结束后，可以使用 PCB 编辑器中的设计规则检查功能，对 PCB 进行检查，确保是否存在不符合设计规则的操作。必要时，可以从 PCB 文件中抽取网络表文件，与原理图网络表文件进行比较。

9．分析功能

有些高速板必要时需要通过信号完整性分析功能，验证所设计的 PCB 的电磁兼容性指标是否达到要求。确认无误后，即可填写 PCB 制作工艺，例如覆铜板参数、焊盘处理工艺等。如果系统中存在 PLD，则需要进入 PLD 仿真操作，生成 PLD 烧录文件。

1.5　思考与练习

1．运行 Protel 99 SE 所需要的最低分辨率是多少？ 如果分辨率过小，启动 Protel 99 SE 会遇到什么问题？

2．在 Protel 99 SE 环境下，打开安装目录（如 C:\Program Files\Design Explorer 99 SE\Examples\）下 Z80 Microprocessor .ddb 设计文件包，并浏览该文件包内的文件结构。

第2章 Protel 99 SE 基础知识

本章主要介绍有关 Protel 99 SE 软件环境设置及操作的基本知识。首先介绍 Protel 99 SE 系统参数的设置，然后介绍 Protel 99 SE 文件管理、设计组管理，以一个设计任务的建立以及管理为例，使读者通过实例熟悉 Protel 99 SE 的基本文件操作方法等。

2.1 Protel 99 SE 的界面设置

Protel 99 SE 的界面设置包括屏幕分辨率设置和系统参数设置。

2.1.1 屏幕分辨率设置

Protel 99 SE 对屏幕分辨率的要求比其他应用程序要高一些，例如在原理图编辑器中，如果屏幕分辨率没有达到 1024×768，则有些界面的部分内容就会被遮挡使用户无法看到，这就给用户带来很多麻烦，所以建议用户尽量将屏幕分辨率调到 1024×768 以上。

2.1.2 系统参数设置

首次运行 Protel 99 SE 时，可以打开系统参数对话框，对一些基本的系统参数进行设置，可以使用户清晰地了解操作界面和对话框的内容，因为如果界面字体设置不合适，界面上的字符就无法显示完全，如图 2-1 所示，此时只有设置合适的界面参数，才能使界面中的字符完全显示出来，如图 2-2 所示。

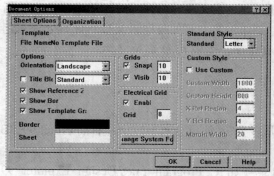

图 2-1 字符没有完全显示的对话框

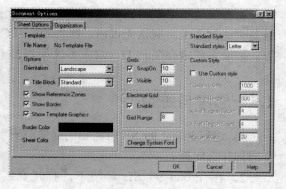

图 2-2 设置系统字体参数后的对话框

设置系统参数的具体操作如下。

1）单击菜单栏中的 ![] 按钮，系统弹出下拉菜单选项，如图 2-3 所示。选择"Preferences"命令，即可打开"系统参数"对话框，如图 2-4 所示。

2）在图 2-4 所示的"系统参数"对话框中有 5 个复选框，其作用分别说明如下。

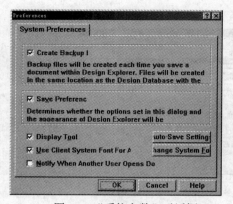

图 2-3 菜单选项　　　　　　　　　图 2-4 "系统参数"对话框

- Create Backup Files：选中该复选框，则系统会在每次保存设计文档时生成备份文件，保存在和原设计数据库文件相同的目录下，并以前缀"Backup of"和"Previous Backup of"加原文件名来命名备份文件。
- Save Preference：选中该复选框，则在关闭程序时系统会自动保存用户对设计环境参数的修改。
- Display Tool Tips：激活工具栏提示特性，选中此复选框后，当指针移动到工具按钮上时会显示工具描述。
- Use Client System Font For All Dialogs：选中此复选框，则所有对话框文字都会采用用户指定的系统字体，否则会采用默认字体显示方式。
- Notify When Another User Opens Document：在其他用户打开文档时显示提示。

3）在图2-4所示对话框中，将"Use Client System Font For All Dialogs"复选框取消选中，然后单击"OK"按钮，系统界面字体就变小，并且在屏幕上能够全部显示出来。系统"参数"对话框的显示效果，如图2-5所示。

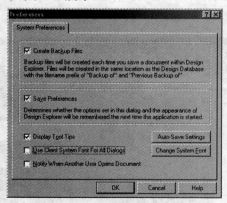

图 2-5　取消选中"Use Client System Font For All Dialogs"复选框后的显示效果

4）如果想要指定或更改系统字体，可以单击"Change System Font"按钮，打开"字体"对话框进行设置，如图2-6所示。

5）此外还有一个"Auto-Save Settings"按钮，单击此按钮可以打开自动保存对话框，如图 2-7 所示。通过该对话框，用户可以设置自动保存参数，对话框中各选项组的含义如下。

图 2-6 "字体"对话框

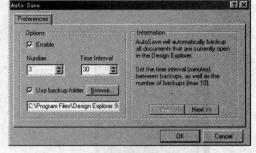

图 2-7 "Auto Save（自动保存）"对话框

● Options 选项组：各操作选项用来设置参数。
Enable：选中该复选框，则可以对 Options 项的其他选项进行设置。
Number：该编辑框可以设置一个文件的备份数，一个文件的最大备份数为 10。
Time Interval：该编辑框可以设置备份文件的时间间隔，单位为分钟（minutes）。
Use Back Folder：选中该复选框后，系统将备份文件保存在备份文件夹，用户可以设置备份文件夹。

● Information 选项组：主要用来显示设置信息，用户可以单击"Next"按钮阅读下一屏信息。
6）用户设置完成后，可以单击"OK"按钮，将设置的参数保存起来。

2.2 Protel 99 SE 的界面

启动 Protel 99 SE，将会看到符合 Windows 风格的软件界面，用户可以同时打开多个工作窗口。工作窗口即为设计浏览器（Design Explorer），它将多个设计编辑器综合在一起，为设计提供平台。设计浏览器为 Protel 99 SE 的主界面，其操作非常容易。主界面由标题栏、菜单栏、工具栏、文件管理器、状态栏等组成，如图 2-8 所示。

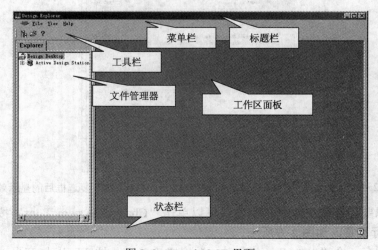

图 2-8 Protel 99 SE 界面

2.2.1 Protel 99 SE 系统菜单

单击 ![按钮]，或者在设计浏览器工作区面板中右击，系统将会弹出如图 2-9 所示的系统菜单，其主要是对 Protel 99 SE 工作环境和各服务器的属性进行设置。系统菜单中各命令及功能如下。

"Servers"命令：Protel 99 SE 的服务器设置编辑器。它管理着 Protel 99 SE 的所有服务器，包括安装、开始、停止、移除、设置安全性及属性等。选择该命令，系统弹出如图 2-10 所示对话框。单击对话框中的"Menu"按钮，可以对服务器进行管理。

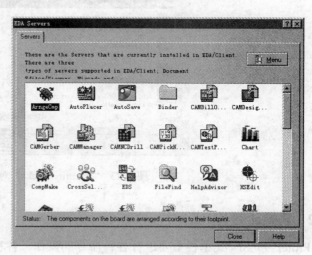

图 2-9 系统菜单　　　　　　　　　图 2-10 服务器设置对话框

"Customize"命令：可以对各种客户端的资源进行创建、修改、删除等操作，方便用户自定义设置。选择该命令后系统弹出如图 2-11 所示的对话框。用户可以设置所有菜单、工具栏及快捷键资源。

"Preference"命令：设置系统的相关参数（参见 2.1.2 节）。

"Design Utilities"命令：为 Protel 99 SE 的设计实用技巧，可以实现对数据库文件的压缩和修复操作，选择该命令系统弹出如图 2-12 所示对话框。

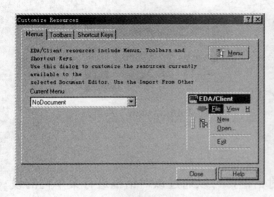
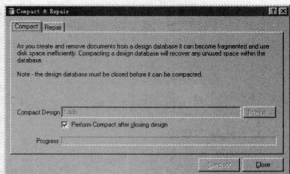

图 2-11 "Customize Resources"对话框　　　图 2-12 "Compact & Repair"对话框

"Run Script"命令：运行脚本程序。

"Run Process"命令：允许用户运行多个进程。

"Security"命令：允许用户对 Protel 99 SE 的主要服务器进行锁定和解锁。选择该命令后，弹出如图 2-13 所示对话框。

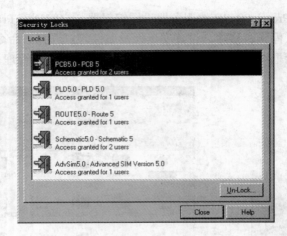

图 2-13 "Security Locks"对话框

2.2.2 Protel 99 SE 菜单栏

Protel 99 SE 菜单栏主要进行各种命令的操作、各种参数的设置、各种命令开关的切换等。菜单栏由"File""View"和"Help"3 个下拉菜单。

1．"File"菜单

"File"菜单主要用于文件的管理，包括文件的新建、打开、退出等命令，如图 2-14 所示。"New"新建一个设计文件，"Open"打开一个已经存在的文件，"Exit"退出 Protel 99 SE。

2．"View"菜单

"View"菜单用于设计管理器、状态栏、命令栏的打开与关闭，为开关式设计，单击一次，改变其状态一次，如图 2-15 所示。

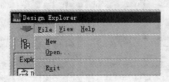

图 2-14 "File"菜单

图 2-15 "View"菜单

3．"Help"菜单

用于打开帮助文件。

另外，双击菜单栏，弹出菜单栏属性设置对话框，可以通过该对话框进行菜单栏的设置，如图 2-16 所示。

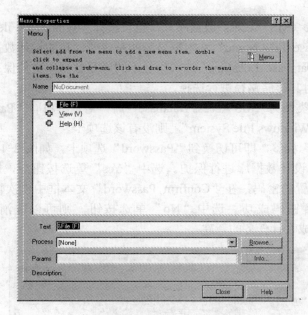

图 2-16 "Menu Properties"对话框

2.3 创建一个设计项目

Protel 99 SE 对电路原理图（Sch）、印制电路板图（PCB）等设计文件的管理，采用了 Microsoft Access 数据库的存取技术及面向对象的管理方式，将所有相关的设计文件都保存在"设计数据库"的文件中，进行统一管理。对用户来说，通过设计数据库对文档进行更有效的管理，方便用户的操作。

启动 Protel 99 SE 后，选择"File"→"New"命令，打开新建设计数据库对话框，如图 2-17 所示。

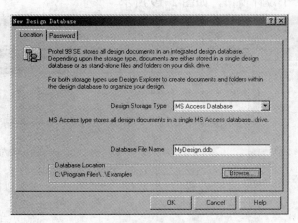

图 2-17 新建设计数据库对话框

在图 2-17 的"Location"选项卡中的"Design Storage Type"下拉列表中，可以选择

17

"MS Access Database（MS Access 数据库）"，也可选择"Windows Files System（Windows 文件系统）"。"Database File Name"文本框显示的是将要保存的设计数据库的文件名称，可以对其进行修改。"Database Location"选项组显示的则是数据库文件保存的路径，通过单击"Browse"按钮可以对其存储路径进行选择。

当用户选择存储类型为"MS Access Database"时，对话框将有"Password"选项卡，如果选择存储类型为"Windows File System"，则没有该选项卡。

单击"Password"标签，即可切换到"Password"选项卡，如图 2-18 所示。该选项卡可以用来设置密码，对设计数据库进行保护。选中"Yes"单选按钮后，即可在"Password"文本框中输入需要设置的密码，在"Confirm Password"文本框中再次输入密码进行确认，确认正确后，即设置密码成功。选中"No"单选按钮，则可以取消密码的设置，单击"OK"按钮，即可完成设计任务的新建。

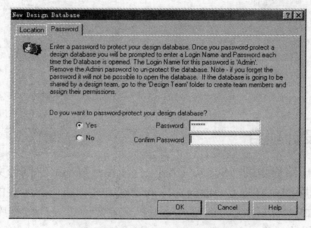

图 2-18　数据库密码设置

用户创建 MyDesign.ddb 后，在设计管理器的文件管理导航树中会出现 MyDesign.ddb 的分枝，在面板中出现一个设计窗口，如图 2-19 所示。

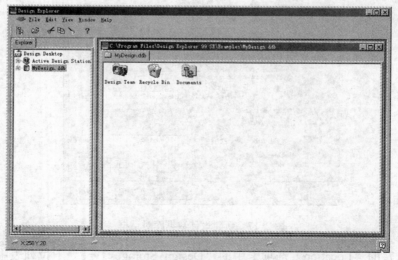

图 2-19　设计管理器窗口

创建完成后，在设计数据库文件窗口中出现 3 个项目："Design Team（设计工作组）""Recycle Bin（垃圾桶）""Documents（文件夹）"。该 3 项内容同样会出现在文件管理导航栏中。

2.4 打开已有设计项目

项目数据库的打开方式有 3 种：一是选择"File"→"Open"命令，二是采用工具栏中的工具按钮打开，三是直接双击需要打开的设计项目数据库文件。

项目数据库的关闭方法有：一是选择"File"→"Close Design"命令，二是直接关闭设计管理器窗口，三是在设计项目的切换标签上右击，在弹出的快捷菜单中选择"Close"或者"Close All Documents"命令。

要打开已经存在的设计数据库项目的步骤如下：

1) 选择"File"→"Open"命令，或单击主工具栏中 按钮。
2) 在弹出的对话框中，如图 2-20 所示，可以查找已存在的设计数据库。单击"打开"按钮，即可打开该设计数据库。

图 2-20 "Open Design Database（打开设计数据库）"对话框

3) 打开相应设计文件，可以看到 Protel 99 SE 丰富而友好的设计界面，如图 2-21 所示。其中包括标题栏、菜单栏、工具栏、文件管理器、工作区、文件标签等。

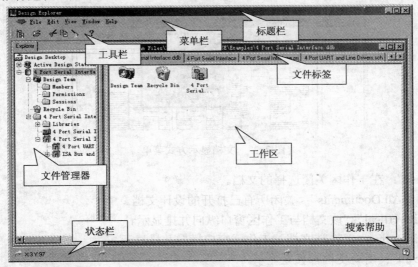

图 2-21 设计管理器界面

在工作区中，双击文件夹"4 Port Serial Interface"，即可打开该文件夹，里面包含所有该设计的文件，如图 2-22 所示。用户可以双击需要打开的文件进行浏览。

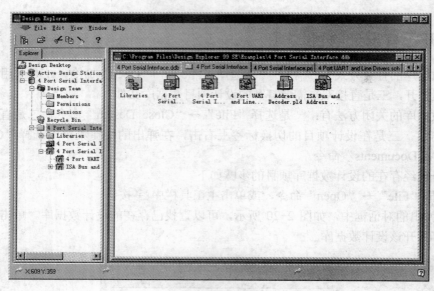

图 2-22　设计数据库中相关的设计文件

打开数据库内的文件或文件夹后，设计窗口会增加相应的文件标签，工作区标签视图窗口内的图标是该活动文件夹的内容。图 2-22 所示，就是将设计数据库的内容以一个设计窗口显示出来。

在工作区窗口里切换已经打开的文档，单击相应的文档标签即可。设计窗口还可以分割成两个甚至更多窗口，以便同时显示更多内容。如果窗口中同时打开多个文档，在工作区里有多种显示方式，在标签栏上右击，即可弹出显示方式快捷菜单，选择需要的显示项即可，如图 2-23 所示。

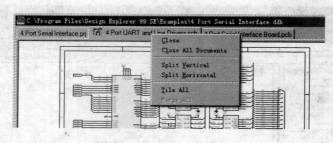

图 2-23　文档显示方式菜单

- "Close"：在工作区关闭选择的文档。
- "Close All Documents"：关闭所有已打开的设计文档。
- "Split Vertical"：该文档与工作区窗口纵向并排显示。
- "Split Horizontal"：该文档与工作区窗口横向并排显示。
- "Tile all"：所有文档都独立显示。
- "Merge all"：所有文档都合并显示。

例如，可以采用"Tile All"命令，将当前打开的所有设计文件进行平铺显示，如图 2-24 所示。

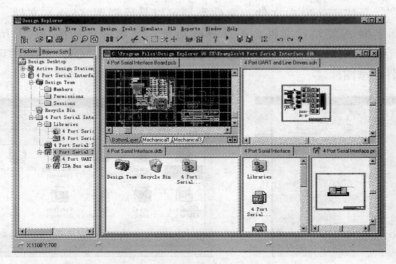

图 2-24　所有打开的设计文件平铺显示效果

2.5　Protel 99 SE 文件管理

在创建一个新的设计数据库后，在没有进入到具体的设计操作界面时，Protel 99 SE 的各菜单项主要是进行各种文件操作、设置视图的显示方式、编辑操作等命令，此时系统菜单栏中仅仅包括"File""Edit""View""Window"和"Help"5 个下拉菜单，如图 2-25 所示。

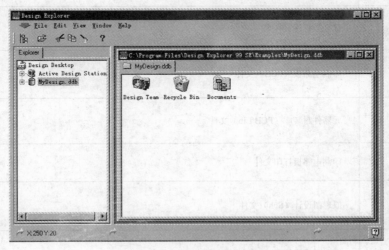

图 2-25　设计管理器界面

2.5.1　设计文件管理

设计文件的管理是通过菜单栏中"File"菜单的下拉菜单来实现的，菜单中的命令是对文件的操作，如新建、新建设计、打开、关闭等，如图 2-26 所示。"File"菜单的各命令功能如下。

1)"New"：新建一个空白文件，文件类型可以是原理图（Sch）文件、印制电路板（PCB）文件等各种相关设计文件。若选择此命令，系统弹出如图 2-27 所示的"New Document"对话框，用户选择所需要创建的文件类型后，单击"OK"按钮即可，或者双击需要创建的文件类型图标。

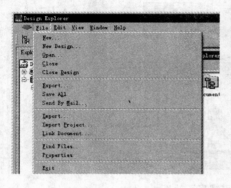

图 2-26 "File"菜单

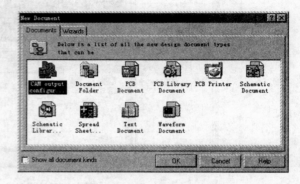

图 2-27 "New Document（新建设计文件）"对话框

Protel 99 SE 提供了多种文件类型，表 2-1 中列出了其文件类型及功能。

表 2-1 Protel 99 SE 文件类型及功能

类　型	功　能
CAM output configur...	生成 CAM 制造输出文件，可以连接电路板和电路板的生产制造各个阶段
Document Folder	建立数据库文件夹
PCB Document	印制电路板（PCB）文件
PCB Library Document	元器件封装库（PCB Lib）文件
PCB Printer	印制电路板打印文件
Schematic Document	原理图设计（Sch）文件
Schematic Librar...	原理图元器件库（Sch Lib）文件
Spread Sheet...	数据表格文件

（续）

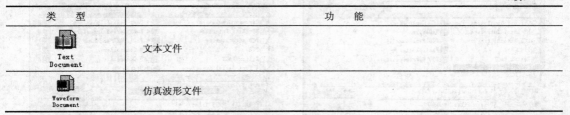

类　型	功　能
Text Document	文本文件
Waveform Document	仿真波形文件

2）"New Design"：新建一个设计数据库文件。该命令与 2.2.2 节讲述的 "New" 命令功能一样，用户可以参看该节内容。

3）"Open"：打开已经存在的设计文件。该命令可以参看 2.4 节内容。

4）"Close"：关闭当前已经打开的设计文件。

5）"Close Design"：关闭当前打开的设计数据库。

6）"Export"：将当前设计数据库中选择的一个文件输出到指定存储路径，执行该命令后，系统弹出如图 2-28 所示对话框。

7）"Save All"：保存当前设计数据库中已打开的所有文件。

8）"Send by mail"：使用该命令可以将当前设计数据库文件通过 E-mail 发送到其他地方，可以进行异地的设计等操作。

9）"Import"：将其他设计文件导入到当前的设计数据库中，成为该数据库中的一个文件，选择该项命令，系统弹出导入文件对话框，如图 2-29 所示，用户可以选择需要导入的文件，即可将此文件包含到该数据库中。

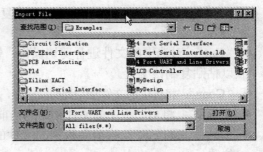

图 2-28 "Export Document（输出当前文件）"对话框　　图 2-29 "Import File（导入文件）"对话框

10）"Import Project"：该命令可以将一个已经存在的设计数据库导入到当前的设计管理器中，执行该命令，系统弹出如图 2-30 所示的打开设计数据库对话框。此命令与使用 "Open" 命令时，选择打开设计数据库文件一致。

11）"Link Document"：连接其他文件到当前的设计数据库中。用户可以通过该对话框选择将其他文档的快捷方式连接到本设计管理器中，如图 2-31 所示为连接其他文件对话框。

12）"Find Files"：查找文件命令，用户可以查找设计数据库中或者硬盘上的其他文件。

13）"Properties"：管理当前设计数据库的属性。用户可以修改或者设置文件的属性和描述。不同的对象其属性对话框也有不同。

14）"Exit"：退出 Protel 99 SE 系统。

图 2-30 "Open Design Database
（打开设计数据库）"对话框

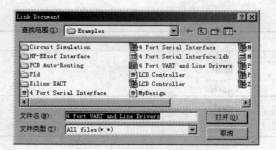
图 2-31 "Link Document
（连接文档）"对话框

2.5.2 使用快捷菜单

上述"File"菜单的部分命令可以通过快捷菜单完成，用户可以在当前设计的工作区空白处右击，在弹出的快捷菜单中选择相应命令，如图 2-32 所示，即可完成相应的操作。

另外，用户可以使用键盘来实现某项菜单命令，例如，选择"File"→"New"命令，可以先按下〈F〉键，系统弹出"File"菜单，然后再按下〈N〉键，该命令就可以执行。其他命令与此相似，用户可以使用键盘操作体验。

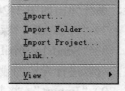
图 2-32 "File"快捷菜单

2.5.3 文件的编辑

利用"Edit"菜单，用户可以对文件进行复制、剪切、粘贴、删除等编辑操作，如图 2-33 所示为"Edit"菜单。

- "Cut"：对选中的文件进行剪切操作，暂存于剪贴板，用户可以粘贴复制该文件。
- "Copy"：将选中的文件复制到剪贴板中，用户可以复制该文件。
- "Paste"：将剪贴板中的文件粘贴到当前位置。
- "Paste Shortcut"：将剪贴板中的文件的快捷方式复制到当前位置。

图 2-33 "Edit"菜单

- "Delete"：删除选中的文件。
- "Rename"：重命名当前选中的文件。

注意："Cut""Delete""Rename"命令要求该选中文件不能是打开的状态，否则无法执行相应命令。

2.5.4 查看工具栏

菜单"View"可以实现打开和关闭查看工具和文件操作工具，如文件设计管理器、状态栏、命令行、工具栏、图标等的打开和关闭。"View"菜单如图 2-34 所示。

- "Design Manager"：文件设计管理器导航的打开与关闭。文件设计管理器以树形列表形式显示，用户可以通过管理器进行很方便的文件设计管理操作，如图 2-35 所示。

图 2-34 "View"菜单　　　　　图 2-35 文件设计管理器

- "Status Bar"：状态栏的显示与关闭。状态栏一般显示设计过程中光标的坐标位置等。
- "Command Status"：命令状态的显示与关闭。
- "Large Icons"：显示大图标。
- "Small Icons"：显示小图标。
- "List"：显示文件为列表状态。
- "Details"：详细显示文件的状态。该命令将详细显示设计数据库中文件的状态，包括文件名称、文件大小、文件类型、修改日期等属性。
- "Refresh"：刷新当前设计数据库中的文件状态，也可以直接按〈F5〉键。

2.6 设计工作组管理

Protel 99 SE 通过 "Design Team" 来管理多用户使用相同的数据库，而且为多个设计者同时在相同的设计图上进行工作提供了安全保障。应用 "Design Team" 用户可以设定设计小组成员，管理员能够管理每个成员的使用权限，拥有权限的成员还可以看到所有正在使用设计数据库的成员的使用信息。每个设计数据库默认都带有设计工作组。

双击 "Design Team" 按钮，即可打开 "Design Team" 窗口，可以看到有 3 个项目，包括 Members、Permissions 和 Sessions，如图 2-36 所示。Members 用来管理设计团队的成员，Permissions 中可以设置成员的工作权限，Sessions 中可以看到每个成员的工作范围。

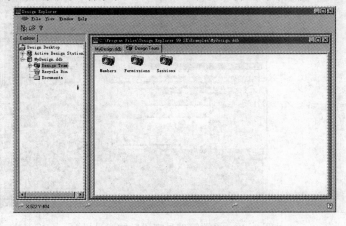

图 2-36 "Design Team（设计工作组）"窗口

双击"Members"按钮，即可打开"Members"窗口，系统默认有两个成员 Admin 和 Guest，用户可以通过右键快捷菜单来新加成员，如图 2-37 所示。

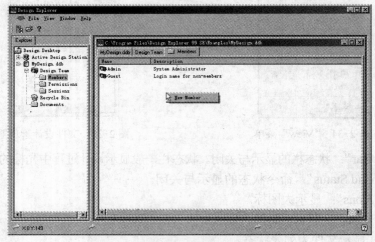

图 2-37　利用右键快捷菜单创建用户

对每个成员可以通过双击或选择右键快捷菜单中的"Properties"命令来设置密码，如图 2-38 所示。设置管理员（Admin）密码，如图 2-39 所示，设置完成后，下次再打开该设计数据库程序时就会提示输入用户名和密码了，如图 2-40 所示。

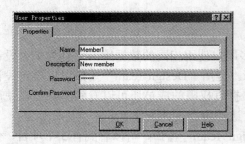　　　　　　　　　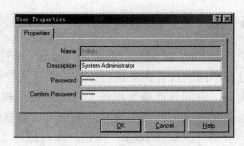

图 2-38　新建工作组成员属性对话框　　　　　图 2-39　设置系统管理员密码

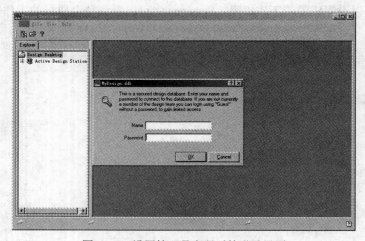

图 2-40　设置管理员密码后的登录界面

双击"Permissions"按钮,可以打开"Permissions"窗口,为每个成员的访问设置权限,右击在弹出的快捷菜单中选择"New Rule"命令来增加规则设置,如图2-41和图2-42所示。可以在User Scope下拉列表框中选择想要设置权限的用户,在Document Scope文本框中输入其可以操作的文件范围,而通过下面的复选框来设置用户访问权限,在这里访问权限分为4种,分别如下。

- R(Read):可以打开文件夹和文档。
- W(Write):可以修改和存储文档。
- D(Delete):可以删除文档和文件夹。
- C(Create):可以创建文档和文件夹。

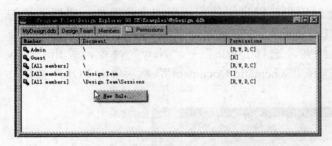
图2-41 通过右键快捷菜单新建访问权限规则

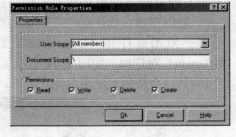
图2-42 访问权限设置界面

另外,在Sessions选项卡中还可以看到同一时间设计数据库的使用情况,如图2-43所示。

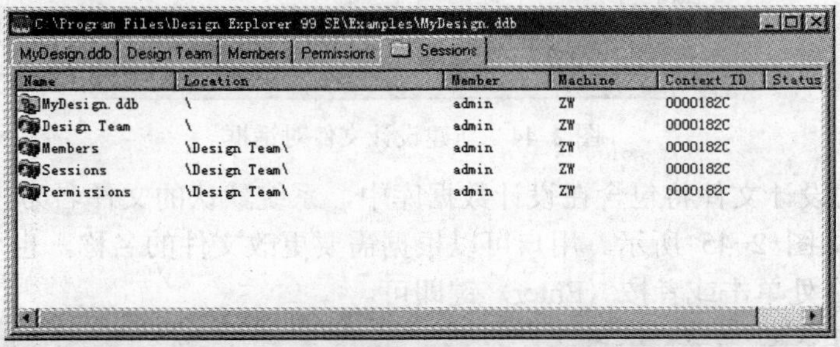

图2-43 Sessions选项卡

如果将设计数据库设计成项目工作组模式时,每次启动设计数据库,每个工作组成员只能根据各自的密码在被分配的权限范围内进行设计工作。成员进入设计数据库后,可以查看各文档的权限信息及其他成员打开和锁定文档的信息。

注意:设计工作组的成员及权限只与本设计数据库有关,在不同数据库之间是独立的。

2.7 创建设计文件

了解了系统参数的设置、基本文件操作以及Protel 99 SE中的文件管理后,下面来了解一下Protel 99 SE中的设计文件编辑器。Protel 99 SE系统一共提供了7个设计环境,分别是原理图编辑器(Sch)、印制电路板编辑器(PCB)、原理图元器件库编辑器(Sch Lib)、印制电路板元器件库编辑器（PCB Lib）、表格编辑器（Spread Sheet）、文字编辑器（Text）和波形文件编辑器（WaveForm）。

2.7.1 新建原理图文件

在电路设计时最主要的工作就是先进行电路原理图的设计，再到 PCB 的设计。原理图编辑器就是原理图设计系统，用户可以利用该系统设计电路原理图，生成相应的网络表，为印制电路板的设计做好准备。下面介绍如何创建原理图设计文件。

1）首先进入 Protel 99 SE 系统，建立新的设计数据库，或者打开已有的设计数据库，具体操作参看前面章节的讲解。

2）建立或打开设计数据库后，此时用户可以进行创建原理图文件操作，需要注意的是，一般用户建立设计文件可以放在"Document"文件夹里，有利于用户的管理。

3）双击，打开"Document"文件夹，选择"File"→"New"命令，弹出"New Document"对话框，如图 2-44 所示，选择"Schematic Document"，然后单击"OK"按钮，完成创建一个新的原理图文件。

图 2-44 新建设计文件对话框

4）新创建的设计文件将包含在设计数据库中，系统默认的文件名为"Sheet1"，且处于重命名的状态，如图 2-45 所示。用户可以根据需要更改文件的名称，也可以不修改，用户只需在工作区空白处单击或者按〈Enter〉键即可。

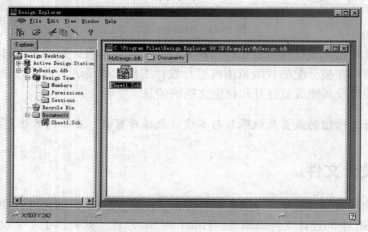

图 2-45 创建原理图文件"Sheet1"

5）双击该文件，系统将打开原理图编辑器，相应的绘制工具菜单全部显示出来，如图 2-46 所示，用户可以进行电路原理图的设计与绘制。

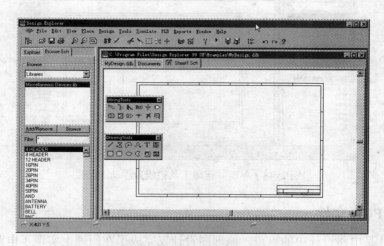

图 2-46　原理图设计编辑器界面

原理图编辑器的界面左侧是元器件库以及元器件浏览器，右侧是编辑区，图 2-46 显示的界面中有两个浮动工具栏，分别是布线工具栏（Wiring Tools）和绘图工具栏（Drawing Tools），它们是原理图设计过程中经常使用的工具栏，其详细功能在后面的章节中进行详细介绍。用户可以拖动浮动工具栏到界面边缘的地方，此时工具栏会自动停靠在界面中，用户可以根据自己的习惯选择不同的停靠位置，如图 2-47 所示。

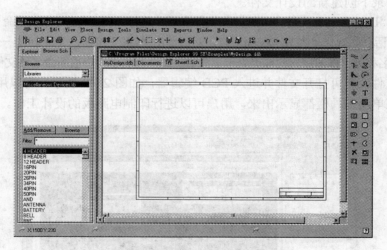

图 2-47　原理图设计编辑器界面

如果用户想要将停靠在界面中的工具栏恢复成浮动的，只需单击工具栏空白部分不放开，如图 2-48 所示。出现虚方框时，拖动到需要停放的位置，此时工具栏就成为浮动的工具栏。

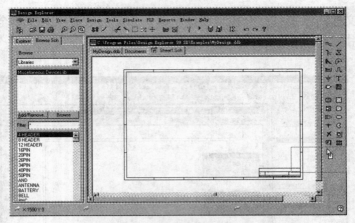

图 2-48　单击并拖动工具栏成为浮动工具栏

2.7.2　新建 PCB 文件

PCB 设计是电路设计中的重点，原理图设计仅完成了在原理上实现了电路的逻辑设计，PCB 设计以原理图设计为基础，要加工出实际的电路板，需要通过 PCB 的设计来实现。启动 PCB 编辑器的过程与电路原理图类似，下面介绍 PCB 文件的创建及其工作界面。

1）首先进入 Protel 99 SE 系统，建立新的设计数据库，或者打开已有的设计数据库，具体操作参看前面章节的讲解，创建文件需要在打开数据库的基础上。

2）建立或打开设计数据库后，此时用户可以进行创建原理图文件操作，需要注意的是，一般用户建立设计文件可以放在"Document"文件夹里，有利于用户的管理，用户也可在数据库根目录下创建新的设计文件。

3）双击"Document"文件夹，打开该文件夹后，选择"File"→"New"命令，弹出"New Document"对话框，选择"PCB Document"，然后单击"OK"按钮，完成创建一个新的原理图文件，默认文件名称为"PCB1"，同样也处于重命名状态，有利于用户重新命名该文件。

双击该文件，即可打开文件并进入 PCB 编辑器，如图 2-49 所示。可以用来实现印制电路板设计的菜单及工具栏都显示出来，用户可以进行印制电路板的设计工作。

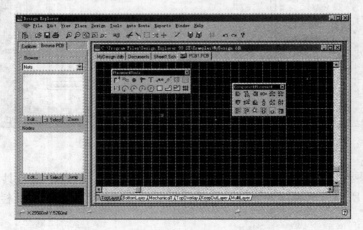

图 2-49　印制电路板编辑器界面

启动其他编辑器的方法与以上介绍的编辑器类似，这里就不再赘述了。

2.8 设计文件的常用操作

设计文件的常用操作包括设计文件的打开、保存、删除、恢复、关闭及文件的复制等。

2.8.1 设计文件的打开、保存、删除、恢复和关闭

1．设计文件的打开和保存

除了前面已经介绍设计文件可以通过直接双击文件图标打开外，还可以在设计管理器中选择需要打开的文件，如图 2-50 所示。在文件较多时使用设计管理器会带来很大的方便，同时设计管理器与合理的目录结构相配合，能帮助用户对设计任务结构有更好的理解，同时也能提高文件管理的效率。

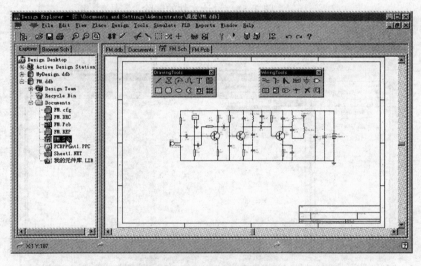

图 2-50　通过设计管理器打开文件

文件的保存操作与很多 Windows 程序类似，可以选择"File"菜单中相应的保存命令，也可以直接单击工具栏中的"保存"按钮。

2．设计文件的删除和恢复

需要用户注意的是：删除设计文件前需要先将要删除的文件关闭，这样系统不会提示文件正在使用。在工作窗口中选中想要删除的文件，选择"Edit"→"Delete"命令，或者在需要删除的文件上右击，在弹出的快捷菜单中选择"Delete"命令，或者直接按〈Delete〉键，系统弹出"Confirm"对话框并单击"Yes"按钮进行确认，即可将文件放入回收站，如图 2-51 所示。或者用户也可在开启设计管理器时，直接拖动文件图标到回收站实现上述删除功能。

被删除到回收站的设计文件是可以恢复的，其恢复方法如下。

双击打开回收站窗口，选择要恢复的设计文件后右击，在弹出的快捷菜单中选择"Restore"命令，即可将所选文档恢复到原来的存储位置，如图 2-52 所示。

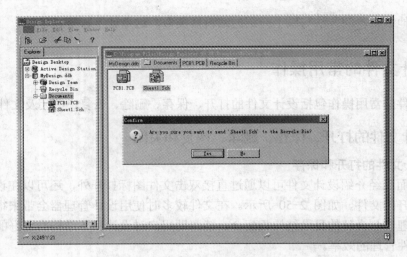

图 2-51　设计文件的删除

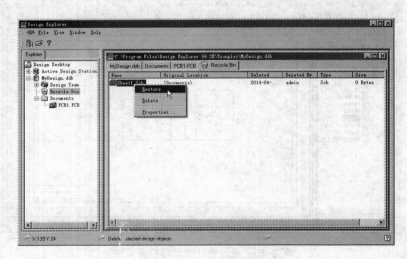

图 2-52　设计文件的恢复

若要彻底删除该文件，可以在回收站中选中要删除的设计文件后右击，在弹出的快捷菜单中选择"Delete"命令，然后在弹出的对话框中单击"Yes"按钮进行确认。或者用户可以在删除文件时，按下〈Shift+Delete〉键直接彻底删除该文件。在使用时要特别注意的是，该方法删除的文件就不能再恢复了。

3．设计文件的关闭

设计文件的关闭可以通过选择"File"→"Close"命令来完成，也可以在文件标签上右击，在弹出的快捷菜单中选择"Close"命令。

在右键快捷菜单中，选择"Close All Documents"命令，可以一次关闭所有已打开的文件。

需要注意的是，单击设计文件窗口右上角的"关闭"按钮时，将关闭设计数据库文件，该操作与"File"→"Close Design"命令相同。

2.8.2 不同设计数据库间的文件复制

除了采用文件的"导出"与"导入"命令外,不同设计数据库间的文件复制还可采用如下操作过程。需要注意的是,该操作需要将设计数据库在同一个 Protel 99 SE 设计管理器中打开。

1)在"设计文件管理器"窗口内,单击源文件所在文件夹。

2)在"文件列表"中,找到并单击需要复制的源文件,选择"Edit"→"Copy"命令或者在需要复制的文件上右击,在弹出的快捷菜单中选择"Copy"命令。

3)单击目标文件夹,然后选择"Edit"→"Paste"命令,即可将指定的文件复制到目标文件夹中。

例如:将设计数据库"4 Port Serial Interface.ddb"中的设计文件"4 Port UART and Line Drivers.sch"复制到设计数据库"MyDesign.ddb"中,如图 2-53 所示。其他文件的操作与此类似,用户可自行操作。

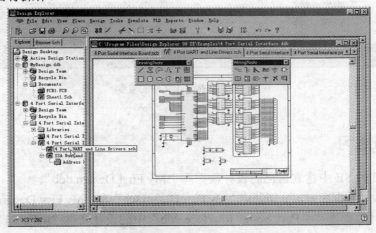

图 2-53 两个设计数据库在同一设计管理器中打开

其操作步骤如下。

1)右击设计文件"4 Port UART and Line Drivers.sch",在弹出的快捷菜单中选择"Copy"命令,复制该文件,如图 2-54 所示。

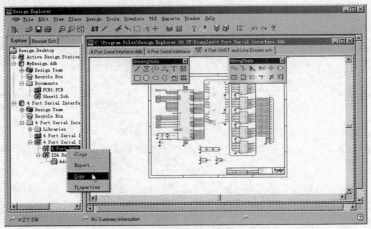

图 2-54 复制设计文件

2）选择"MyDesign.ddb"中的"Documents"文件夹，然后选择菜单"Edit"→"Paste"命令，完成该设计文件的复制，如图 2-55 所示。

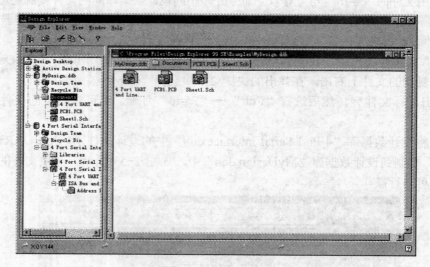

图 2-55　完成设计文件的复制

2.9　思考与练习

1. 在 Protel 99 SE 中建立自己的设计数据库"My First Design.ddb"。
2. 在新建设计数据库中，分别创建"My First Design.sch"和"My First Design.pcb"文件。
3. 复制设计数据库"4 Port Serial Interface.ddb"中的设计文件"4 Port UART and Line Drivers.sch"和"4 Port Serial Interface Board.pcb"到设计数据库"My First Design.ddb"中。

第 3 章　Protel 99 SE 原理图设计基础

电路原理图设计是整个电路设计的基础。电路原理图除了可以表示电路的设计原理外，重要的是在设计印制电路板过程中提供了各元器件的连接关系。本章通过电路应用实例详细介绍 Protel 99 SE 原理图设计的菜单界面，绘制原理图的基本操作等基础应用。

3.1　Protel 99 SE 创建设计数据库和电路原理图

本节开始，以±5V 电源电路原理图（如图 3-1 所示）为例，详细介绍 Protel 99 SE 原理图设计过程。

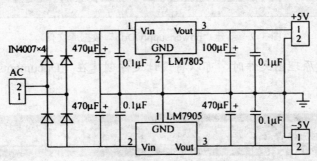

图 3-1　LM7805 和 LM7905 构成±5V 电压输出

首先创建项目设计数据库和电路原理图文件，其操作步骤如下。

1．建立文件夹

为了方便管理设计文件，首先需要建立一个用于存放该项目的文件夹，来存放本项目的设计文件。

在硬盘的 D 盘根目录下新建文件夹，命名为"power supply"，路径为"D:\ power supply"，用于存放新建的项目与电路原理图文件。

2．创建项目文件

启动 Protel 99 SE，选择"File"→"New"命令，新建一个设计数据库文件，将新建的设计数据库文件保存到 D:\ power supply 文件夹中，并命名数据库文件名为"power supply"，设计数据库文件的扩展名为"ddb"，单击"OK"按钮后完成新建，如图 3-2 所示。

3．创建原理图设计文件

在新建的设计数据库中，添加需要的原理图设计文件，选择"File"→"New"命令，系统弹出"New Document"对话框，选择"Schematic Document"，然后单击"OK"按钮，完成创建一个新的原理图文件。系统自动创建默认的 Sheet1.Sch 设计文件且处于重命名状态，用户可以根据需要将该文件命名为"power supply.Sch"，双击该文件进入原理图的编辑器界面，如图 3-3 所示。

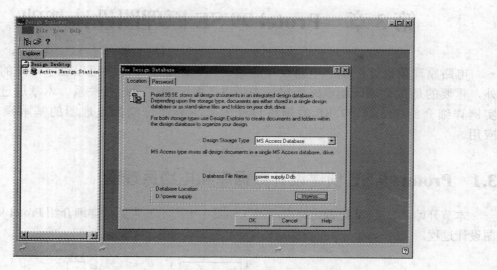

图 3-2　新建"power supply.Ddb"数据库文件

注意：用户新建原理图文件时，可以将设计文件创建在"Documents"文件夹中，方便文件的管理。

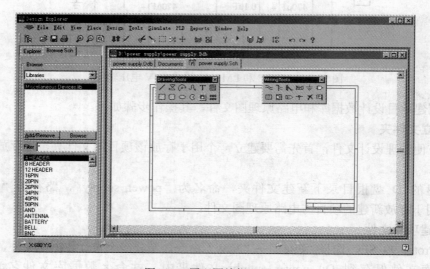

图 3-3　原理图编辑器界面

4．保存设计文件

新建数据库文件和电路原理图文件工作已经完成，新建 power supply 文件夹存放的数据库文件"power supply"，如图 3-4 所示。其中"power supply.BKP"文件为数据库文件的备份文件。

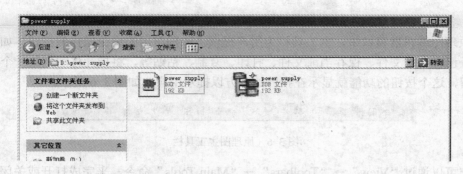

图 3-4　power supply 文件夹里存放的文件

3.2　电路原理图编辑器工作界面

启动 Protel 99 SE 并完成了新建设计数据库文件和电路原理图文件后（或打开已经存在的电路原理图文件），可以进入到原理图编辑工作界面，如图 3-5 所示。

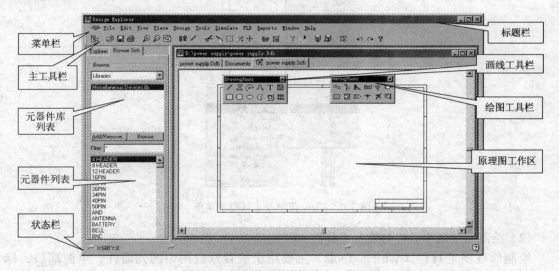

图 3-5　电路原理图编辑默认工作界面

1．标题栏

标题栏位于窗口最顶部，主要显示应用程序的名字，含有程序图标，还有当前文件的存放路径信息、最小化、最大化及关闭按钮等。

2．菜单栏

Protel 99 SE 打开不同的设计文件类型需要不同的编辑器，相应的主菜单也会随之变化，当进入电路原理图编辑窗口时，菜单栏中增加了编辑原理图的许多命令，如图 3-5 所示。

3．工具栏

为了给设计工作带来方便，Protel 99 SE 把常用到的菜单命令，以工具栏的形式提供给用户，如图 3-5 所示。

(1) 主工具栏（Main Tools）

在原理图编辑器窗口中，主工具栏为用户提供了一些常用的快捷操作的按钮，如创建文件、打开已存在的文件、保存当前文件、打印、复制、粘贴等，将指针移动到某一个图标按钮并停留，这个按钮的功能就显示在指针的下方以提示用户，如图 3-6 所示。

图 3-6　原理图主工具栏

用户可以通过"View"→"Toolbars"→"Main Tools"命令，来完成打开或关闭原理图主工具栏，此命令为开关类型，每单击一次，执行相反的操作，如果当前是打开状态，则再次单击就会关闭显示，如图 3-7 所示。

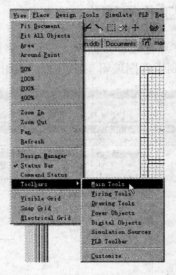

图 3-7　View 菜单及工具栏子菜单

(2) 绘制原理图工具栏与绘图工具栏

绘制原理图工具栏（Wiring Tools）主要用于放置原理图中的元器件、电源端口、标号、电气连接线等操作，是绘制原理图最常用的工具，如图 3-8 所示。

绘图工具栏用于绘制原理图中各种标注信息，如图 3-9 所示。由于该工具栏中的工具不具有电气连接特性，所以不会给以后的 PCB 转化带来影响。

 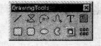

图 3-8　绘制原理图工具栏　　　　　　图 3-9　绘图工具栏

绘制原理图工具栏与绘图工具栏的打开或关闭可以在"View"→"Toolbars"命令的子菜单中选择。

4. 工作区

工作区是编辑电路原理图的平台，在此区域可以进行原理图的绘制与修改。

在绘制电路原理图的过程中，常常需要查看电路原理图的全貌或局部细节，因此需要经常改变电路原理图的显示状态，如工作区的放大或缩小，以方便用户查看。

1）当指针处于无操作命令状态时，可以通过菜单或工具栏中的按钮来执行电路原理图的放大和缩小，也可以使用这些命令的快捷键来完成操作命令。放大工作区可以选择"View"→"Zoom In（放大）"命令，而缩小工作区可以选择"View"→"Zoom Out（缩小）"命令，电路原理图查看（View）菜单如图 3-10 所示。

2）当处于编辑操作状态时，光标不能移出电路原理图的工作区。原理图的放大或缩小操作必须使用快捷键来完成。按下〈Page Up〉键，原理图将以光标为中心放大显示；按下〈Page Down〉键，原理图将以光标为中心缩小显示；按下〈Home〉键，可以从原来光标下的图纸位置，移位到工作区中心位置显示；按下〈End〉键，对绘图区的图形进行更新，恢复正确的显示状态。

图 3-10　原理图编辑器的查看菜单

3）对原理图进行移动操作，可以拖动左右与上下移动条中的滑块移动；可以利用键盘上的 4 个方向键，当光标移动到边界时，再按下方向键后，原理图就跟着光标开始移动。

- "Fit Document"命令：显示整个文件，可以用来查看整张电路原理图。
- "Fit All Objects"命令：使绘图区中的元器件图形充满整个工作区。
- "Area"命令：放大显示用户设定的区域。该方式通过确定用户选定区域中对角线的两个端点的位置来确定需要放大的区域。
- "Around point"命令：放大用户设定的区域。该方式通过用户选定区域中的中心位置和选定区域的一个角端点位置来确定需要放大的区域。
- 用不同的显示比例显示。"View"菜单中提供了 4 种显示方式，50%、100%、200% 和 400%。
- "Pan"命令：移动显示位置。执行该命令前，需要将光标移动到目标点，然后执行"Pan"命令，目标点位置就会移动到工作区的中心位置显示。
- "Refresh"命令：更新显示。在操作时，会出现画面残留或者显示不全的问题，虽不影响电路的正确性，但是不美观，可以执行该命令来刷新显示。

另外，用户可以选用 Protel 99 SE 的辅助工具来增强其可操作性。对原理图的缩放操作可以通过〈Ctrl〉键配合鼠标滚轮实现，按下〈Ctrl〉键并向前滚动滚轮，原理图以光标为中心放大显示，如果向后滚动滚轮，原理图则以光标为中心缩小显示。

3.3　设置原理图图纸

在绘制原理图时，首先要设置原理图图纸，包括设置原理图的图纸方向、幅面尺寸、标题栏、边框底色以及文件信息等各种参数。这些参数的设置可通过选择"Design（设计）"→"Options（文档选项）"命令，在打开的文档选项，对话框中进行设置，如图 3-11 所示。

1. 设置图纸方向

用户可以设置图纸的放置方式为横向或者纵向，在图 3-11 中的"Sheet Options"选项卡的"Options"选项组中，在"Orientation（方向）"下拉菜单设置图纸的方向为 Landscape（横向）或 Portrait（纵向），其中默认项为横向放置，如图 3-12 所示。

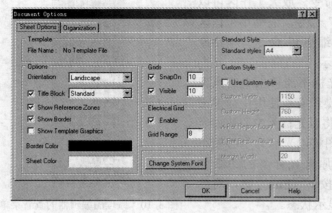
图 3-11 "Document Options（文档选项）"对话框

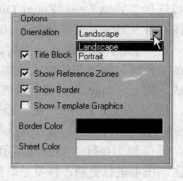
图 3-12 图纸选项卡中选项区域

2. 设置图纸幅面尺寸

选择合适幅面尺寸的图纸来绘制电路原理图，可以有效地利用资源，使显示和打印都很清晰。可以选择标准图纸和自定义图纸，这里选择标准风格的 A4 幅面的图纸，如图 3-13 所示。

需要自定义图纸尺寸时，首先必须选中"Use Custom Style（使用自定义风格）"复选框以激活自定义图纸功能，如图 3-14 所示。

图 3-13 图纸风格选择项

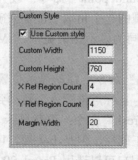
图 3-14 自定义图纸风格

自定义风格区域各项设置含义如下。

- Custom Width（自定义宽度）：自定义图纸的宽度，单位为英寸。在此定义图纸宽度为 1150。
- Custom Height（自定义高度）：自定义图纸的高度，在此定义图纸高度为 760。
- X Ref Region Count（X 区域数）：X 轴参考坐标分格，在此定义风格数为 4。
- Y Ref Region Count（Y 区域数）：Y 轴参考坐标分格，在此定义风格数为 4。
- Margin Width（边沿宽度）：设置边框的宽度，定义边框宽度为 20。

按照上述参数设置得到的图纸大小如图 3-15 所示。

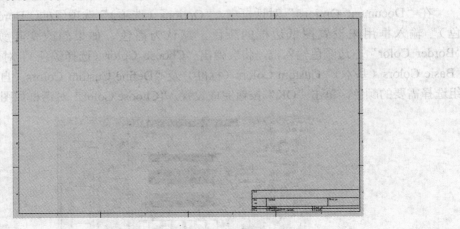

图 3-15 自定义的图纸

图纸的最外围的边线称为边界，内部边线称为参考边框，它们之间部分称为参考区。

3．设置图纸的标题栏

Protel 99 SE 提供了两种预先定义好的标题栏，选择"设计"→"文档选项"命令，在打开的对话框的"图纸选项"选项卡，首先选中图纸明细表，在其右边的下拉菜单中，有 Standard（标准形式）和 ANSI（美国国家标准协会形式）两种形式，如图 3-16 所示。Standard（标准形式）标题栏如图 3-17 所示；ANSI（美国国家标准协会形式）标题栏如图 3-18 所示。

图 3-16 图纸标题栏选项

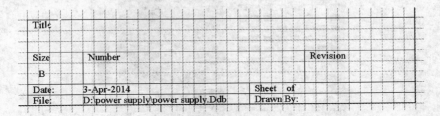

图 3-17 Standard（标准形式）标题栏

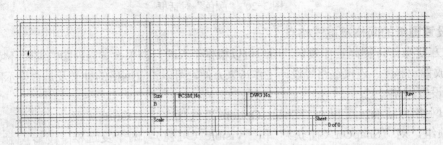

图 3-18 ANSI（美国国家标准协会形式）标题栏

4. 设置边缘色和图纸颜色

在"Document Options"对话框中,"Options(选项)"选项组的"Border Color(边框色)"输入框用来设置图纸边框的颜色,默认为黑色。如果想改变其颜色,可以单击"Border Color"右边颜色输入框,将会弹出"Choose Color(选择颜色)"对话框,可以通过"Basic Colors(基本)"Custom Colors(标准)及"Define Custom Colors(自定义)3个选项组选择需要的颜色,单击"OK"按钮完成设置,"Choose Color"对话框如图3-19所示。

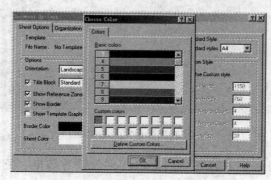

图 3-19 "Choose Color"对话框

如果用户希望自定义颜色,单击"Define Custom Colors"按钮,即可打开"颜色"对话框,如图 3-20 所示,通过设置调色参数,调出用户满意的颜色后,单击"添加到自定义颜色"按钮将其加入到自定义颜色栏中以便选用。

在"Sheet Color(图纸颜色)"输入框中,可以设置原理图图纸的颜色,默认为浅黄色,如果改变其颜色的话,操作同上述设置操作。

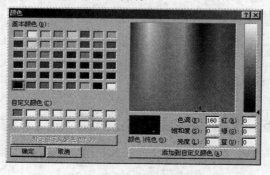

图 3-20 "颜色"对话框

5. 设置图纸的网格及电气格点

为了方便操作,提高工作效率,用户可以根据个人的习惯来设置原理图的编辑环境。图纸上的网格为放置元器件、连接线路等设计工作带来方便,可以设置网格的种类及是否显示网格。

(1)设置网格

设置网格的显示,可以在"Sheet Options"选项卡中"Grids(网格)"选项组,对"SnapOn(捕获)"和"Visible(可视)"两个复选框操作,来设置网格是否显示,如图3-21所示。

"SnapOn"主要是改变光标移动的间距,选中该复选框表示光标移

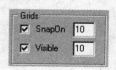

图 3-21 网格

动时以 10 为单位移动。

"Visible"主要是网格的显示，选中该复选框表示网格之间的距离为 10，不选择该复选框则不显示网格。

注意：若将捕获和可视设置成相同的值，就可以使光标每次移动一个网格，有利于放置元器件与连线操作。

（2）电气网格

电气网格操作项主要与设置电气节点有关，电气网格设置对话框如图 3-22 所示。选择有效项后，再进行连线操作系统会以设置好的电气网格的范围值 8 为半径，以光标所在位置为中心，自动搜索电气节点，这样可以快速准确地完成节点连接，取消该项选择则不搜索。

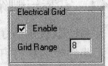

图 3-22　电气网格

设置网格是否可见，还可执行菜单"View（查看）"下的显示相关格点命令菜单完成。

6．设置系统字体

在进行原理图的编辑时，有时为了说明电路的功能需要添加注释文字，对于这些注释的文字，系统提供了默认字体选择项。用户可以更改插入文字的默认字体，具体操作可选择"Design（设计）"→"Options（文档选项）"命令，在弹出的"Document Options（图纸选项）"对话框中，单击"Sheet Options"选项卡的"Change System Font（改变系统字体）"按钮，就可改变系统的字体，可以查看图 3-11 所示的"Document Options"对话框。

7．填写图纸设计信息

为了便于管理原理图图纸，在原理图设计时，设计人员会按照要求在"文档参数"项设置文档的各个参数属性，例如原理图图纸的名称、设计者姓名、设计日期、设计公司名称等信息，可选择"设计"→"文档选项"命令，在弹出的对话框中选择"Organization（参数）"选项卡，如图 3-23 所示。

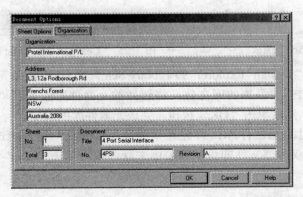

图 3-23　"Organization"选项卡

3.4　元器件库操作

Protel 99 SE 系统支持很多种元器件，这些元器件按照生产厂家和类别保存在不同的元器件库文件中。绘制原理图的过程也就是将表示实际元器件的图形符号用表示电气连接的连线或者网络标号等连接起来。因此，加载元器件库是绘制原理图的重要一步。但是，加载过多没有用到的库，会占用系统资源，所以，系统默认只加载常用的元器件库文件，其他特殊的元器件使用时再加载，不用时将其卸载。

位于原理图编辑工作窗口的右侧"Browse Sch"面板，如图 3-24 所示。

3.4.1 安装与删除元器件库

系统默认加载了常用电气元器件杂项库（Miscellaneous Devices. Lib 元器件库），可以单击元器件库名称打开库列表查看已加载的元器件库。

需要安装其他元器件库时，可以采用单击"设计管理器"中的"Browse Sch"选项卡，然后单击"Add/Remove"按钮，系统弹出"Change Library File List（改变库文件列表）"对话框，如图 3-25 所示。用户也可选择"Design"→"Add/Remove Library"命令来打开该对话框。

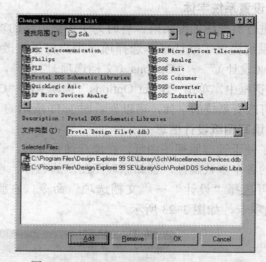

图 3-24 "Browse Sch"面板　　　　图 3-25 "Change Library File List"对话框

在安装目录下"Design Explorer 99\Library\Sch"文件下选择元器件库文件，单击"Add"按钮或者双击需要添加的库文件，将选择的元器件库添加到"Selected Files"列表中，如图 3-25 所示。然后单击"OK"按钮，完成元器件库的添加。

如果要删除不用的元器件库，首先在"Selected Files"列表中选中该文件库，单击"Remove"按钮或者双击该文件即可从列表中去除，最后单击"OK"按钮完成删除元器件库的操作。

3.4.2 查找未知所在库的元器件

在图 3-1 所示的±5V 电源电路原理图中，LM7805 与 LM7905 为核心元器件，如果这两个元器件不在已加载的元器件库中，也不能确定在哪个元器件库中，则需要在元器件库中查找这两个元器件，其操作步骤如下。

1）单击"Browse Sch"面板的"Find"按钮，弹出"Find Schematic Component"对话框，如图 3-26 所示。

2)在"By Library Reference"文本框中输入"*LM7805*",其中"*"为通配符,其表示若干个字母或数字。另外"?"也可作为通配符,其代表一个字母或者数字。

如果用户不确定元器件在库中的名称,也可采用描述的方式查找"By Description"。

3)在"Search"选项组中,可以选择搜索范围,默认为"Specified Path",其搜索默认路径为"C:\PROGRAM FILES\ Design Explorer 99\Library\Sch"。

4)在文本框输入栏输入"*LM7805*",设置完成后,单击"Find Now"按钮,系统按照指定的条件查找。在查找过程中用户单击"Stop"按钮则停止搜索。

查找结果,符合条件的元器件库会出现在"Found Libraries"中,元器件显示在"Components"中,如图3-27所示。

图3-26 "Find Schematic component"对话框

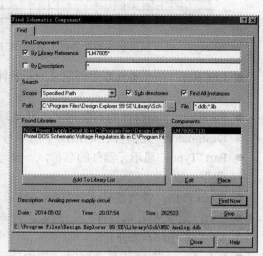
图3-27 查找到"*LM7805*"元器件的对话框

3.5 放置元器件

1. 放置LM7805CT

找到元器件LM7805,在"Find Schematic Component"对话框中,选择"Protel DOS Schematic Voltage Regulators.lib"中的"LM7805CT",单击"Place"按钮,系统自动跳转到原理图编辑器中,此时光标处显示小十字并且右边也多了一个LM7805CT跟随着光标移动,这就是处于放置状态的元器件LM7805CT,如图3-28所示。

如果用户需要将包含此元器件的库文件添加到库列表中,可以单击"Add To Library List"按钮,将选中的元器件库添加到库列表中,方便再次调用该库中的元器件。

当元器件处于放置状态时,可以对元器件属性进行编辑,此时按下〈Tab〉键,系统弹出"Part(元器件属性)"对话框,如图3-29所示。

在元器件属性对话框的主要属性如下。

(1)"Attributes(属性)"选项卡

"Attributes(属性)"选项卡中的属性设置较为常用,主要包括如下选项。

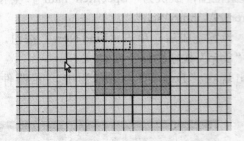
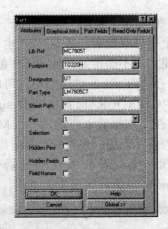

图 3-28　处于放置状态的元器件 LM7805CT　　　图 3-29　"Part"对话框

- **Lib Ref**：在元器件库中所定义的元器件名称，即为库中命名得到的，编辑原理图时，不需改变。
- **FootPrint**：元器件的封装形式，此选项对生成 PCB 信息十分重要。
- **Designator**：元器件在电路图中的序号，元器件在原理图中的序号不可重复。
- **Part Type**：显示元器件的名称，一般与元器件的名称相同。默认与元器件库中的元器件类型一致。
- **Sheet Path**：成为图样元器件时，显示下层图样的路径。
- **Part**：定义子元器件序号，例如：同一元器件中有几个相同部分时，分离绘制时用于描述选用的子部分。
- **Selection**：选择该复选框时，选中该元器件，此时元器件为选中状态。与编辑中的选中有同样的效果。
- **Hidden Pins**：是否显示元器件的隐藏引脚，选中该复选框，系统将显示元器件的隐藏引脚。
- **Hidden Fields**：确定是否显示标注选项区域内容。选中该复选框表示显示，每个元器件都有 16 个标注，可输入有关元器件的任何信息。如果标注中没有输入信息，显示结果为"*"。
- **Field Name**：确定是否显示标注的名称。打钩表示显示，显示 16 个有标注选择区域名称 Part Field1～Part Field16。

（2）"Read-Only Fields"选项卡

"Read-Only Fields"选项卡描述了可读的有关该元器件的信息，包括元器件库域和元器件所属的识别属性。

（3）"Graphical Attrs（图形属性）"选项卡

"Graphical Attrs（图形属性）"选项卡显示了当前元器件的图形信息，包括元器件图形位置、旋转角度、填充颜色、线条颜色、引脚颜色以及是否镜像显示等信息，如图 3-30 所示。

用户可以设定元器件的旋转角度，在绘制原理图时，

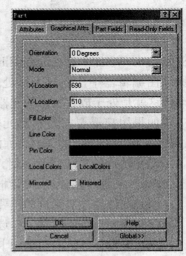

图 3-30　"Graphical Attrs"选项卡

可合理放置元器件。可以修改 X、Y 位置坐标，移动元器件位置。用户还可以选中"Mirrored"复选框，将元器件镜像处理。用户还可以在放置元器件时，按〈X〉或者〈Y〉键来实现元器件镜像。

元器件属性修改完成后，单击"确定"按钮，回到元器件的放置状态。将元器件拖动到原理图图纸的合适位置，单击或按〈Enter〉键完成元器件放置，如图 3-31 所示。这时指针仍附着在 LM7805CT 上，这说明系统仍处于放置状态，并且元器件的序号自动变为"U2"，通过该功能可以连续放置多个相同型号的元器件。右击或者按〈Esc〉键退出元器件的放置状态。

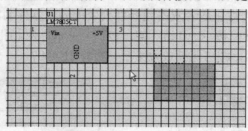

图 3-31　完成放置的 LM7805CT

元器件放置完成后，双击元器件 LM7805CT 同样可以打开"Part"对话框。

通过放置 LM7805CT 操作后，可以同时完成该元器件所在库"Protel DOS Schematic Voltage Regulators.lib"的加载操作。

2. 放置 LM7905CT

LM7905 CT 也包含在"Protel DOS Schematic Voltage Regulators.lib"元器件库中，放置 LM7905CT 方法如下。

1）可以按照放置元器件 LM7805CT 的方式，进行查找并放置。

2）若已知添加的库中有该元器件，单击元器件库列表，选中"Protel DOS Schematic Voltage Regulators.lib"库为当前库，在"Filter（关键字过滤器）"栏中输入"LM7905*"，可以快速地过滤出所需要的元器件，如图 3-32 所示。放置完成后或者不需放置时删除过滤器中的关键字，可恢复库列表中的元器件。

3）单击库列表中任意元器件使列表处于当前对话状态，可以使用键盘输入"LM7905"，即可快速定位到所查找的元器件，如图 3-33 所示。

图 3-32　过滤出元器件 LM7905CT　　　　图 3-33　通过按键搜索 LM7905CT

通过以上 3 种方法都可以找到元器件 LM7905CT，单击"Place（放置）"按钮或双击元器件名"LM7905CT"即可完成元器件放置。

3．放置二极管 1N4007

放置二极管 1N4007 的步骤如下。

1）二极管 1N4007 在常用元器件杂项库"Miscellaneous Devices.lib"中，因此要将此元器件库设为当前库。

2）可通过上述方法定位出二极管"DIODE"，如图 3-34 所示。

3）通过单击"Place"按钮或者双击元器件列表中的元器件名称来放置元器件，在放置前进行元器件属性的设置，按下〈Tab〉键，打开"Part"对话框，进行属性的设置，如图 3-35 所示，设置完成后，即可连续放置 4 个二极管 1N4007。

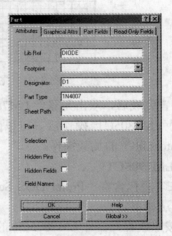

图 3-34　选中后的"DIODE"元器件　　　图 3-35　"1N4007"属性对话框

4．放置无极性电容

元器件放置还可以选择"Place"→"Part（元器件）"命令来放置元器件，如图 3-36 所示。

弹出的"Place（放置元器件）"对话框，如图 3-37 所示。在该窗口"Lib Ref（库参考）"文本框中输入元器件在库中的名称"CAP"，设置参数完成后单击"OK"按钮，即可放置电容，其元器件属性设置同前面介绍的方法，连续放置 4 个无极性电容，其序号为 C1～C4。

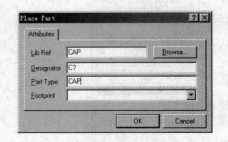

图 3-36　"Place"菜单　　　图 3-37　"Place Part（放置元器件）"对话框

5. 放置极性电容及接口

通过以上介绍的方法可以找到极性电容"CAPACITOR POL"并放置到原理图中，在"Part"对话框设置如下属性：在"Part Type"文本框中输入电容的大小"470uF"，完成设置后，如图3-38所示。单击"OK"按钮并放置电容，连续放置4个极性电容，其序号为C5~C8。

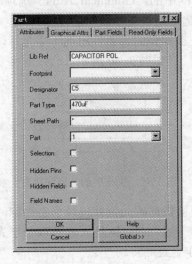

图3-38 极性电容属性对话框

6. 放置接口元器件

接口元器件"Header 2"可以在常用杂项库（Miscellaneous Devices.lib）库中找到并连续放置3个，其序号为JP1~JP3。

按照以上操作方法，完成放置后的元器件如图3-39所示。

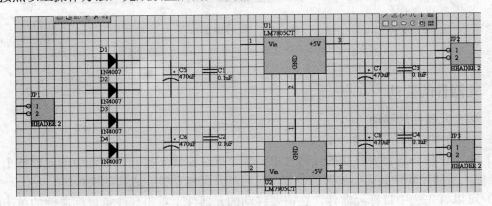

图3-39 完成放置的元器件

3.6 元器件布局

元器件布局是利用对元器件的编辑操作命令，使元器件移动、旋转到合适的位置，使绘制出的电路原理图更加美观，可读性更强。

3.6.1 元器件的旋转

在绘制原理图时,有时需要对元器件进行旋转操作才符合所绘制原理图的要求,其操作方法如下。

1) 通过"Part"属性对话框中的"Graphical Attrs"选项卡中的"Orientation",可以选择旋转的角度,"Mirrored"复选框是设置元器件是否镜像。

2) 单击元器件不放开,使被操作的元器件出现十字光标,然后按下〈Space〉键,每按下一次,元器件逆时针旋转90°,如图3-40所示。

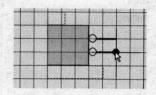

图3-40 操作中的元器件状态

3) 单击元器件不放开,使被操作的元器件出现十字光标,然后按下〈X〉键或者〈Y〉键,元器件就被镜像了。每按一次,〈X〉键使元器件以十字光标为中心作水平翻转;〈Y〉键使元器件以十字光标为中心作垂直翻转。

对图3-39中JP1元器件进行旋转操作,如图3-41所示。

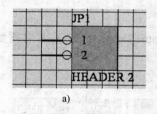 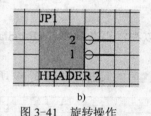 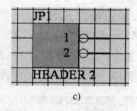

a)　　　　　　　　　　　b)　　　　　　　　　　　c)

图3-41 旋转操作

a) 初始状态　b) 按两次〈Space〉键得到　c) 按下〈X〉键得到

3.6.2 元器件的移动

1. 单个元器件的移动

单个元器件的移动方法如下。

1) 将光标移动到将要移动的元器件上,按下鼠标左键不松开,在选中的元器件上出现十字光标,拖动元器件到需要放置的位置,这时松开鼠标左键完成移动操作。

2) 可以首先选中目标元器件,在需要移动的元器件上单击(注意鼠标左键的单击时间不能过长),选中后的元器件状态如图3-42a所示,元器件周围出现虚框。在选中后的元器件上,再次单击鼠标左键(注意鼠标左键的单击时间不能过长),此时元器件即可随着光标的移动而移动,处于放置状态,如图3-42b所示。

3) 选择"Edit(编辑)"→"Move(移动)"→"Move(移动)"命令,出现十字光标后,将光标移动到将要移动的元器件上并单击,选中移动元器件,移动到需要放置的位置后,单击完成移动放置。这时还可以继续对其他元器件移动操作。不需要移动时可以右击或者按〈Esc〉键结束移动操作。

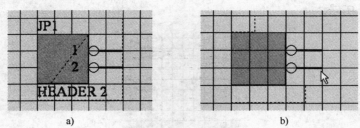

图 3-42 选中元器件
a) 快速单击选中元器件 b) 再次单击后元器件处于放置状态

注意：通过菜单的命令操作元器件，一般系统默认为连续操作模式，退出命令均可右击或者按下〈Esc〉键结束。

2. 多个元器件的移动

同时移动多个元器件，其操作方法如下。

1）将光标移动到该区域的一个角（一般习惯是左上角），然后按住鼠标左键不松开，将光标拖动到目标区域的右下角，使需要移动的目标元器件全部框起来，如图 3-43a 所示。这时松开鼠标左键会发现元器件四周都有小四角方格，表示已经选中了这些元器件，如图 3-43b 所示。

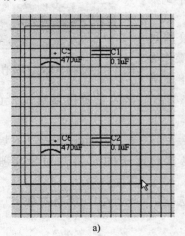 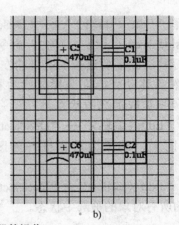

图 3-43 选中元器件操作
a) 拖动选择多个元器件 b) 选中后的元器件

2）选择"Edit（编辑）"→"Select（选择）"→"Inside Area（区域内对象）"命令来选择目标元器件。此命令在工具栏内有快捷按钮。

3）选择"Edit（编辑）"→"Toggle Selection（切换选择）"命令，逐个选中需要移动的元器件，此方法可以选择不在一起的元器件。

4）也可以配合使用光标和〈Shift〉键来完成多个元器件的选择。首先按住〈Shift〉键不松开，单击需要选择的元器件，逐个选择其他元器件，该方法也可完成不在一起的元器件的选择。

5）在选中的任意元器件上单击不松开,待光标变成十字光标后,拖动元器件完成移动操作,如图3-44所示。

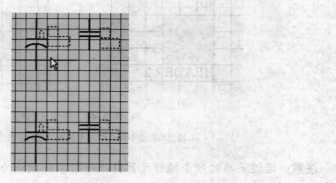

图3-44 拖动过程中的元器件

也可以选择"Edit（编辑）"→"Move（移动）"→"Move Selection（移动选定的对象）"命令来完成移动操作。

3.6.3 取消元器件的选择

取消元器件的选择可以选择菜单"Edit（编辑）"→"DeSelect（取消选定）"命令来实现。该快捷菜单如图3-45所示,其子菜单包含3项命令。

图3-45 "DeSelect（取消选定）"菜单

1）选择"Edit（编辑）"→"DeSelect（取消选定）"→"Inside Area（区域内对象）"命令,一般操作如下：先将光标移动到需要选择的区域的左上角并单击确定起始点,然后移动光标到选择区域的右下角并单击,确定选择区域选框,此时选框内的元器件对象将被取消选中状态。

2）选择"Edit（编辑）"→"DeSelect（取消选定）"→"Outside Area（区域外对象）"命令,操作同上,结果为选择框外的区域所包含的选中的元器件对象将被取消选中状态。

3）选择"Edit（编辑）"→"DeSelect（取消选定）"→"All（所有对象）"命令,可取消工作区中的所有对象的被选中状态。

3.6.4 元器件的删除

在绘制原理图时,由于误操作放置了多余或者不需要的元器件,需要将其删除。删除元器件的方法如下。

1）选择"Edit（编辑）"→"Delete（删除）"命令,这时光标出现十字光标,将光标移动到不需要的元器件上并单击就可完成删除,此命令可连续删除。右击或按〈Esc〉键退出该命令。

2）首先选中想要删除的元器件（可参考3.6.3节）,然后选择"Edit（编辑）"→"Clear（清除）"命令,就可完成删除所选元器件。

3）根据元器件的选中方式不同，删除的操作也不同，如果使用拖选的方式选中元器件，元器件的状态为黄色框显示，可以采用〈Ctrl+Delete〉组合键删除。如果元器件状态为虚线框显示，此时可按〈Delete〉键删除。

通过元器件布局完成后的电路原理图，如图3-46所示。

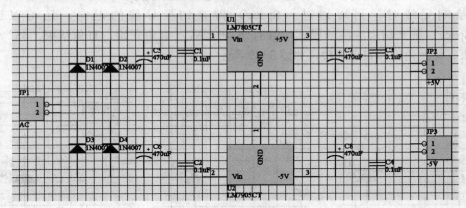

图3-46 电源电路原理图完成布局

注意：从布局完成后的电路原理图中可以看出，每个元器件都有不同的序号，例如二极管用D1~D4，电容用C1~C8等，同类元器件也不能重复且此项不可少。

3.7 连接电路

当所有元器件放置完毕后，可以进行电路原理图中各对象之间的电气连接。按照电路设计的要求将对象连接起来，从而可以建立各元器件之间的实际连接关系。绘制连接需要采用放置导线来完成。

3.7.1 放置导线

根据提供的电路连接关系，进行电路原理图的电气连接。绘制导线步骤如下。

1）选择"Place（放置）"→"Wire（导线）"命令，或者单击画线工具栏中的放置导线按钮，进入放置导线模式，此时光标带有十字光标形状，如图3-47所示。

2）将十字光标移动到需要连接导线的起始点，一般是元器件的引脚，当移动到电气连接点时变成了放大的黑色圆点，说明自动搜索到了电气节点，这时单击就可以确定起始点，如图3-48所示。

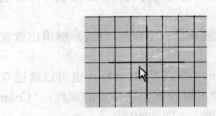

图3-47 放置导线光标形状

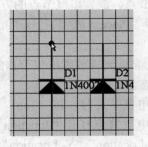

图3-48 搜索到电气节点时光标形状

3) 移动光标会发现自起始点处拖动出一根直导线，在需要改变导线方向的位置单击或按〈Enter〉键就可确定拐点。此时该点也就是变成新的起始点，直到单击到另外一个电气节点主动退出（右击或按〈Esc〉键）放置导线命令时，即完成该导线的绘制。可以连续进行其他导线的放置，也可以右击或按〈Esc〉键退出放置导线命令。

在绘制导线时，可以通过〈Space〉键来切换导线的走向。还可以通过按〈Shift+Space〉键来切换导线的模式，共有 6 种模式：直角开始、直角结束、45°开始、45°结束、任意角度和自动连接，如图 3-49 所示。

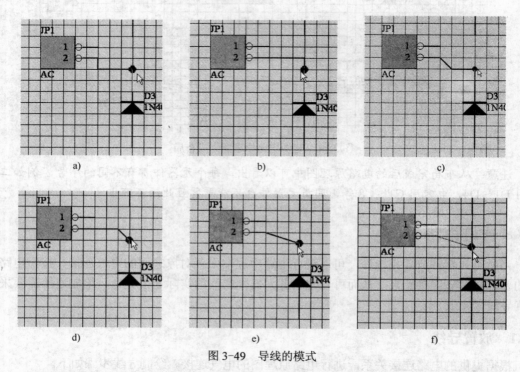

图 3-49 导线的模式

a) 直角开始模式 b) 直角结束模式 c) 45°开始模式 d) 45°结束模式 e) 任意角度模式 f) 自动连接模式

3.7.2 放置电气节点

Protel 99 SE 原理图中的导线有两种交叉方式："十"字交叉和 T 形交叉。系统默认会在 T 形交叉点处自动放置电气节点；而"十"字交叉点处需要相互连接时，必须由设计人员手工放置电气节点。放置电气节点的方法如下。

1) 选择 "Place（放置）"→"Junction（节点）"命令，这时光标变为十字形状并附着电气节点。

2) 移动光标到需放置电气节点的地方，单击可完成放置。右击或按〈Esc〉键退出放置电气节点状态。

在放置电气节点时，按〈Tab〉键可以打开"Junction（节点）"对话框，也可以通过双击已放置的电气节点打开"Junction"对话框。根据需要可以设置电气节点的属性："Color（颜色）""X-Location""Y-Location"及"Size（尺寸）"等，如图 3-50 所示。

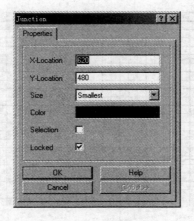

图 3-50 "Junction（节点）"对话框

3.8 放置电源及接地端口

Protel 99 SE 中提供了多种电源及接地端口供选择，用户可以通过选择 "Place（放置）" → "Power Port（电源端口）"命令放置电源和接地端口。也可以通过画线工具栏中的电源和 GND 端口按钮来放置。

根据以上方法绘制出来的原理图，如图 3-51 所示。图中元器件的序号及注释一般设置为显示状态，以便于原理图及 PCB 图的阅读。

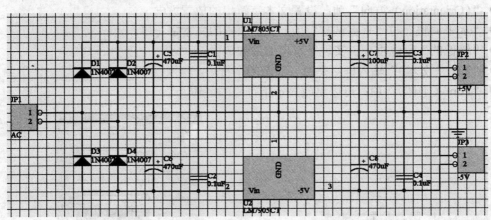

图 3-51 绘制完成的±5V 电源电路原理图

3.9 放置文本字符串

为了使设计原理图具有更强的可读性，可以放置文本字符串对电路原理图加以注释，将图 3-51 中的 4 个二极管 1N4007 的型号隐藏，双击元器件类型（1N4007），打开 "Part Type"对话框，在对话框中选择 "Hide"复选框，隐藏后的效果如图 3-52 所示。

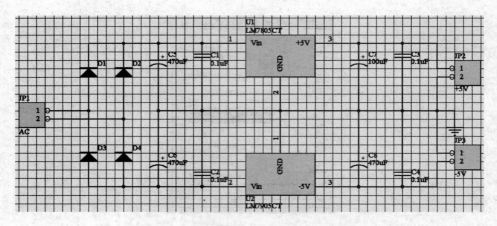

图 3-52 隐藏 1N4007 型号后的电路原理图

图 3-52 中 4 个二极管旁边已没有元器件类型的信息了。可以通过放置文本字符串来添加注释。放置文本字符串方法如下。

1）选择"Place（放置）"→"Annotation（注释）"命令，也可单击"Drawing Tools"（绘图工具栏）中的放置文本字符串按钮，光标变成十字并附着"Text"字符，如图 3-53 所示。

2）按〈Tab〉键可打开"Annotation（注释）"对话框，如图 3-54 所示。

- "Color（颜色）"项：设置文本字符串的颜色。
- "位置 X 和 Y"项：设置字符串在原理图中放置的 X 和 Y 坐标。
- "(Orientation) 方向"项：设置文本字符串的放置方向。
- "水平调整"与"垂直调整"项：调整放置的文本字符串。
- "镜像的"复选框项：实现字符串的镜像放置。
- "Text（文本）"输入框：是所要显示的字符串。
- "Font（字体）"项：可以更改显示字符串的字体。

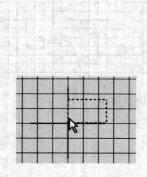

图 3-53 放置文本字符串

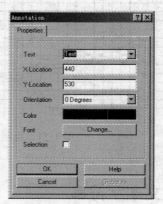

图 3-54 "Annotation（注释）"对话框

3）单击"OK"按钮结束属性设置，即可返回到放置文本字符串状态，将字符串移动到需要放置的位置单击即可完成放置。完成放置后的最终原理图如图 3-55 所示。

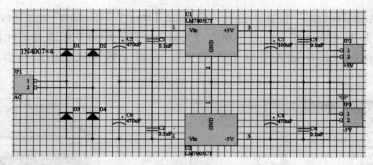

图 3-55 最终完成绘制的电路原理图

3.10 实例——绘制晶体管放大电路

1．实例描述

本例介绍晶体管放大电路的绘制过程。

2．知识重点

掌握创建原理图文件以及元器件库的操作。

3．操作步骤

1）在 Protel 99 SE 主界面工作环境下，选择"File"→"New"命令，打开"New Design Database"对话框，如图 3-56 所示。修改保存路径为"D:\exam\ Amplify"及数据库名称为"Amplify.ddb"。单击"OK"按钮完成新建。

2）打开"Document"文件夹，选择"File"→"New"命令，系统弹出"New Document"对话框，选择"Schematic Document"，建立一个新的原理图文件，命名为"Amplify.Sch"，双击该文件，系统进入原理图编辑工作环境。

3）单击工作窗口中左侧部分"Browse Sch"标签，该项主要用来管理当前添加的库文件以及库元器件，可以方便地通过此栏为当前原理图添加库文件以及向原理图工作区内添加元器件，如图 3-57 所示。

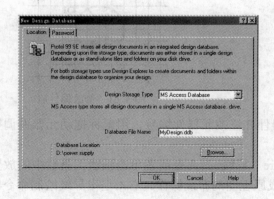

图 3-56 "New Design Database"对话框

图 3-57 元器件库管理面板

4）单击"Add/Remove"按钮，打开"Change Library File List"对话框，如图 3-58 所示。选择需要安装的元器件库文件后，单击"Add"按钮，即可安装需要的元器件库。

5）在元器件过滤栏中输入关键字"NPN"，此时元器件列表中的内容自动更新，如图 3-59 所示。

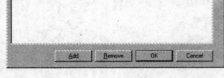
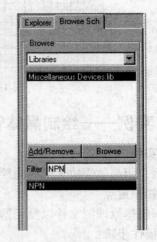

图 3-58 "Change Library File List"对话框　　　　　　图 3-59 通过过滤栏查找元器件

说明：此方法主要用于知道元器件名或者元器件名中关键字的情况，过滤器主要功能是过滤掉与输入关键字不匹配的元器件。过滤器支持通配符"?""*"，其中"?"代表一个字符，"*"代表任意多个字符。

6）选中元器件"NPN"，然后单击按钮"Place"，此时，一个浮动的晶体管随着光标一起移动，光标移动到工作区适当的位置时单击放置该元器件，然后右击退出元器件放置命令状态。当然，也可直接双击需要放置的元器件进入元器件放置状态。

7）单击晶体管的编号"Q?"，使其处于选中状态，如图 3-60 所示，再次单击使其处于可编辑状态，修改其编号为"Q1"，然后按〈Enter〉键确认修改，如图 3-61 所示。

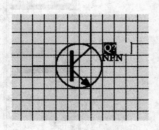
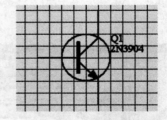

图 3-60 选中修改编号　　　　　　　　　　图 3-61 修改编号后

8）按照同样的方法添加其他元器件并修改元器件编号，用鼠标拖动元器件调整其位置进行原理图布局，如图 3-62 所示。

9）选择"Place（放置）"→"Wire（导线）"命令或者单击画线工具栏中的放置导线按钮命令，进入导线绘制命令状态，完成原理图的布线操作。右击退出导线绘制命令状态，如图 3-63 所示。

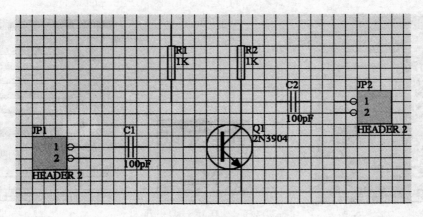

图 3-62　完成放置元器件

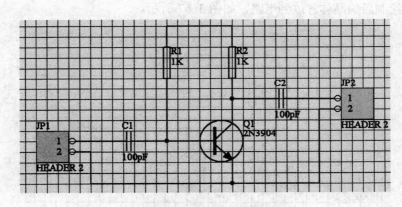

图 3-63　完成绘制导线

10）选择"Place（放置）"→"Power Port（电源端口）"命令，然后按下〈Tab〉键打开电源端口属性对话框，如图 3-64 所示。设置该电源端口参数后，单击"OK"按钮返回原理图工作环境，单击放置该电源端口。或直接单击画线工具栏中的"放置电源端口"按钮进行放置。

也可以使用"Power Objects"工具栏中的快捷按钮来完成放置。选择"View（查看）"→"Toolbars（工具栏）"→"Power Objects"命令，打开"Power Objects"工具栏，如图 3-65 所示。该工具栏中可以分别放置常见的电源节点元器件，省去了用户在放置时对不同电源节点的属性修改。

11）放置完成第一个电源端口后，此时光标仍处于放置电源端口命令状态，可以继续放置其他电源端口，按下〈Tab〉键，打开电源端口属性对话框，设置该电源地端口属性，如图 3-66 所示。单击"OK"按钮返回到原理图编辑工作环境，单击放置该电源地端口，然后右击退出放置电源端口命令状态。或直接单击画线工具栏中的"放置电源端口"按钮进行放置。同样还可以使用"Power Objects"工具栏中的快捷按钮来完成放置。

图 3-64　电源端口属性设置　　图 3-65　"Power Objects"工具栏　　图 3-66　设置电源地端口

12）完成绘制后的晶体管放到电路，如图 3-67 所示。

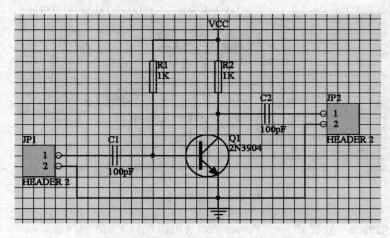

图 3-67　完成绘制后的晶体管放大电路原理图

13）选择"File（文件）"→"Save（保存）"命令或者单击主工具栏中的"保存"按钮，保存该原理图文件。

3.11　思考与练习

1. 如何新建项目文件及保存？
2. 如何添加及删除元器件库？
3. 如何选择单个元器件并移动及旋转？
4. 如何绘制导线？
5. 如何设置图纸的大小，颜色？
6. 绘制图 3-68 所示直流稳压电路原理图。

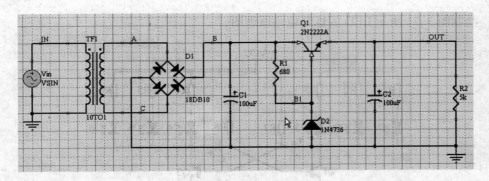

图 3-68 直流稳压电路

7．绘制图 3-69 所示正负输出直流稳压电路原理图。

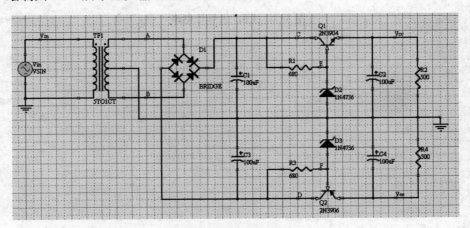

图 3-69 正负输出直流稳压电路

8．绘制图 3-70 所示 555 无稳态多谐振荡器电路原理图。

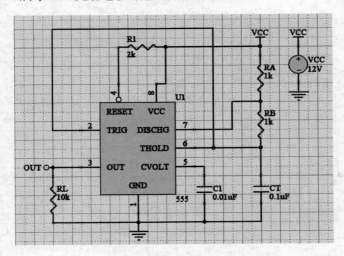

图 3-70 555 无稳态多谐振荡器电路

9. 绘制图 3-71 所示 LED 闪烁灯电路原理图。

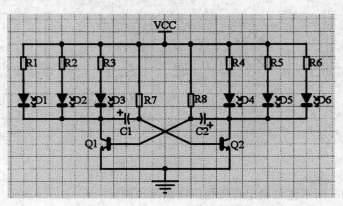

图 3-71　LED 闪烁灯电路

第4章 Protel 99 SE 原理图设计

本章主要介绍 Protel 99 SE 原理图设计、元器件编辑、高级布线工具、绘图工具、复杂电路的层次原理图设计及电路原理图的其他操作。

4.1 元器件的编辑

前已述及元器件的选取、移动、旋转、删除等基本操作。在原理图绘制过程中，往往需要多次使用同一种元器件，频繁选取会使用户感觉很烦琐，影响工作效率。本节主要介绍原理图中元器件的复制、粘贴、阵列式粘贴、排列与对齐等操作。

4.1.1 元器件的复制、剪切和粘贴

Protel 99 SE 使用了 Windows 操作系统的剪贴板，以方便用户在不同应用程序之间进行操作。例如，用户可以将绘制的电路图复制粘贴到 Word 文档中，这样有利于进行文本编辑。

复制：选择"Edit（编辑）"→"Copy（复制）"命令，或者快捷键〈Ctrl+C〉，将选取的元器件作为副本放入剪贴板中。

剪切：选择"Edit（编辑）"→"Cut（裁剪）"命令，或者快捷键〈Ctrl+X〉，将选取的元器件直接放入剪贴板中，同时删除被选中的元器件。

粘贴：选择"Edit（编辑）"→"Paste（粘贴）"命令，或者快捷键〈Ctrl+V〉，将剪贴板中的对象复制到原理图中。

这些命令还可以在主工具栏中单击快捷按钮执行，另外系统还提供了功能热键来实现这些命令，热键如下。

复制：〈Ctrl+Insert〉键。
剪切：〈Shift+Delete〉键。
粘贴：〈Shift+Insert〉键。

注意：复制对象时，用户选择了需要复制的对象后，系统需要用户选择一个目标参考点。该参考点很重要，用户需要很好地掌握该目标参考点的选取。这样可以为后面的粘贴操作提供便利。用户也可以在粘贴元器件时，将元器件放置到目标位置前，按下〈Tab〉键，系统将弹出目标位置设置对话框，可以在该对话框中设置放置的精确位置。

例如，对图 4-1 所示的电路复制、粘贴的操作过程如下。

1）选取需要复制的一个或者多个元器件，以复制多个元器件为例，如图 4-2 所示。

2）选择"Edit（编辑）"→"Copy（复制）"命令，光标变成十字光标，将光标移动到目标参考点上，单击或者按〈Enter〉键，确定执行该命令，即复制完成。

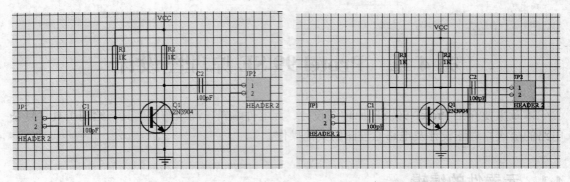

图 4-1 示例电路　　　　　　　　　　图 4-2 选取需要复制的元器件

3）执行"Paste（粘贴）"命令，光标将会附着刚才复制的元器件组，将光标移动到合适的位置后，单击或者按〈Enter〉键，就可以将剪贴板中的内容粘贴到当前原理图中，如图 4-3 所示。

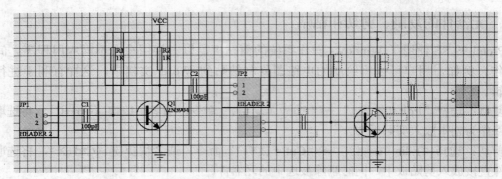

图 4-3 粘贴元器件

4）执行粘贴后的元器件组处于选中状态，选择"Edit（编辑）"→"DeSelect（取消选择）"→"All（所有）"命令，取消元器件的选中状态，如图 4-4 所示。粘贴的元器件组的元器件序号、网络标号与原来的相同，所以粘贴的元器件组必须进行修改。

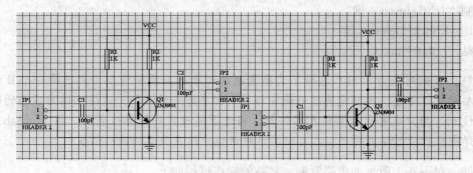

图 4-4 完成粘贴操作

5）也可在粘贴时，放置元器件前按下〈Tab〉键，进行精确的坐标设置，设置对话框如图 4-5 所示。

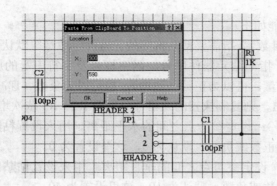

图 4-5 设置粘贴对象坐标

4.1.2 元器件的阵列式粘贴

在绘制原理图时,如果需要进行多次重复粘贴才能得到一组相同的元器件,可以采用 Protel 99 SE 提供的阵列式粘贴功能,复制出来的元器件组可以按照一定格式排列,其操作如下。

1) 选择需要复制的元器件,如图 4-6 所示。

2) 执行复制命令。

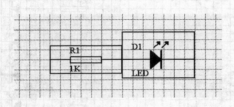

图 4-6 选取需要复制的元器件

3) 选择"Edit(编辑)"→"Paste Array(阵列粘贴)"命令,如图 4-7 所示。也可单击绘图工具栏中的"阵列粘贴"按钮,如图 4-8 所示。

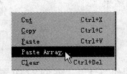 

图 4-7 "Edit"菜单中"Paste Array"　　　图 4-8 绘图工具栏中的阵列粘贴按钮

4) 执行命令后,弹出"Setup Paste Array(设定阵列粘贴)"对话框,如图 4-9 所示。

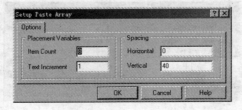

图 4-9 "Setup Paste Array(设定阵列粘贴)"对话框

对话框中的各项功能如下。

- Item Count（项目数）：指需要粘贴得到的元器件组数量。默认为 8，这里设置为 8。
- Text Increment：指粘贴元器件序号、网络标号及字符串等的尾数为数字时，可以设置数字量的递增量，可以为正数（递增），也可以为负数（递减）。默认为 1，例如元器件的序号为 R1，则复制放置的元器件分别为 R2、R3 依次增加。
- Horizontal（水平）：设定参考点之间的水平距离。用来设置粘贴出来的元器件组的水平偏移量，可为正数或负数。默认为 0，这里设置为 0。
- Vertical（垂直）：设定参考点之间的垂直距离。用来设置粘贴出来的元器件组的垂直偏移量，可为正数或负数。默认为 10，这里设置为 40。

5）设置完成后，单击"OK"按钮，光标变为十字光标，移动到合适位置单击完成，如图 4-10 所示为进行阵列式粘贴后的元器件组。

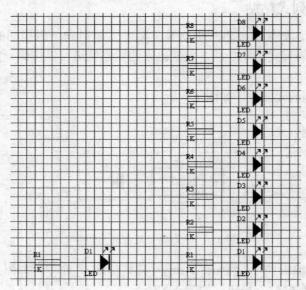

图 4-10　元器件组阵列式粘贴结果

4.1.3　元器件的排列和对齐

在绘制电路原理图的过程中，当全部元器件放置在图纸上后，需要对放置的元器件进行布局。可以选择"Edit（编辑）"→"Align（排列）"中的命令项对元器件进行排列和对齐操作。"Align"菜单如图 4-11 所示。

图 4-11　"Align"菜单

1. 元器件的左对齐排列

1）选中需要排列的元器件，如图 4-12 所示。

2）选择"Edit（编辑）"→"Align（排列）"→"Align Left（左对齐排列）"命令或者使用快捷键〈Ctrl+L〉键，执行命令后，各元器件最左端处于同一条直线上，如图 4-13 所示。

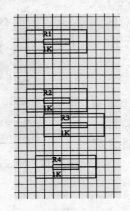
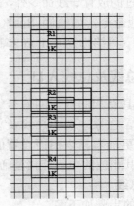

图 4-12　选中需要排列的元器件　　　　图 4-13　左对齐排列后的效果

2. 元器件的右对齐排列

1）选中需要排列的元器件。选择"Edit（编辑）"→"Select（选择）"→"Inside Area（区域内对象）"命令来选取元器件。

2）选择"Edit（编辑）"→"Align（排列）"→"Align Right（右对齐排列）"命令，所选元器件最右端处于同一条直线上。

3. 元器件的水平中心排列

1）选中需要排列的元器件。

2）选择"Edit（编辑）"→"Align（排列）"→"Center Horizontal（水平中心排列）"命令，所选元器件的中心将会处于一条直线上。

4. 元器件的水平分布

1）选中需要水平分布的元器件。

2）选择"Distribute Horizontally（水平分布）"命令，处于最左边和最右边位置的元器件位置不变，中间的元器件将会水平移动，使所有元器件之间均匀分布。

另外，顶部对齐排列、底部对齐排列、垂直中心排列和垂直分布是垂直方向上的元器件的放置命令，与水平方向操作相同。

5. 同时进行排列或对齐

"Align（排列）"命令则可以实现元器件水平和垂直两个方向的排列。选中需要排列的元器件后，选择"Edit（编辑）"→"Align（排列）"→"Align（排列）"命令，系统会弹出"Align objects（排列对象）"对话框，如图 4-14 所示。

图 4-14　"Align objects"对话框

4.2 连接线路

将绘制电路的所有元器件放置完成后，进行连接线路时，除了使用前面讲过的放置导线命令外，还可以使用菜单"Place（放置）"中的其他命令，如绘制 Bus（总线）、Bus Entry（总线入口）、Net Label（网络标签）、Port（端口）等，如图 4-15 所示。

4.2.1 绘制总线及总线入口

总线就是具有相同性质的信号线，例如数据总线、地址总线及控制总线。在原理图中总线及总线入口并没有电气特性，是为了让用户更加容易识图而设置的，从而简化了元器件之间的连接导线，其相应的电气连接是通过网络标签实现的。

图 4-15 "Place（放置）"菜单

1．绘制总线

绘制总线的步骤如下。

1）选择"Place（放置）"→"Bus（总线）"命令，或者单击画线工具栏中的放置总线按钮，进入放置总线命令状态，光标变为十字光标。

2）在合适的位置单击确定总线的起点，然后移动光标开始绘制总线，在需要转折的地方单击确定放置之前的一段，到总线的结束处单击确认总线终点。一条总线绘制完成后，右击退出本条总线的绘制，但是此时还是处于放置总线命令下，如果需要放置其他总线，可以继续操作。不需要放置，可以右击或按〈Esc〉键退出放置总线命令。放置完成的总线如图 4-16 所示。

3）如果需要修改总线参数，可以双击总线，系统弹出"Bus（总线属性）"对话框，如图 4-17 所示，可以在对话框中修改总线的 Bus Width（宽度）、Color（颜色）及 Selection（选取）。

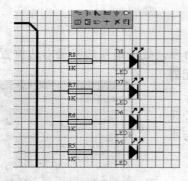

图 4-16 放置总线

图 4-17 "Bus（总线）"对话框

2．绘制总线入口

总线入口是总线与导线之间的连接线，它可以将导线和总线连接起来，使原理图看起来更加美观，总线入口也没有电气特性。绘制总线入口的步骤如下。

1）选择"Place（放置）"→"Bus Entry（总线入口）"命令，或者单击画线工具栏中的放置总线入口按钮,就可进入放置总线入口,光标变成十字光标并附着总线入口。

2)移动光标到需要放置总线入口的位置单击放置,总线入口的方向可以通过空格键进行旋转。放置总线入口如图 4-18 所示。

3)放置一个总线入口后,此时光标仍处在放置状态,可以继续放置,不需要放置时,可以右击或按〈Esc〉键退出即可。如果需要修改总线入口参数,可以双击总线入口或者放置状态时按下〈Tab〉键,系统弹出"总线入口"对话框,如图 4-19 所示,可以在对话框中修改总线入口的 Line Width(宽度)、Color(颜色)及 Selection(选取)。

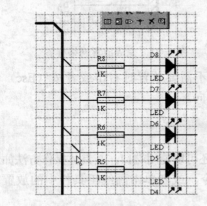

图 4-18 放置总线入口

图 4-19 "Bus Entry(总线入口)"对话框

在该窗口中的其他 4 项如下。
- X1-Location:设置总线入口的第一个端点的 X 轴坐标值。
- Y1-Location:设置总线入口的第一个端点的 Y 轴坐标值。
- X2-Location:设置总线入口的第二个端点的 X 轴坐标值。
- Y2-Location:设置总线入口的第二个端点的 Y 轴坐标值。

4.2.2 放置网络标签

在绘制原理图时,元器件之间的电气连接除了导线外,还可以通过具有实际电气特性的网络标签来实现。具有相同网络标签的导线或者元器件引脚,其原理图中不管是否连接在一起,其电气关系是连接在一起的,这样可以在较复杂的电路图中使用网络标签代替导线,以简化原理图。放置网络标签的步骤如下。

1)选择"Place(放置)"→"Net Label(网络标签)"命令,或者单击画线工具栏中的网络标签按钮,此时,光标出现十字光标并且附着一个标号。

2)在进行放置网络标签之前可以进行属性的设置,按〈Tab〉键可以打开"Net Label(网络标签属性)"对话框,如图 4-20 所示。可以通过属性对话框改变网络标签的 Net(网络)、X1-Location、Y1-Location、Orientation(旋转角度)、Color(颜色)、Font(字体)及 Selection(选取)。如果网络标号是以数字结尾,在连续放置时,网络标号会自动加 1。

3)移动光标到需要放置网络标签的位置单击即可放置,需要注意的是网络标签是具有电气属性的,它需要放置到电气节点或导线上才有效。放置完成后的网格标签如图 4-21 所示。

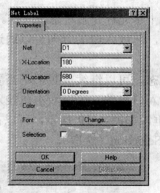
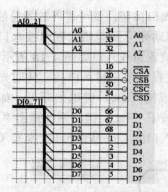

图 4-20 "Net Label（网络标签）"对话框　　　　图 4-21　完成放置网络标签

4）网络标签的放置命令也是可以连续放置的，不需要放置时右击或者按〈Esc〉键退出，当然在放置过程中可以使用〈Space〉键变换其方向。

4.2.3　放置端口

在绘制电路原理图时，元器件电气节点之间的连接还可以使用端口，其具体操作方法如下。

1）选择"Place（放置）"→"Port（端口）"命令，或者单击画线工具栏中的放置端口按钮，光标变为十字光标并且附着一个端口图形。

2）在放置之前按〈Tab〉键可以打开"Port（端口属性）"对话框，如图 4-22 所示。

在对话框中，各项的功能如下。

- "Name（名称）"：设置端口名称，名称相同的端口电气是连接在一起的。
- "Style（风格）"：设置端口的外形，端口的外形种类一共有 8 种，如图 4-23 所示。

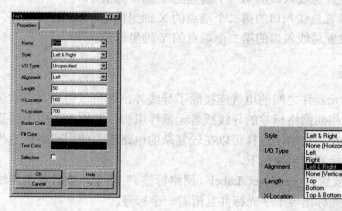
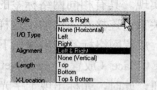

图 4-22　"Port（端口属性）"对话框　　　　图 4-23　端口外形

- "I/O Type（类型）"：设置端口的输入/输出类型，可通过下拉菜单进行类型的设置，它为进行 ERC（电气规则检查）提供依据。同属于 Output（输出）类型的端口连接在一起时，在进行电气规则检查时，会产生错误报告。端口的类型可以设置为 Unspecified（未指明或不确定）、Output（输出端口）、Input（输入端口）及 Bidirectional（双向端口）。
- "Alignment（排列调整）"：端口名称在端口符号的中的位置，可以是 Left（左边）、

Right（右边）和 Center（中心）。
- "Length（长度）"：设置端口的长度，一般都是在放置端口时绘制出来。
- "X-Location（位置 X）""Y-Location（位置 Y）"：设置端口的坐标，一般都是通过放置端口实现位置变化。
- "Border Color（边缘色）"：设置端口的边线的颜色。
- "Fill Color（填充色）"：设置端口的填充颜色。
- "Text Color（文本色）"：设置端口名称的颜色，单击色块可以修改颜色设置。
- "Selection（选取）"：该复选框用于端口的选中，功能同"Edit"→"Select"命令。

3）设置属性后，单击"OK"按钮，将光标移动到需要放置的位置单击，定位端口一端，移动光标使端口大小合适时再次单击，可完成端口的放置。

4）完成放置所有端口后，右击退出放置端口命令，放置端口后的原理图如图 4-24 所示。

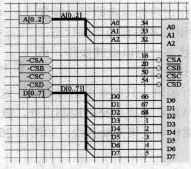

图 4-24 放置端口后的原理图

4.3 绘图工具

在绘制的原理图中，可以添加说明性的文字或图形；在制作原理图的元器件符号时，需要绘制元器件的图形符号。

Protel 99 SE 提供了实用性很强的绘图功能。通过绘制图形产生的图形对象不具有电气特性，这样不会影响电路原理图的电气连接。Protel 99 SE 在"Place（放置）"菜单中提供了文本字符串、文本框及绘图工具，如图 4-25 所示。也可以选择绘图工具栏中相应的按钮来完成相应操作，如图 4-26 所示。

图 4-25 "Drawing Tools（绘画工具）"菜单

图 4-26 绘图工具栏

4.3.1 绘制直线

在 Protel 99 SE 中，直线与导线不同，导线具有电气属性，而直线不具有任何电气属性，一般用来绘制直线组成的表格等图形，可以对原理图进行补充说明。绘制直线的方法如下。

1）选择"Place（放置）"→"Drawing Tools（绘图工具）"→"Line（直线）"命令，或单击绘图工具栏中的放置直线按钮，就可进入绘制直线命令。光标变成了十字光标，将光标移动到需要绘制直线的位置后单击放置直线的起点；如果需要改变直线的属性，可以按〈Tab〉键打开"PolyLine"对话框，如图 4-27 所示。可以设置线的宽度、形状、颜色等。

图 4-27 "PolyLine（折线）"对话框

2）设置完成后，可以继续移动光标绘制需要的直线，如果需要绘制折线，只要在拐角处单击即可。绘制完成后，右击或者按〈Esc〉键退出本条直线绘制状态，但是系统仍处在绘制直线命令状态，可以继续操作。再次右击或按〈Esc〉键即可退出该命令。

如果需要对绘制的直线进行编辑，只需要单击该直线，这时直线的两端就会出现四方形的点，即为调整控制点，将光标放在需要调整的控制点处，就可拖动直线改变其长度，也可拖动直线进行位置的调整，当然也可直接拖动直线，如图 4-28 所示。

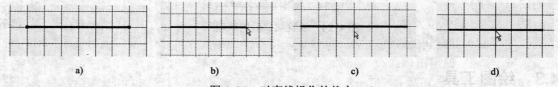

图 4-28 对直线操作的状态
a) 选中后的直线 b) 可调整的光标状态 c) 可移动的光标状态 d) 左键不松直接移动状态

另外，在绘制直线时，可以使用〈Space〉键来改变直线的方向，系统提供了水平垂直方式、45°倾斜方式和任意角度倾斜方式。

4.3.2 绘制多边形

使用绘制多边形工具可以根据需要在原理图中绘制出任意形状的图形。绘制多边形的操作如下。

1）选择"Place（放置）"→"Drawing Tools（绘图工具）"→"Polygon（多边形）"命令，或者单击绘图工具栏中的放置多边形按钮，系统进入绘制多边形状态，移动光标到需要绘制的位置时单击，确定多边形的第一个顶点，继续移动光标到另一个顶点处再次单击，依此操作，直到最后一个顶点绘制完成，右击退出本次操作，如果不需要继续绘制下一个多边形，则直接右击退出放置多边形命令。如图 4-29 所示为绘制完成的多边形。

2）在绘制的过程中，可以按〈Tab〉键打开"Polygon（多边形）"对话框，进行属性的设置，如图 4-30 所示，可以设置多边形的边缘宽、填充色、边缘色、是否填充及是否选取。

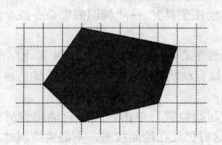

图 4-29 绘制完成的多边形

图 4-30 "Polygon（多边形）"对话框

4.3.3 绘制圆弧与椭圆弧

1. 绘制圆弧

绘制圆弧的操作如下。

1）选择"Place（放置）"→"Drawing Tools（绘图工具）"→"Arcs（圆弧）"命令，进入绘制状态。

2）在需要绘制的位置单击确定圆弧的中心。

3）移动光标会出现圆弧的预绘制状态，调整好圆弧的半径后单击，光标会自动跳到圆弧的缺口一端。

4）调整好圆弧位置后单击，光标会自动跳到圆弧的另外一端，调整好后单击，即可完成圆弧的绘制。此时仍处在绘制圆弧命令下，可以继续绘制下一个圆弧，不需要绘制时，右击或者按〈Esc〉键退出该命令。绘制完成后的圆弧，如图 4-31 所示。

在绘制过程中，可以按〈Tab〉键打开"Arc（圆弧）"对话框，也可以在绘制完成后双击绘制图形打开此对话框，如图 4-32 所示。

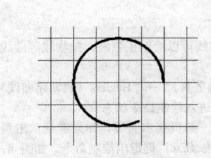

图 4-31 绘制完成的圆弧

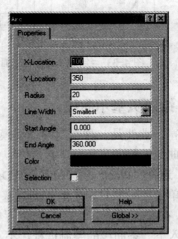

图 4-32 "Arc（圆弧）"对话框

2. 绘制椭圆弧

使用放置椭圆弧工具可以绘制椭圆弧或者圆弧。绘制过程操作如下。

1）选择"Place（放置）"→"Drawing Tools（绘图工具）"→"椭圆弧"命令或单击绘图工具栏的放置椭圆弧按钮，进入绘制状态。

2）移动光标到需要放置的位置单击确定椭圆弧的中心，这时光标自动跳到 X 轴，会出现圆弧的预绘制形状，调整好 X 轴半径后单击，光标自动跳到 Y 轴，确定好 Y 轴后再次单击即可。

3）这时光标自动跳到椭圆弧的一端，调整好起始位置后单击，光标自动跳到另外一端，调整好结束位置后单击结束该椭圆弧的绘制，这时仍处在绘制状态，不需要绘制时右击或按〈Esc〉键退出。绘制完成的椭圆弧，如图 4-33 所示。

注意：如果椭圆弧的 X 轴与 Y 轴等长时，绘制出来的即为圆弧。

在绘制过程中，可以按〈Tab〉键打开"Elliptical Arc（椭圆弧）"对话框，也可以在绘制完成后双击打开。如图 4-34 所示。

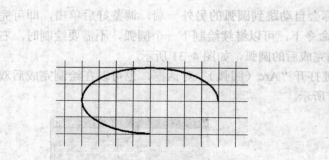
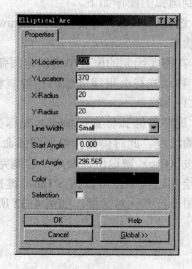

图 4-33　绘制完成的椭圆弧　　　　图 4-34　"Elliptical Arc（椭圆弧）"对话框

4.3.4　绘制贝塞尔曲线

贝塞尔曲线是一种常用的曲线模型，使用贝塞尔曲线可以绘制正弦波、抛物线等曲线。贝塞尔曲线的绘制过程如下。

1）选择"Place（放置）"→"Drawing Tools（绘图工具）"→"Beziers（贝塞尔曲线）"命令或单击绘图工具栏中的放置贝塞尔曲线按钮，即可进入绘制命令状态。

2）在原理图中依次在不同位置单击，即可绘制出一条贝塞尔曲线。如果继续单击系统自动进入下一条曲线的绘制过程。不需要绘制时右击或按〈Esc〉键退出绘制命令。如图 4-35 所示，为绘制完成并选中后的贝塞尔曲线。

在绘制过程中，可以按〈Tab〉键打开"Beziers（贝塞尔曲线）"对话框，也可以在绘制完成后双击打开。如图 4-36 所示，可以设置其曲线宽度、颜色。

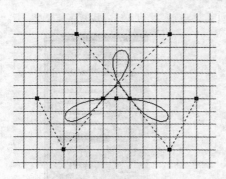

图 4-35 选中后的贝塞尔曲线

图 4-36 "Beziers（贝塞尔曲线）"对话框

4.3.5 绘制矩形

绘制矩形的操作如下。

1）选择"Place（放置）"→"Drawing Tools（绘图工具）"→"Rectangle（矩形）"命令，或者单击绘图工具栏中的放置矩形按钮，进入绘制矩形命令状态，光标变为十字光标。

2）移动光标到合适位置后单击完成矩形的一个角的放置，继续移动光标到矩形的对角，拖动鼠标直到绘制出符合所需大小的矩形，单击完成矩形的绘制，此时可进入另外的矩形绘制，不需要绘制时右击或按〈Esc〉键退出该命令。绘制完成后的矩形如图 4-37 所示。

在绘制过程中，可以按〈Tab〉键打开"Rectangle（矩形）"对话框，也可以在绘制完成后双击打开。如图 4-38 所示，可以设置矩形的 X1-Location（位置 X1）、Y1-Location（位置 Y1）（矩形左上角坐标）、X2-Location（位置 X2）、Y2-Location（位置 Y2）（矩形右下角坐标）、Border Width（边框宽度）、Border Color（边框颜色）、Fill Color（填充颜色）等属性。

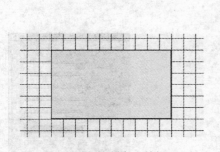

图 4-37 绘制完成的矩形

图 4-38 "Rectangle（矩形）"对话框

4.3.6 绘制圆边矩形

绘制圆边矩形与绘制矩形方法一样，区别在于圆边矩形的 4 个角为椭圆弧线构成，如图 4-39 所示。在其属性设置中，多出了"X-Radius（X 半径）"和"Y-Radius（Y 半径)"的选项来设置圆边弧线的半径,如果设置其都为 0 时,就可绘制出直角矩形。"Round Rectangle(圆角矩形)"对话框如图 4-40 所示。

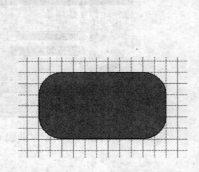

图 4-39　绘制完成的圆角矩形　　　　图 4-40　"Round Rectangle(圆角矩形)"对话框

4.3.7　绘制椭圆与圆

绘制椭圆操作如下。

1)选择"Place(放置)"→"Drawing Tools(绘图工具)"→"Ellipses(椭圆)"命令,或者单击绘图工具栏中的放置椭圆按钮,即可进入绘制状态,光标变为十字光标并附着一个椭圆。

2)单击确定椭圆的圆心位置,向左或向右移动光标,确定 X 轴半径长度后再单击。向上或向下移动光标,确定 Y 轴半径长度后单击。完成这些操作就可绘制出椭圆。如果在绘制时,设置的 X 轴与 Y 轴的半径相等,则可以绘制出正圆。如图 4-41 所示为绘制出来的椭圆与圆。

在绘制过程中,可以按〈Tab〉键打开"Ellipse(椭圆)"对话框,可以设置椭圆的 X-Location(位置 X)、Y-Location(位置 Y)(圆心坐标)、X-Radius(X 半径)、Y-Radius(Y 半径)、Border Width(边框宽度)、Border Color(边框颜色)、Fill Color(填充颜色)、Draw Solid(设置为实心)等属性,如图 4-42 所示。

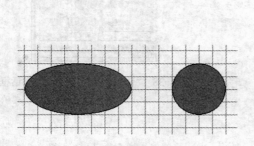

图 4-41　绘制完成的椭圆与圆　　　　图 4-42　"Ellipse(椭圆)"对话框

4.3.8 绘制饼图

使用绘制饼图工具可以绘制出任意角度的扇形饼图，绘制操作如下。

1）选择"Place（放置）"→"Drawing Tools（绘图工具）"→"Pie Charts（饼图）"命令，或者单击绘图工具栏中的放置饼图按钮，即可进入绘制饼图状态，光标变为十字光标并附着一个饼图。

2）移动光标到目标位置后单击来确定饼图的圆心，此时移动光标可改变饼图的半径，单击可以确定饼图的半径。确定半径后，光标会自动移动到饼图的缺口位置，单击确定饼图的弧形起点，光标自动移动到另外一个缺口处单击可以确定饼图的终点位置，即可完成饼图的绘制。绘制完成后的饼图，如图 4-43 所示。

在绘制过程中，可以按〈Tab〉键打开"Pie Chart（饼图）"对话框，可以设置饼图的 X-Location（位置 X）、Y-Location（位置 Y）（圆心坐标）、Radius（半径）、Border Width（边框宽度）、Border Color（边框颜色）、Fill Color（填充颜色）、Draw Solid（设置为实心）等属性，如图 4-44 所示。

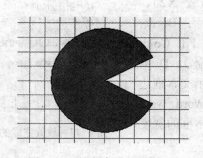

图 4-43 绘制完成的饼图

图 4-44 "Pie Chart（饼图）"对话框

4.3.9 放置文本框

文本框与字符串都可以用来为原理图添加说明性文字，区别就是字符串为单行文本，文本框为多行文本。文本框的使用方法如下。

1）选择"Place（放置）"→"Text Frame（文本框）"命令，或者单击绘图工具栏中的放置文本框按钮，即可进入放置文本框命令状态，光标变为十字光标。

2）移动鼠标光标到放置位置处单击确定文本框的一个起始点，移动鼠标即可拖出文本框，单击确定文本框的大小完成该文本框的放置。不需要连续放置时，就可右击退出该命令。文本框的放置方向可以通过按〈Space〉键来调整，但是不能改变文本的放置方向。

在绘制过程中，可以按〈Tab〉键或者放置完成后直接用双击文本框打开"Text Frame（文本框）"对话框，如图 4-45 所示。在该对话框中的 Text 项，用来设置显示注释文字串。单击"Change"按钮，即可打开"Edit TextFrame Text"对话框，此对话框为文本编辑对话框，在该对话框中编辑需要显示的文字信息，如图 4-46 所示。编辑完成后单击"OK"按钮，回到文本属性对话框，设置完成相关属性后，单击"OK"按钮，关闭设置属性对话框。放置完成后的文本框，如图4-47所示。

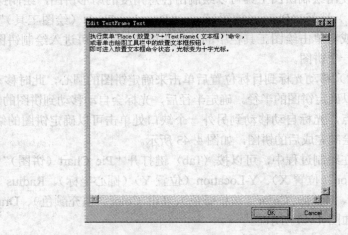

图4-45 "Text Frame（文本框）"对话框　　　　图4-46 "Edit TextFrame Text（编辑文字）"对话框

"Text Frame（文本框）"对话框中还可以设置X1-Location（位置X1）、Y1-Location（位置Y1），即文本框左上角坐标；X2-Location（位置X2）、Y2-Location（位置Y2），即文本框右下角坐标；Border Width（边框宽度）、Border Color（边框颜色）、Fill Color（填充颜色）、Text Color（文本颜色）、Font（字体）、Draw Solid（设置为实心）、Show Border（设置是否显示文本框边框）、Alignment（文本框内文字对齐的方向）、Word Warp（设置字回绕）、Clip To Area（当文字长度超过文本框的宽度时，自动截取）、Selection（选取）属性。

图4-47 放置完成的文本框

4.3.10 插入图片

Protel 99 SE 原理图编辑器可以在图纸上放置图片，更加清楚地说明某个问题，如可以放置公司的LOGO标识，放置方法如下。

1）选择"Place（放置）"→"Drawing Tools（绘图工具）"→"Graphic（图片）"命令，或者单击绘图工具栏中的放置图形按钮，进入放置图形状态，光标变为十字光标。

2）移动光标到放置位置后单击确定图片的一个顶点，移动光标到另外一个位置，单击即可确定放置图片区域，系统显示"Image File（插入图片）"对话框，如图4-48所示。通过浏览找到需要放置的图片文件后完成图片的插入。

在放置过程中，可以按〈Tab〉键或者放置完成后直接双击图片打开"Graphic（图片）"对话框，如图4-49所示。可以重新设置插入的图形、图片的 X1-Location（位置X1）、Y1-Location（位置Y1），即图片框左上角坐标；X2-Location（位置X2）、Y2-Location（位置Y2），即图片框右下角坐标；Border Width（边框宽度）、Border Color（边框颜色）、Selection（选取）、Border On（设置是否显示边框）、X:Y Ratio1:1（保持X轴与Y轴比例）属性。设置后插入完成的图片如图4-50所示。

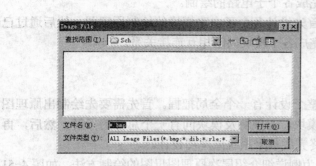
图 4-48 "Image File（插入图片）"对话框

图 4-49 "Graphic（图片）"对话框

图 4-50 插入的图片

4.4 层次原理图的设计

前面介绍的原理图设计方法一般用于较为简单的电路，对于较为复杂的电路原理图，Protel 99 SE 提供了层次原理图的设计方法。

层次原理图是一种模块化的设计思想，它是将一张大的复杂的原理图分成几个简单的子图，再将子原理图模块化，在该项目中可以包含无限制分层深度的无限张原理图。

层次原理图的出现解决了复杂电路原理图设计的问题，它可以将复杂的电路变成相对简单的几个子电路，从而使电路结构清晰，便于识图和检查，也方便设计者之间的分工协作。

4.4.1 层次原理图的设计方法

层次原理图就是将整个设计工程原理图分成若干子原理图来表达。因此，必须为这些子原理图建立某种连接关系，这样才能将子原理图联系起来成为一个设计工程。层次原理图母图（称为上层设计）是一种描述子原理图间关系的原理图。

进行原理图的设计时，可以从系统开始，逐级向下进行设计，也可以从基本子原理图模块，逐级向上进行设计，在设计中可以重复调用子原理图模块。

自上而下的层次原理图设计方法：首先设计原理图的母图（也可称为顶层原理图），在母图中设计出代表子电路模块的方块电路符号及这些电路模块的连接关系,然后通过母图中的方块电路符号创建出子原理图,最后完成各个子电路的绘制。

自下而上的层次原理图设计方法:首先设计各个子电路模块的绘制原理图,然后通过已有的子电路生成相应的电路模块,最后完成各个模块间的相互连接关系。

4.4.2 自上而下的层次原理图设计

自上而下的层次原理图设计要求对整个设计有一个全局把握。首先需要先绘制出原理图母图,将整个电路设计分成不同功能的模块,对模块及模块间有一个总体的了解。然后,再对各个模块的原理图进行具体设计,最终完成整个系统原理图设计。

本节以"4 Port Serial Interface.ddb"为例详细介绍层次原理图母图的绘制方法,如图 4-51 所示。

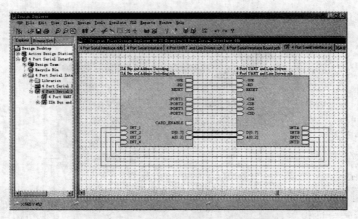

图 4-51 "4 Port Serial Interface.ddb"项目原理图母图

1. 新建一个工程

启动 Protel 99 SE 设计浏览器,选择"File(文件)"→"New(新建)"命令,此时弹出"New Design Database"对话框。然后在弹出的对话框中输入新的数据库文件名字"4 Port Serial Interface.Ddb",保存到指定的文件夹,如图 4-52 所示。

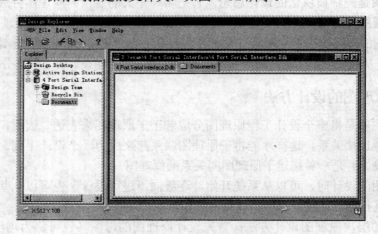

图 4-52 新建"4 Port Serial Interface.Ddb"数据库文件

2．新建一张原理图

双击打开 Documents 文件夹，然后选择"File（文件）"→"New（新建）"命令，在系统弹出的对话框中，选择"Schematic Document"，创建一个新的原理图文件"Sheet1.sch"。此时，该新建的原理图文件处于重命名的状态，可以将其命名为"4 Port Serial Interface.prj"。扩展名"prj"的文件标记该原理图为母图，即为原理图项目工程。如图 4-53 所示。双击打开该项目原理图文件进行原理图的绘制。

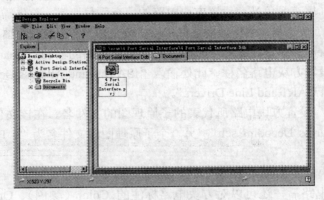

图 4-53　新建原理图文件

3．放置方块电路

放置方块电路的具体步骤如下。

1）选择"Place（放置）"→"Sheet Symbol（方块电路）"命令，或者单击画线工具栏中的放置方块电路按钮，即可进入放置状态，光标变为十字光标并附着一个方块电路。

2）移动光标到合适位置，单击确定方块电路的一个顶点，移动光标到方块电路对角顶点合适位置，单击确定就可完成方块电路的放置，如图 4-54 所示。

3）此时仍处于放置方块电路状态，可继续放置其他方块电路。如果不需要放置，右击或者按〈Esc〉键即可退出放置方块电路状态。

在光标处于放置方块电路状态时，按〈Tab〉键即可打开放置方块电路的属性编辑对话框（也可以在放置完毕后双击方块电路打开），在该对话框中可以对方块电路的一系列参数进行设置，如图 4-55 所示。

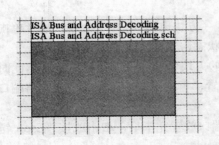

图 4-54　放置完成的方块电路

图 4-55　"Sheet Symbol（方块电路）"对话框

在该对话框中可以设置如下属性。
- "X-Location（位置 X）""Y-Location（位置 Y）"：设置方块电路在原理图中的位置。
- "X-Size""Y-Size"：设置方块电路的宽度和高度。
- "Border Width"：设置方块电路边框的宽度，可通过下拉式按钮打开，共有 4 种边线的宽度，即 Smallest（最细）、Small（细）、Medium（中）和 Large（粗）。
- "Border Color（边框颜色）"：设置方块电路的边框颜色。
- "Fill Color（填充颜色）"：设置方块电路的填充颜色。
- "Draw Solid"复选框：选中该复选框将以"填充颜色"中的颜色填充方块电路矩形。
- "Show Hidden"：该复选选中可以显示关于方块电路的辅助信息。
- "Name"：设置方块电路名称。此处输入"ISA Bus and Address Decoding"，另外一个输入"4 Port UART and Line Drivers"。
- "Filename"：设置方块电路所代表的子原理图的文件名。在该文件名称中输入"ISA Bus and Address Decoding.sch"，另一个子原理图的文件名为"4 Port UART and Line Drivers.sch"。

绘制完成的方块电路如图 4-56 所示。

绘制完成方块电路后，还可以对方块电路标注的 Color（颜色）、Orientation（角度）、Font（字体）等属性进行修改。将光标移动到文字标注处双击，将弹出"Sheet Symbol Name（方块电路标示符）"的对话框，如图 4-57 所示。

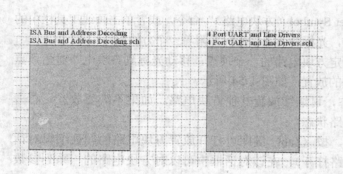

图 4-56　绘制完成的方块电路

图 4-57　"Sheet Symbol Name（方块电路标示符）"对话框

4．放置方块电路端口

放置方块电路端口的具体步骤如下。

1）选择"Place（放置）"→"Sheet Entry（方块电路端口）"命令，或者单击画线工具栏中的放置方块电路端口按钮，进入放置命令状态，光标变成十字光标。

2）将光标移动到想要放置方块电路端口的方块电路的位置，然后单击，此时光标上将出现一个图纸入口的形状，移动光标到合适位置，再次单击即可完成方块电路端口的放置，如图 4-58 所示。

3）该命令可连续放置，当所有方块电路端口放置完毕后，右击或按〈Esc〉键即可退出该命令。

4）在放置命令状态下按〈Tab〉键，系统将会弹出"Sheet Entry（方块电路端口）"对话框，可以设置方块电路端口的 Fill Color（填充色）、Text Color（文本色）、Border Color（边缘色），Name（名称）、I/O Style（I/O 类型）等属性，如图 4-59 所示。

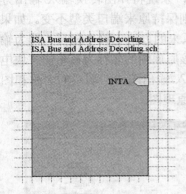

图 4-58 放置完成的方块电路端口

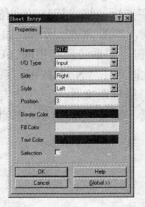

图 4-59 "Sheet Entry（方块电路端口）"对话框

按照以上方法放置完成方块电路及方块电路端口如图 4-60 所示。

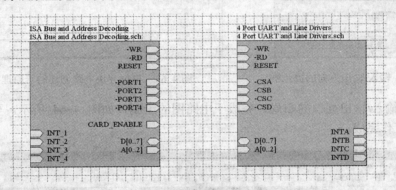

图 4-60 方块电路端口放置完成后的效果

最后调整方块电路及方块电路端口布局，用导线或者总线完成方块电路的电气连接，完成后的层次原理图母图如图 4-61 所示。

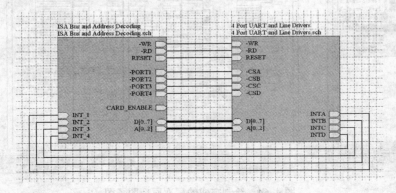

图 4-61 完成绘制的层次原理图母图

5．创建层次原理图子图

创建层次原理图子图的具体步骤如下。

1）选择"Design（设计）"→"Create Sheet From Symbol（根据符号创建图纸）"命令，光标变为十字光标，将光标移动到待创建方块电路上单击，系统将弹出转换输入/输出方向的提示对话框，如图 4-62 所示。如果单击"No"按钮，则保持原来端口类型不变。如果单击"Yes"按钮，则系统所产生的 I/O 端口的电气属性与原来的方块电路中相反，即为输出变为输入。此时单击"No"按钮，系统自动新建原理图，该原理图的名称为该单击方块电路的文件名称，原理图文件中已包含与图纸符号中对应的输入/输出端口，端口的名称和图纸入口名称对应，如图 4-63 所示。按此方法创建另外一张子原理图。

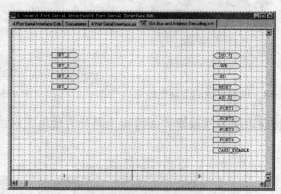

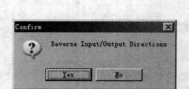

图 4-62　输入/输出方向的提示框　　　　图 4-63　根据方块电路创建的子原理图

2）调整输入/输出端口的布局，完成子电路图的绘制，如图 4-64 所示。至此，整个原理图的设计工作完成。

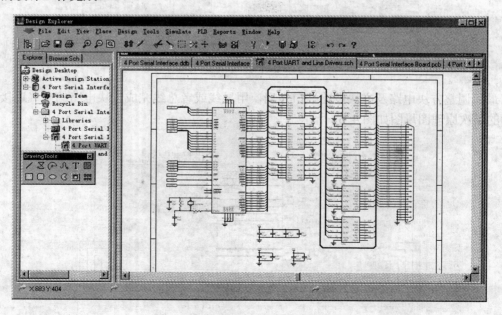

图 4-64　绘制完成的层次原理图子图

4.4.3 自下而上的层次原理图设计

自下而上的层次原理图设计首先根据各电路模块的功能，完成各个电路模块电路图的创建（即为子电路原理图），然后根据子电路原理图创建其对应的图纸符号，最后完成原理图母图的绘制。

1．创建一个数据库文件

创建层次原理图首先新建数据库文件来组织各文件，创建的具体方法可参考 4.4.2 节内容。

2．创建层次原理图子图

子图即基本原理图，其创建操作过程如下。

1）选择"File（文件）"→"New（新建）"命令（或者在"Documents"的空白工作区中右击，在弹出的快捷菜单中选择"New"命令），在弹出的对话框中选择"Schematic Document"图标，新建需要的子电路原理图，例如："4 Port UART and Line Drivers.sch"和"ISA Bus and Address Decoding.sch"。

2）根据子电路图之间的电气连接关系，放置元器件与输入/输出端口，调整布局，绘制出正确的各模块电路图。完成层次原理图的子图绘制工作。

3．创建层次原理图母图

1）绘制母图，需要创建原理图。选择"File（文件）"→"New（新建）"命令，新建一张原理图，命名为 4 Port Serial Interface.prj。

2）选择"Design（设计）"→"Create Symbol From Sheet（根据图纸建立方块电路）"命令，系统弹出"Choose Document to Place（选择子原理图）"对话框，如图 4-65 所示。

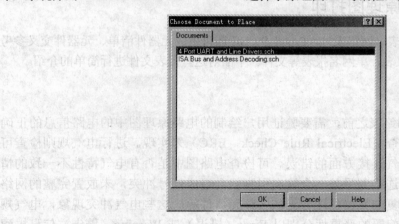

图 4-65 "Choose Document to Place（选择子原理图）"对话框

3）对话框中列出了当前设计中的所有原理图文件，选择需要生产方块电路的原理图文件后，单击"OK"按钮，在弹出的端口方向选择提示框中单击"No"按钮，这时光标变为十字光标，并附着一个方块电路，就可以在原理图中放置方块电路，转换的原理图中的端口变成了方块电路中的方块电路端口，方块电路名称与子图文件名一致。采用同样的方法完成其他子原理图创建方块电路。

4）在母图中创建的子原理图的方块电路，按照电气关系进行连接，最终完成母图的绘制工作。

4.4.4 层次原理图之间的切换

在比较简单的层次原理图中,单击文件管理器中相应的文件名称即可在不同原理图之间进行切换。但对于复杂的层次原理图以及原理图文件很多的情况下,使用上述方法就会显得十分烦琐。通过工具栏上改变设计层次按钮或者选择"Tools(工具)"→"Up/Down Hierarchy(改变设计层次)"命令可以方便地进行层次原理图之间的切换。

1)执行切换命令,可选择"Tools(工具)"→"Up/Down Hierarchy(改变设计层次)"命令或者单击工具栏中的改变设计层次按钮,如图4-66所示。

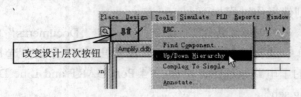

图4-66 改变设计层次按钮和菜单命令

2)光标出现十字光标,移动光标到层次原理图母图中某个方块电路或者方块电路端口上,单击就可以切换到该方块电路对应的子原理图中。

3)单击子图中的任意一个端口,可以从子图切换到母图,并且单击该 I/O 端口使其处于选中状态。

4.5 原理图报表及原理图打印

除了比较重要的 ERC 表、网络表外,Protel 99 SE 还可生成元器件清单、元器件交叉参考报表、项目工程层次结构报表、单网名报表等文件。下面对这些报表文件进行简单的介绍。

4.5.1 ERC 表

Protel 99 SE 在生成网络表之前,需要验证用户绘制的电路原理图中的电路信息的正确性,可以通过电气规则检查(Electrical Rule Check,ERC)来实现。进行电气规则检查可以找出电路原理图中的电气连接方面的错误。可检查电路图中是否有电气特性不一致的情况,例如,某个输出引脚连接到另外一个输出引脚就会造成信号冲突,未放置完整的网络标签会造成信号断线,重复的元器件序号无法区分元器件等。这些电气冲突现象,电气规则检查按照用户的设置及问题的严重性分别以 Error(错误)或 Warning(警告)信息提醒用户修改。检查无误后就可生成网络表等报表,为后面的 PCB(印制电路板)的制作提供依据。

进行电气规则检查,可以选择"Tools(工具)"→"ERC(电气规则检查)"命令,打开如图4-67所示的"Setup Electrical Rule Check(电气规则检查)"对话框,该对话框中包含两个选项卡:Setup(设置)和 Rule Matrix(规则矩阵)。"Setup"选项卡主要用于设置电气规则的选项、范围和参数。

在图 4-67 所示的对话框中,单击测试项目列表内各选项前的复选框,允许选择测试的项目或者禁止相应的检测项。其中各测试项目的含义如下。

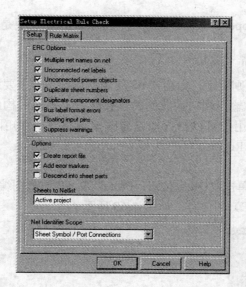

图 4-67 "Setup Electrical Rule Check（电气规则检查）"对话框

（1）Setup 选项卡

1）"ERC Options"选项组。

- "Multiple net names on net"：检查同一网络上是否存在多个不同名称的网络标号。
- "Unconnected net labels"：检查原理图中是否有未实际连接到其他电气对象的网络标号。
- "Unconnected power objects"：检查是否有未实际连接到其他电气对象的电源对象。
- "Duplicate sheet numbers"：检查项目中是否有电路图编号重号。如果重复，解决方法是：在弹出的"Option"对话框中，单击"Organization"标签，在 sheet NO.中填好标号，不可重复。
- "Duplicate component designator"：检查原理图中是否有序号相同的元器件。如果没有使用"Tools（工具）"→"Annotate（注释）"命令对所有元器件重新标号时，或者没有使用"Tools（工具）"→"Complex to Simple"命令将一个复杂层次化项目转换成简单的层次化设计时，最易出现此问题。
- "Bus label format errors"：检查加在总线上的网络标号的格式是否错误，但无法正确地反映出信号的名称与范围。
- "Floating input pins"：检查是否有未连接的输入引脚浮空情况。
- "Suppress warnings"：检测项将忽略所有的警告性检测项，不会显示具有警告性错误的检查报告。

2）"Options"选项组。

- "Create report file"：执行完测试后程序是否自动将测试结果存在报告文件中。
- "Add error markers"：设置在原理图中是否会自动在错误位置放置错误标记，帮助用户精确地找出有问题的地方。
- "Descend into sheet parts"：要求在执行 ERC 时，同时进入元器件中进行检查。即为子层原理图中的输入/输出端口的连接。

87

3)"Net Identifier Scope":设置网络标号的工作范围,主要是在多张原理图中决定网络的连通性的方法。

(2) Rule Matrix 选项卡

Rule Matrix 为电气规则矩阵,如图 4-68 所示。该选项卡主要用来定义各种引脚、输入/输出端口、原理图中输入/输出端口彼此间的连接状态是否已经构成错误(Error)或者警告(Warning)的电气冲突。用户可以自行加以修改检查条件,在矩阵方块上单击即可进行切换。切换顺序为绿色(No Report,不产生报表)、黄色(Warning,警告)与红色(Error,错误),然后回到绿色。

设置完检查项目后,单击"OK"按钮,Protel 99 SE 原理图编辑器将启动文本编辑器,显示检查报告文件(*.ERC)的内容,如图 4-69 所示。

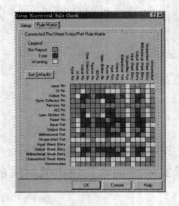

图 4-68 "电气规则矩阵"选项卡　　　　图 4-69 电气规则检查报告

系统会在发生错误地方放置红色的标识符,提示错误的位置,如图 4-70 所示。

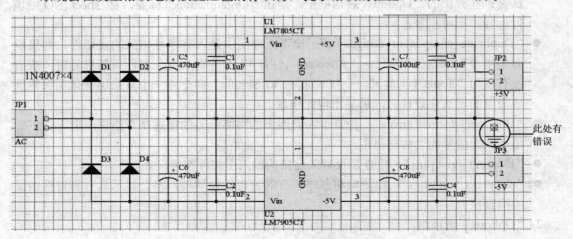

图 4-70 放置有错误标记的原理图

4.5.2 网络表

在原理图生成的各种报表中,以网络表(Netlist)最为重要。网络表是根据绘制的原理图生成的，是绘制原理图的最终目的。系统根据原理图上的信息，包括由元器件、端口、导线等电气连接生成网络表。网络表是原理图和 PCB 连接的纽带，在网络表中可以清楚地看到整个电路图的元器件和网络信息。网络表中主要包含两种信息：元器件信息和连线信息。

选择"Design（设计）"→"Create Netlist（创建网络表）"命令，即可完成整个项目网络表的生成，如图 4-71 所示为"Design（设计）"菜单中命令。执行该命令后将弹出"Netlist Creation（网络表创建）"对话框，该对话框包括两个选项卡：Preferences 和 Trace Options。

1. Preferences 选项卡

Preferences 选项卡如图 4-72 所示，其中各选项含义如下。

- "Output Format"：指定生成网络表的格式。
- "Net Identifier Scope"：设置项目电路图网络标志符的作用范围。
- "Sheets to Netlist"：设定对哪些电路图生成网络表。
- "Append sheet numbers to local nets"复选框：自动将原理图编号附加到网络名称上，可以识别网络在哪一张电路图上，使用这个选项有利于跟踪错误。
- "Descend into sheet parts"复选框：如果电路中有电路图式元器件，确定是否将生成网络表的处理深入到元器件的电路图内部，将它也作为电路图一并处理，并生成网络表。
- "Include un-named single pin nets"复选框：确定是否将电路中没有命名的单个元器件转换为网络。

2. Trace Options 选项卡

Trace Options 选项卡如图 4-73 所示，其中各选项含义如下。

  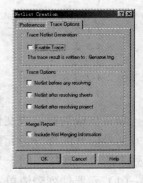

图 4-71 网络表生成命令　　图 4-72 "Netlist Creation（网络表创建）"对话框　　图 4-73 Trace Options 选项卡

- "Enable Trace"：确定是否将跟踪结果形成一个文件，文件扩展名为"tng"。
- "Netlist before any resolving"：任何动作都加以跟踪，并形成跟踪文件写入到以"tng"为扩展名的文件中。
- "Netlist after resolving sheets"：只有当电路中的内部网络结合到项目网络时，才进行跟踪并形成跟踪文件。
- "Netlist after resolving project"：只有当项目文件的内部网络进行结合后，才将此步骤的内容形成跟踪文件。
- "Include Net Merging Information"：确定跟踪文件是否包括网络信息。

设置完成后，单击"OK"按钮即可生成网络表。网络表中内容如下所示。

```
[
C1
RAD0.1
0.1uF
]
[
C2
RAD0.1
0.1uF
]
[
C3
RAD0.1
0.1uF
]
```

……（此处省略部分内容）

```
(
NetU1_3
C3-1
C7-1
JP2-1
U1-3
)
(
NetU2_3
C4-2
C8-2
JP1-2
U2-3
)
```

项目生成的网络表文件内容很多，但是从网络表中可以看出，整个网络表分为两部分：用方括号隔开的部分是元器件信息的列表清单，为第一部分；用圆括号隔开的，是网络信息的列表清单，连接在同一节点的引脚，为第二部分。网络表中各部分具体含义介绍如下。

（1）元器件列表清单

```
[
C1
RAD0.1
0.1uF
]
```

其中，"C1"表示元器件的序号，"RAD-0.1"表示元器件封装的名称，"0.1uF"表示元器件的型号。每一个元器件的信息都用方括号括起来。

（2）网络列表清单

```
(
NetU1_3
C3-1
```

```
C7-1
JP2-1
U1-3
)
```

其中,"NetU1_3"表示网络名称,"C3-1""C7-1""JP2-1"和"U1-3"表示与该网络有电气连接关系的元器件引脚,每一个网络信息用圆括号括住。该网络名称为"NetU1_3",是由系统自动生成的,以第一个元器件引脚前加"Net"命名而成。

4.5.3 生成元器件清单

元器件清单中包含所有的元器件以及元器件的相关信息,为元器件采购提供依据。生成元器件清单的步骤如下。

1) 打开一张原理图文件,选择"Reports(报告)"→"Bill of Materials(元器件清单)"命令,弹出如图 4-74 所示的"BOM Wizard"对话框,可以选择是生成整个项目(Project)的元器件列表,还是生成当前原理图(Sheet)的元器件列表。设置完成后,单击"Next"按钮进入如图 4-75 所示的对话框,该对话框用于设置元器件报表中所包含的内容。

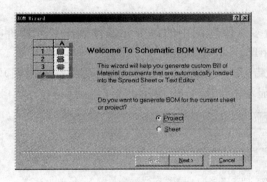
图 4-74 "BOM Wizard"对话框

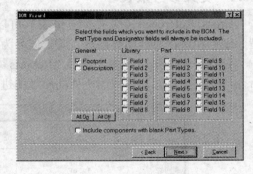
图 4-75 设置元器件报表内容

2) 设置完成后,单击"Next"按钮进入如图 4-76 所示的对话框,要求选择需要加入表中的文字栏。然后单击"Next"按钮,进入如图 4-77 所示的元器件列表输出格式对话框,在该对话框中选择生成元器件列表的文件格式,系统提供了 3 种格式:Protel Format、CSV Format 和 Client Spreadsheet。在此实例中选择 Client Spreadsheet 复选框(即电子表格格式)。

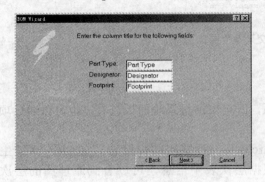
图 4-76 定义元器件列表项目名

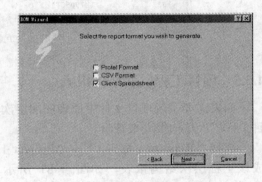
图 4-77 选择生成元器件列表的格式

3）设置完成后，单击"Next"按钮，进入如图 4-78 所示的对话框，然后单击"Finish"按钮，程序会进入表格编辑器并生成扩展名为"XLS"的元器件列表，如图 4-79 所示。

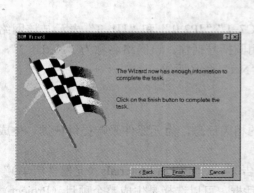
图 4-78 选择元器件列表向导完成

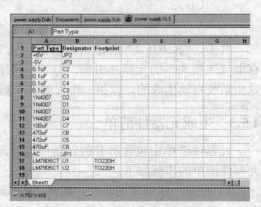
图 4-79 生成后的元器件列表

4.5.4 交叉参考报表

Cross Reference（交叉参考报表）可以为多张原理图中的每个元器件列出其元器件类型、序号和所在原理图等信息。其扩展名为"xrf"。

打开任何一张原理图，选择"Reports（报告）"→"Cross Reference（交叉参考报表）"命令，系统会将元器件按照所处的原理图进行显示，如图 4-80 所示。

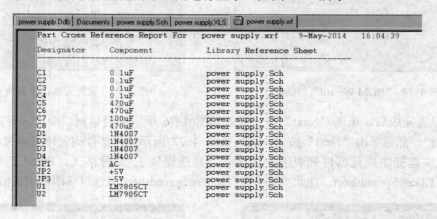
图 4-80 元器件交叉参考报表

4.5.5 项目工程层次结构报表

如果需要了解项目文件中原理图的层次关系，既可以通过系统面板查看，也可以通过项目工程层次结构报表来查看。

选择"Reports（报告）"→"Project Hierarchy（工程层次结构报表）"命令，系统生成该工程层次结构报表，如图 4-81 所示。根据层次表中信息，可以看到原理图的层次关系。

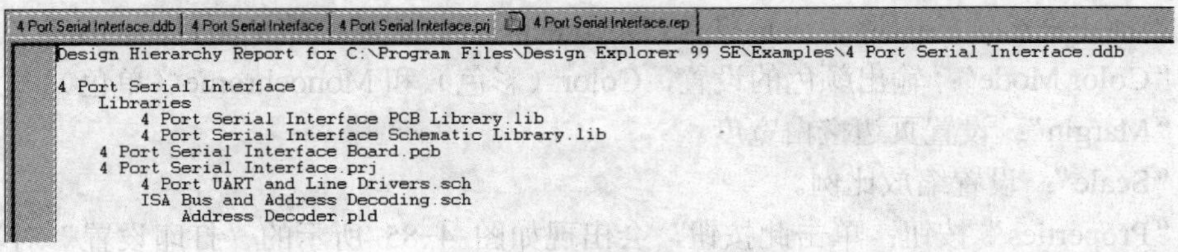

图 4-81 工程层次结构报表

4.5.6 网络比较报表

网络比较报表（Netlist Comparison）可比较指定的两份网络表，并将二者的差别列成文件，其扩展名为"Rep"。通常在更新电路图版本时，可以利用该功能将新版本电路的修正部分记录下来或者验证电路的正确性。

选择"Reports（报告）"→"Netlist Comparison（网络比较报表）"命令，系统弹出如图 4-82 所示的对话框，在该对话框中输入需要比较的第一份网络表，单击"OK"按钮，系统会再次弹出 4-82 所示的对话框，选择需要比较的第二份网络表。比较完成后，系统将打开文本编辑器并生成报表文件，如图 4-83 所示。

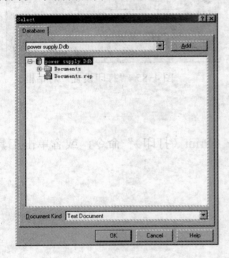

图 4-82 选择输入比较文件对话框

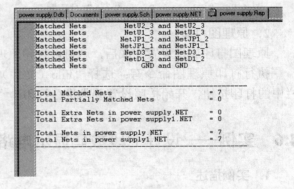

图 4-83 网络比较报表

4.5.7 原理图打印

原理图打印的具体步骤如下。

1．页面设定

选择"File（文件）"→"Set Printer（设置打印机）"命令，弹出"Schematic Printer Setup（打印设定）"对话框，如图 4-84 所示。在该对话框中，需要设置打印机的类型，选择目标图形文件类型，设置颜色等。

- "Select Printer"：选择打印机。用户根据实际的硬件配置来进行设定。
- "Batch Type"：选择输出的目标图形文件。有两种选择：Current Document（只打印当前正在编辑的图形文件）和 All Documents（打印输出整个项目中的所有文件）。
- "Color Mode"：输出颜色的设置，Color（彩色）和 Monochrome（单色）。
- "Margin"：设置页边空白宽度。
- "Scale"：设置缩放比例。
- "Properties"按钮：单击此按钮，会出现如图 4-85 所示的"打印设置"对话框，可进行打印机分辨率、纸张大小、纸张方向的设置。

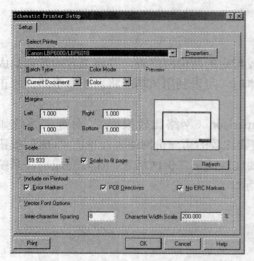

图 4-84 "Schematic Printer Setup"对话框

图 4-85 "打印设置"对话框

2. 原理图打印

原理图打印属性设置完成后，就可以打印原理图。

执行打印原理图命令有：选择"File（文件）"→"Print（打印）"命令，或者单击工具栏中的打印按钮，开始按照设置要求进行打印。

4.6 实例——设计七段数码显示电路

1. 实例描述

本例介绍七段数码管显示电路的设计。

2. 知识重点

元器件的对齐、布局操作以及总线属性设置。

3. 操作步骤

1）新建一个数据库文件名为"Seven Segment DPY"，并新建一张名为"Seven Segment DPY.Sch"的原理图文件，进入原理图编辑工作环境。

2）选择"Place（放置）"→"Part（元器件）"命令，打开"放置元器件"对话框，输入图中所示内容，如图 4-86 所示。单击"OK"按钮，返回原理图编辑工作环境，在工作区内单击放置该晶体管。

3）在工作区内继续单击放置其他 7 个晶体管，得到放置后的原理图，如图 4-87 所示。

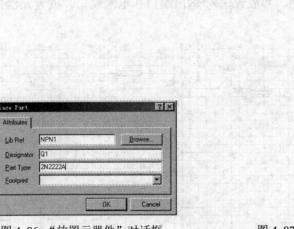

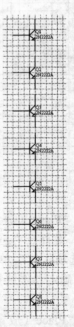

图 4-86 "放置元器件"对话框   图 4-87 放置 8 个晶体管后的原理图

4）选择"Edit（编辑）"→"Select（选择）"→"Inside Area（区域内对象）"命令或者单击工具栏中的在区域内选择对象按钮，进入选择元器件命令状态，依次在工作区内的左上方和右下方单击，选中区域内的所有元器件，还可直接拖选所有元器件。

5）选择"Edit（编辑）"→"Align（排列）"→"Align（排列）"命令，打开"Align objects（排列对象）"对话框，如图 4-88 所示。按照图中所示设置选项，单击"OK"按钮，排列结果如图 4-89 所示。

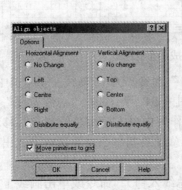

图 4-88 "Align objects（排列对象）对话框   图 4-89 排列后效果

说明：选中"Left（左）"单选按钮使选中对象在水平方向上以最左边的元器件为基准；选中"Distribute equally（均匀分布）"单选按钮使选中对象在垂直方向上平均分布；选中"Move Primitives to grid（移动图元到网格）"复选框使选中对象排列到网格。

6）继续添加其他元器件，并放置输入/输出端口和电源端口。放置元器件后经布局完成的原理图，如图 4-90 所示。

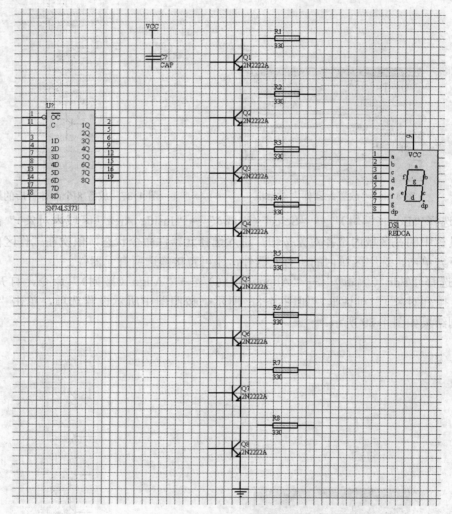

图 4-90　放置完成后布局图

7）选择"Place（放置）"→"Bus（总线）"命令或单击画线工具栏中的放置总线按钮，按〈Tab〉键打开"总线"属性对话框，如图 4-91 所示。在"总线宽度"下拉列表中选择"Large"选项，然后单击"OK"按钮，在工作区内单击确定总线起点，移动光标到合适位置后，单击确定总线终点，然后右击退出该段总线绘制命令，再次右击退出总线绘制命令状态。

8）选择"Place（放置）"→"Bus Entry（总线入口）"命令或单击画线工具栏中的放置总线入口按钮，依次在总线上单击放置总线入口，然后右击退出放置总线入口命令状态。

9）完成原理图布线操作后，选择"Place（放置）"→"Net Lable（网络标签）"命令，按〈Tab〉键打开"网络标签"对话框，如图 4-92 所示。在"Net（网络）"文本框中输入网络标签名称"D0"，然后单击"OK"按钮，返回原理图编辑工作区，在与总线相连的导线上依次单击，添加 8 个网络标号。

图 4-91　"总线"对话框　　　　　　　　　　图 4-92　"网络标签"对话框

10）选择"File（文件）"→"Save（保存）"命令，保存文件，完成七段数码管显示电路的设计，如图 4-93 所示。

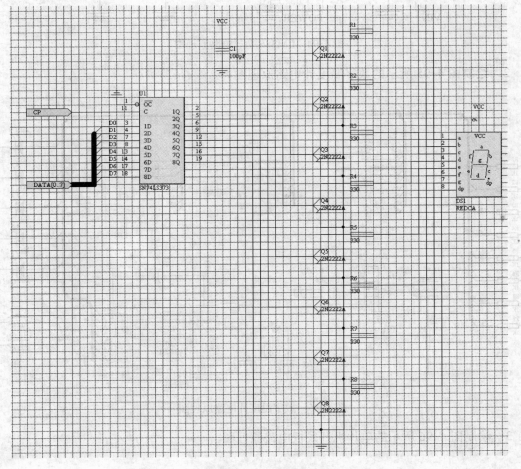

图 4-93　绘制完成后的七段数码管显示电路

4.7 思考与练习

1. 绘制图 4-94 所示的 LM386 功放电路原理图。

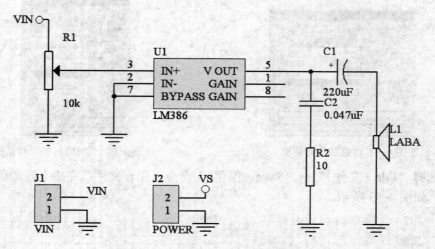

图 4-94　LM386 功放电路原理图

2. 绘制图 4-95 所示的数字温度计电路原理图。

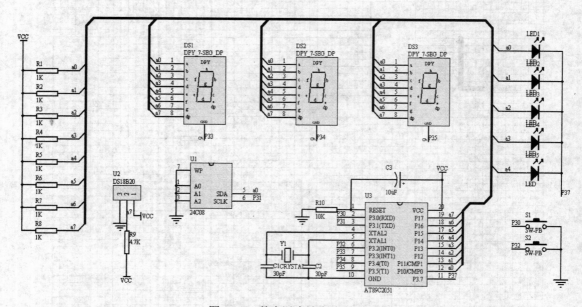

图 4-95　数字温度计电路原理图

3. 绘制图 4-96 所示的单片机开发板电路原理图。

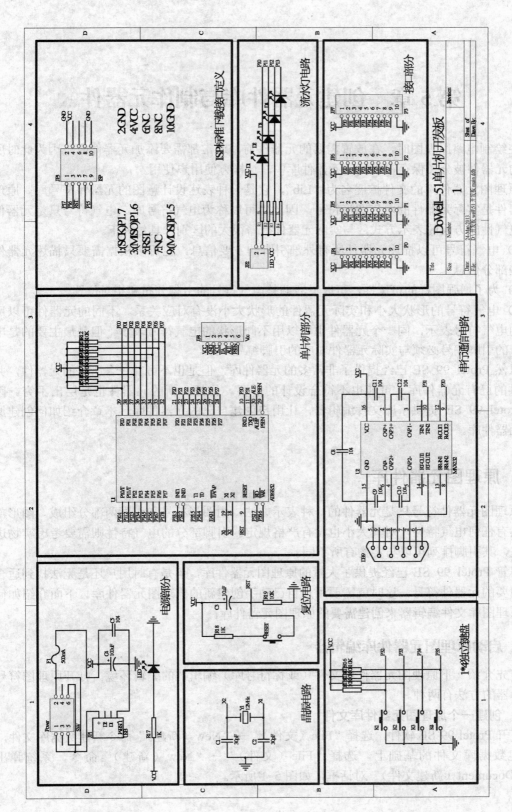

图 4-96 单片机开发板电路原理图

第5章 创建元器件库与制作元器件

在绘制电路原理图时，在放置需要的元器件前，通常都需要添加元器件库，因为此时所需要的元器件被分类保存在不同的元器件库中，这样方便用户使用。

原理图元器件库的文件扩展名为"Lib"，它是一种表达设计意图的元器件符号库。原理图元器件是实际元器件的电气图形符号，因此也可以称为电气符号库。电气符号只是元器件关于电气性能方面的表示方式，与实际元器件有着很大的区别，具体如下。

1）电气符号可以描述元器件所有外部引脚的主要信息，也可以根据需要只描述元器件的某些部分信息。

2）为了增强图样的可读性，可以灵活调整电气符号的引脚分布和相对位置。

3）电气符号的形状大小和实际元器件的形状大小没有对应关系。不同的元器件可以用相同的电气符号表示，同一个元器件也可以用不同形状的电气符号表示，但是最主要的是电气符号的引脚编号必须与实际元器件对应的引脚编号一致。

虽然 Protel 99 SE 已经提供了非常多的元器件库，但是也不可能包含所有的元器件，并且提供的已有元器件库，可能也不符合设计的需要。另外，新的元器件也是层出不穷。因此，Protel 99 SE 提供了库文件编辑器，让用户创建自己的元器件库。本章介绍如何创建原理图元器件库。

5.1 原理图元器件库

原理图元器件符号只是元器件的一种表示方法，由图形符号和引脚两部分组成。图形部分不具有任何电气特性，对其大小也没有严格规定。引脚部分的电气特性则需要考虑实物进行定义，其引脚排列可以与实物有所不同。

尽管 Protel 99 SE 已经提供了大量的原理图元器件库，但是有时用户还是无法找到适合自己想要的元器件符号，这时就需要用户自己动手创建新的原理图元器件库。下面介绍如何使用原理图库文件编辑器来创建需要的原理图元器件库。

5.1.1 启动原理图元器件库编辑器

首先介绍一下原理图元器件库文件（或称符号库）编辑器的编辑环境。打开原理图符号库编辑器的方法有两种。

1. 创建一个原理图元器件库文件

打开 Protel 99 SE 软件，选择"File（文件）"→"New（新建）"命令新建数据库文件，在新建数据库文件的基础上，选择"File（文件）"→"New（新建）"命令，系统弹出"New Document（新建文件）"对话框，如图 5-1 所示。

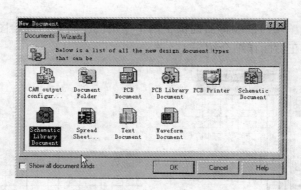

图 5-1 "New Document（新建文件）"对话框

在该对话框中，选择将要创建的元器件库文件的类型，双击图标或者单击"OK"按钮，系统将在当前的设计管理器中新建一个元器件库文件，可以重新命名该文件，双击该文件即可打开元器件库编辑器，如图 5-2 所示。

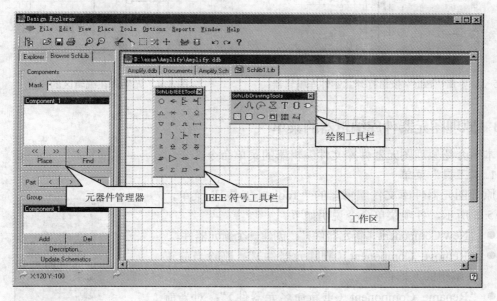

图 5-2 原理图元器件库编辑器

2．打开已有的原理图库文件

在原理图工作界面下，在元器件列表中，选中需要编辑的元器件，单击"Edit"按钮，即可打开原理图元器件编辑器，进行元器件的修改，如图 5-3 所示。

5.1.2 元器件库编辑器界面

元器件库编辑器界面如图 5-2 所示。元器件库编辑器界面与原理图设计编辑器界面很相似。主要包括元器件管理器、菜单栏、主工具栏、常用工具栏、编辑工作区等。不同的是编辑器工作区有一个十字坐标轴，将元器件编辑区划分为 4 个象限。象限的定义与数学上的定义相同。一般情况下，用户只需在靠近原点处的第四象限进行元器件的编辑工作，如图 5-4 所示。

101

除了主工具栏外，元器件编辑器提供了两个常用的工具栏，即绘图工具栏和 IEEE 符号工具栏，具体内容将在后面详细介绍。

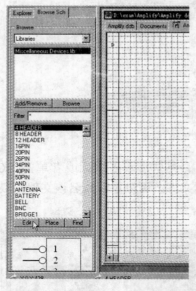

图 5-3　单击"Edit"按钮打开元器件库编辑器　　　　图 5-4　元器件在编辑区的位置

5.1.3　原理图元器件库编辑器的菜单

本节介绍原理图元器件库文件编辑器的菜单命令。

1."工具"菜单

原理图元器件库文件编辑器的"Tools（工具）"菜单，如图 5-5 所示，各项菜单命令说明如下。

- "New Component（新元器件）"：创建一个新元器件。
- "Remove Component（删除元器件）"：删除当前正在编辑的元器件。
- "Rename Component（重新命名元器件）"：对当前元器件重新命名。
- "Remove Component Name（删除元器件组中指定的元器件名称）"：删除当前元器件库中指定的元器件名称。如果元器件仅有一个元器件名称时，元器件也将会被删除。此命令与 Group 区域中的"Del"按钮相同。

图 5-5　"Tools（工具）"菜单

- "Add Component Name（添加元器件名称）"：添加新的元器件名到元器件组中。此命令与 Group 区域中的"Add"按钮相同。
- "Copy Component（复制元器件）"：将当前文件复制到指定的原理图元器件库中。
- "Move Component（移动元器件）"：将当前文件移动到指定的原理图元器件库中。
- "New Part（创建元器件子件）"：创建多子件元器件中的子件。

102

- "Remove Part（删除元器件子件）"：删除多子件元器件中的子件。
- "Next Part（下一个元器件子件）"：在多子件元器件中的下一个元器件。与 Component 区域中 Part 右边的 "<" 按钮相同。
- "Prev Part（下一个元器件子件）"：在多子件元器件中的下一个元器件。与 Component 区域中 Part 右边的 ">" 按钮相同。
- "Next Component（元器件中的前一个元器件）"：切换元器件中的前一个元器件。与 Component 区域中 Part 右边的 "<" 按钮相同。
- "Prev Component（下一个元器件）"：切换元器件中的前一个元器件。与 Component 区域中 Part 右边的 ">" 按钮相同。
- "First Component（第一个元器件）"：切换到元器件库中的第一个元器件，与 Component 区域中 Part 右边的 "<<" 按钮相同。
- "Last Component（最后一个元器件）"：切换到元器件库中的最后一个元器件，与 Component 区域中 Part 右边的 ">>" 按钮相同。
- "Show Normal"：与 Mode 区域中的 Normal 选项相同。
- "Show Demorgan"：与 Mode 区域中的 Demorgan 选项相同。
- "Show IEEE"：与 Mode 区域中的 IEEE 选项相同。
- "Find Component（查找元器件）"：元器件的搜索。
- "Description"：启动元器件描述对话框，与 Group 区域中的 "Description" 按钮相同。
- "Remove Duplicates"：删除元器件库中重复的元器件名。
- "Update Schematics（更新原理图）"：将库文件编辑器对元器件的修改更新到相应的原理图中。

2．"Place（放置）"菜单

原理图库元器件编辑器的"Place（放置）"菜单，比原理图编辑器的"Place（放置）"菜单增添了"IEEE Symbols"和"Pins"两个命令，"Place（放置）"菜单及"IEEE Symbols"子菜单，如图 5-6 所示。"IEEE Symbols"命令对应于 IEEE 工具栏中的按钮，如图 5-7 所示。"Pins"命令对应于绘图工具栏的 Pins 按钮，如图 5-8 所示。

图 5-6　"Place（放置）"菜单

图 5-7　IEEE 符号工具栏

图 5-8　放置引脚按钮

1)"IEEE 符号":在制作原理图元器件库时,IEEE 符号很重要,它们代表该元器件的电气特性。IEEE 符号的放置与元器件放置相同,按〈Space〉键可旋转角度,按〈X〉、〈Y〉键实现镜像功能。

2)"Pins(引脚)":执行该命令后,光标将成为十字光标并附着一个引脚,如图 5-9 所示。该命令可以连续放置多个引脚,引脚号会按照顺序自动增加。放置完引脚后,右击或按〈Esc〉键结束放置操作。在放置元器件引脚前,按〈Tab〉键或放置完毕后双击需要编辑的引脚,将打开"Pin(引脚)"对话框,如图 5-10 所示。

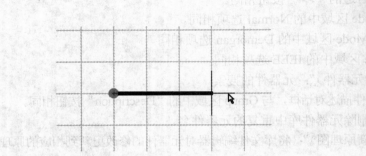

图 5-9 执行引脚命令后的光标状态　　　　图 5-10 "Pin(引脚)"对话框

- "Name(名称)":为引脚名称,一般指功能名,处于引脚左边。
- "number(序号)":为引脚号,处于引脚上边。
- "X-Location":引脚 X 轴方向位置坐标。
- "Y-Location":引脚 Y 轴方向位置坐标。
- "Orientation(角度)":旋转角度,有 0°、90°、180°和 270°四种。
- "Color":引脚颜色设置。
- "Dot Symbol":是否在引脚上加圆点。
- "Clk Symbol":是否在引脚上加时钟符号。
- "Electrical Type(电气类型)":引脚的电气类型。元器件引脚的电气类型有 8 种:Output(输出引脚)、IO(输入输出引脚)、Input(输入引脚)、OpenCollector(集电极开路输出引脚)、HiZ(高阻抗输出引脚)、Passive(无源引脚)、OpenEmitter(发射极开路输出引脚)和 Power(电源引脚)。
- "Hidden":是否隐藏该引脚。
- "Show Name":是否显示引脚名称。选中为显示,不选为不显示。
- "Show Number":是否显示引脚序号。选中为显示,不选为不显示。
- "Pin Length":设置引脚的长度。
- "Selection":是否选中该引脚。

- "Global"按钮：单击此按钮可进入全局属性对话框，如图 5-11 所示。

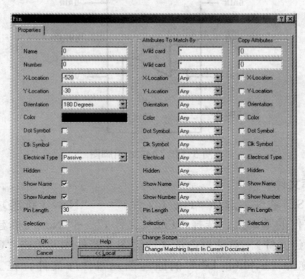

图 5-11 "Pin（引脚）"全局属性对话框

在"Attributes To Match By"选项组中的"Wild card"文本框中，输入"*"表示通配符，即没有特定的条件。也可以指定条件，这样整个电路中符合条件的都进行修改。"Copy Attributes"选项组中，"{}"用来指定如何修改。例如，要将已放置的引脚名称"Pin1、Pin2、Pin3、…"修改为"P1、P2、P3、…"，就需要在"Wild card"文本框中输入"Pin*"，在"Copy Attributes"选项组中输入"{Pin=P}"，单击"OK"按钮，即可完成引脚名称的全局修改。

3. "Reports（报告）"菜单

原理图元器件库"Reports（报告）"菜单，如图 5-12 所示。

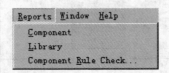

图 5-12 "Reports（报告）"菜单

- "Component（元器件）"：生成当前元器件的报表文件，报表中显示元器件的各项参数。
- "Library（元器件库）"：生成当前原理图元器件库的简单列表，包括元器件名称及描述。
- "Component Rule Check（元器件规则检查）"：生成元器件规则检查报表。执行该命令后，在"元器件规则检查"对话框中选择不同的检查选项将输出不同的检查报告。

5.2 创建新元器件

在绘制原理图时，如果在现有的库中无法找到需要的元器件符号，就需要用户自己绘制原理图元器件库。这里以 LM386 为例介绍元器件符号的制作过程，LM386 引脚如图 5-13 所示。

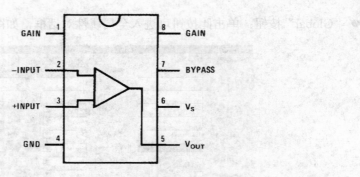

图 5-13 LM386 引脚图

1. 创建元器件库文件

打开 Protel 99 SE 软件,选择"File(文件)"→"New(新建)"命令新建数据库文件,在新建数据库文件的基础上,选择"File(文件)"→"New(新建)"命令,系统弹出"New Document(新建文件)"对话框,选择原理图元器件库并单击"OK"按钮,系统将自动创建一个默认名称为"Schlbl.Lib"的原理图元器件库文件。在工作窗口中可以找到"Browse SchLib"标签,单击该标签,在"Browse SchLib"面板会发现新建库文件中也自动生成一个名称为"Component_1"的元器件,如图 5-14 所示。可以修改该元器件的名称,这里修改为需要绘制的 LM386。

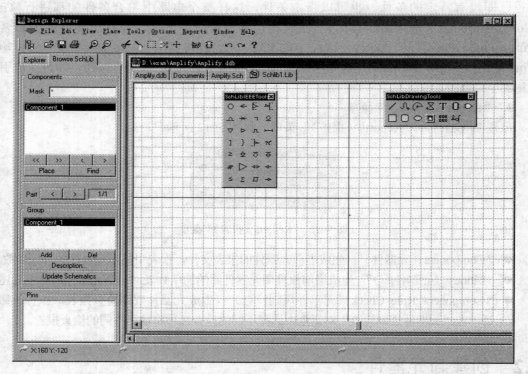

图 5-14 原理图库文件编辑界面

1)选中"Component_1"元器件。

2）选择"Tools（工具）"→"Rename Component（重新命名元器件）"命令，在弹出的"New Name Component"对话框中输入新元器件名称 LM386，单击"OK"按钮，即可完成元器件名称的修改。

注意：如果在原有库中创建新元器件可以通过菜单"Tools（工具）"→"New Component（新元器件）"命令来创建新元器件。

2. 绘制元器件轮廓

选择"Place（放置）"→"Rectangle（矩形）"命令或单击绘图工具栏中的放置矩形按钮，将出现十字光标并且附着一个矩形，将光标移到编辑窗口中的坐标轴原点处单击，移动光标到矩形的右下角再次单击，结束矩形的绘制过程。绘制完成后的矩形如图 5-15 所示。

在绘制前按〈Tab〉键或者双击放置完成后的矩形，就可打开"Rectangle（矩形）"对话框，可修改该矩形的边框颜色、边框线宽、填充颜色等参数，如图 5-16 所示。

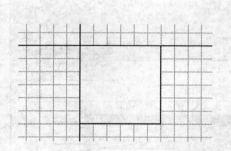

图 5-15 绘制完成的矩形

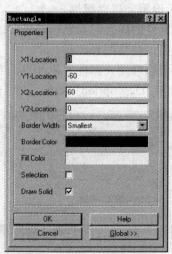

图 5-16 "Rectangle（矩形）"对话框

3. 放置引脚

选择"Place（放置）"→"Pins（引脚）"命令或者单击绘图工具栏中的放置引脚按钮，此时出现十字光标并附着一个引脚，分别绘制 8 根引脚并放置到图形上。在放置引脚时，可以按〈Space〉键使引脚旋转。靠近引脚名称的一端为非电气端，该端应该放置在元器件的符号轮廓边框内。

双击需要编辑的引脚，即可打开该引脚属性对话框。在对话框中对引脚属性进行修改。具体修改参数需要根据元器件的数据手册说明，LM386 引脚参数如下。

- 引脚 1：名称为 Av，电气类型为 Passive，旋转角度为 180°，引脚长度为 30。
- 引脚 2：名称为 IN-，电气类型为 Input，旋转角度为 180°，引脚长度为 30。
- 引脚 3：名称为 IN+，电气类型为 Input，旋转角度为 180°，引脚长度为 30。
- 引脚 4：名称为 GND，电气类型为 Power，旋转角度为 180°，引脚长度为 30。
- 引脚 5：名称为 OUT，电气类型为 Output，旋转角度为 0°，引脚长度为 30。

- 引脚 6：名称为 As，电气类型为 Power，旋转角度为 0°，引脚长度为 30。
- 引脚 7：名称为 DET，电气类型为 passive，旋转角度为 0°，引脚长度为 30。
- 引脚 8：名称为 Av，电气类型为 passive，旋转角度为 0°，引脚长度为 30。

放置引脚完成后的图形如图 5-17 所示。

4. 放置圆弧修饰

选择"Place（放置）"→"Elliptical Arcs（圆弧）"命令，效果如图 5-18 所示。

图 5-17 放置引脚后的元器件图

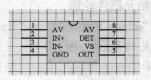
图 5-18 放置圆弧后的效果

5. 设置元器件属性

元器件的属性包括默认描述、PCB 封装、仿真模型以及各种变量等，可以通过"元器件属性设置"对话框来实现。

单击原理图元器件库设计界面右侧面板的 Browse SchLib 标签，在管理器中选择该元器件，单击"Description"按钮，弹出"Component Text Fields"对话框，如图 5-19 所示。

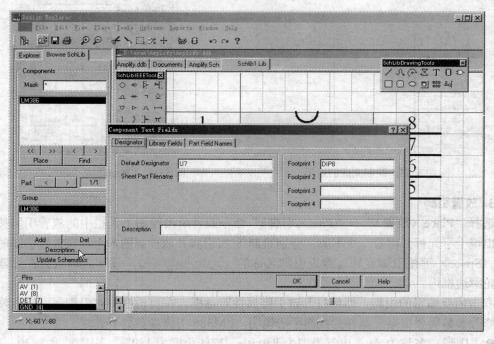

图 5-19 编辑元器件描述界面

在弹出的对话框中有 3 个选项卡：Designer、Library Fields 和 Part Field Names。Designer 选项卡中主要选项功能描述如下。

- "Default Designator"：元器件的默认序号（例如 U?）。

- "Sheet Part Filename"：如果元器件为子原理图元器件，此处可设置对应子图的路径及文件名。
- "Description（描述）"：元器件的描述，通常指元器件的功能说明。
- "Footprint"：元器件的封装形式，共有 4 栏可选填写。

Library Fields 选项卡中共有 8 个 Text Field 栏，用户可根据需要进行设置，其会显示在"元器件属性"对话框中，不能在原理图中修改，每栏可输入 255 个字符。

Part Field Names 选项卡中一共有 16 个 Part Field Name 栏，用户可根据需要进行设置元器件的制造商、目录数等，每栏可输入 255 个字符。绘制原理图时可以查看这些数据内容，也可根据需要进行修改。

6．保存库文件

选择"File（文件）"→"Save（保存）"命令或者单击工具栏中的保存按钮，保存对库文件 LM386 的编辑。

7．生成元器件报表

原理图元器件库编辑完毕后，用户可以利用前面介绍的"Reports（报告）"菜单生成 Component（元器件清单）、Library（元器件库报表）、Component Rule Check（元器件规则检查表）等对元器件进行检查。

（1）元器件报表

选择"Reports（报告）"→"Component（元器件）"命令，可对元器件库编辑器当前窗口中的元器件生成元器件报表，系统会自动打开文本编辑器显示其内容，如图 5-20 所示。

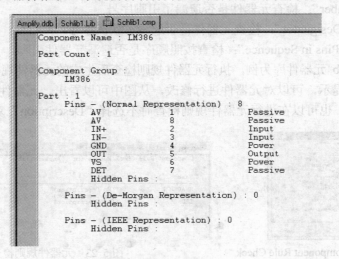

图 5-20　元器件报表

（2）元器件库报表

元器件库报表列出了当前元器件库中所有元器件的名称及相关描述，元器件库报表的扩展名为"rep"。通过菜单"Reports（报告）"→"Library（元器件库报表）"命令可对元器件库编辑器当前的元器件库生成元器件库报表，系统自动打开文本编辑器显示其内容，如图 5-21 所示为 Amplify.lib 元器件库报表的内容。

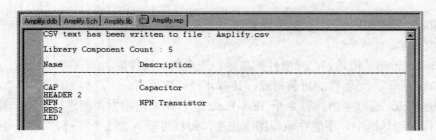

图 5-21 Amplify.lib 元器件库报表

（3）元器件规则检查表

元器件规则检查表用于进行元器件的基本验证工作，包括检查元器件库中的元器件是否有错，并将有错的元器件列出来，指明错误原因等。

选择"Reports（报告）"→"Component Rule Check（元器件规则检查表）"命令，系统弹出"Library Component Rule Check（元器件规则检查）"对话框，如图 5-22 所示。在该对话框中可以设置检查的属性，其各操作项含义如下。

- "Component Names"：检查元器件库中的元器件是否有重名。
- "Pins"：检查元器件的引脚是否有重名。
- "Description"：检查元器件是否遗漏了元器件描述。
- "Pin Name"：检查元器件是否遗漏了引脚名称。
- "Footprint"：检查元器件是否遗漏了元器件封装。
- "Pin Number"：检查元器件是否遗漏了引脚序号。
- "Default Designator"：检查元器件是否遗漏了默认序号。
- "Missing Pins in Sequence"：检查按照顺序是否遗漏元器件引脚。

以 Amplify.lib 元器件库为例，执行元器件规则检查后生成的元器件规则检查表如图 5-23 所示。根据错误提示，可以对元器件进行修改，从图中可以看出，元器件没有描述信息，用户可以进行添加，也可以在进行元器件规则检查时不选择"Description"复选框。

 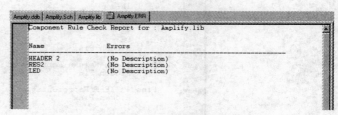

图 5-22 "Library Component Rule Check （元器件规则检查）"对话框   图 5-23 元器件规则检查表

注意：根据用户的需要，原理图中的元器件符号可以绘制出不同形式，如图 5-24 所示为 LM386 的另外一种形式。

若一个元器件中有多个相同功能的部分，制作其原理图元器件符号时，可以将其各部分分开制作，读者可以参考常用电气元器件杂项库（Miscellaneous Devices.Lib 元器件库）中的排阻 Res Pack2。

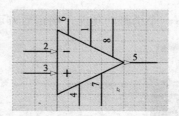

图 5-24 绘制完成的 LM386 元器件另外一种符号

5.3 创建项目的原理图元器件库

在原理图绘制完毕后，为了方便日后的存档工作，需要生成项目的原理图元器件库。下面以前面介绍的"power supply"为例进行说明。

1）打开项目文件"power supply"。

2）选择"Design（设计）"→"Make Project Library（建立设计元器件库）"命令，系统将会生成以项目名命名的原理图元器件库文件"power supply.Lib"，如图 5-25 所示。

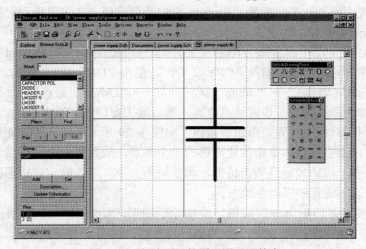

图 5-25 创建项目的原理图元器件库

在项目组中，最好采用项目原理图元器件库进行管理，使用元器件库的方法整理项目元器件库，使每一个原理图中元器件对应一个元器件封装。

5.4 实例——制作七段数码管的图形符号

1．实例描述

本例介绍七段数码管（如图 5-26）的元器件图形符号及封装的制作过程。

2．知识重点

新建库文件的一般步骤，元器件参数、绘制库工具栏的使用等。

3．操作步骤

1）如果需要制作七段数码管图形符号，可以根据七段数码管实物，利用万用表的二极管档来逐一测量找到数码管的每一个引脚的功能，确定后方可进行绘制。根据测量，测得结果如图 5-27 所示。

 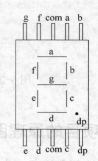

图 5-26　七段数码管　　　　　　　　　　图 5-27　七段数码管引脚分布

2）打开 Protel 99 SE 软件后，新建数据库文件。在数据库文件中，可选择"File（文件）"→"New（新建）"命令，单击元器件库文件名，完成新建一个原理图库文件，并将其保存为"DPY.Lib"。

3）单击管理面板并切换到标签"Browse SchLib"选项卡，可以看到已经存在一个新建的元器件"Component_1"，如图 5-28 所示。

4）重新命名该元器件，选择"Tools（工具）"→"Rename Component（重新命名元器件）"命令，在弹出的对话框中输入"DPY_7_DP"，单击"OK"按钮完成。

5）选择"Edit（编辑）"→"Jump（跳转到）"→"Origin（原点）"命令或者按快捷键〈Ctrl+Home〉，使光标跳转到工作区原点位置，然后放大窗口到适当大小。

6）单击绘图工具栏中放置矩形命令按钮，如图 5-29 所示。进入绘制矩形命令状态，移动光标到工作区内原点位置，单击放置矩形的一个端点，放置第一个端点后，光标自动跳转到另一个端点位置，移动光标到适当位置，调整矩形大小，单击确定该矩形的另一个端点位置，然后右击，退出放置矩形命令状态。

7）单击"放置多边形命令"按钮，继续绘制图形，绘制出"8"字形。完成后，单击"放置椭圆"命令，绘制圆点。绘制完成的数码管外形，如图 5-30 所示。

图 5-28　原理图库管理面板　　　图 5-29　放置矩形命令按钮　　图 5-30　绘制完成的数码管外形

8)根据测量出的引脚功能,放置引脚,放置完成后的效果,如图 5-31 所示。

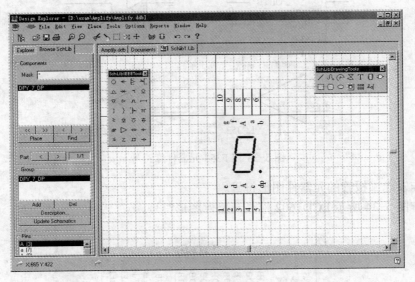

图 5-31 完成放置引脚后的效果

9)单击元器件列表栏下方"Description"按钮,打开"Component Text Fields"对话框,如图 5-32 所示。在"Default Designator"(默认元器件编号)文本框中输入"DS?",设置此元器件默认编号为"DS?"。

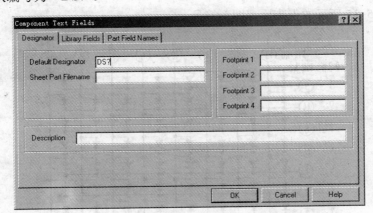

图 5-32 "Component Text Fields"对话框

10)选择"File(文件)"→"Save(保存)"命令,保存该文件,从而完成该元器件的绘制。

5.5 思考与练习

1. 熟悉元器件的元器件库界面。
2. 制作图 5-33 所示 LF353 的元器件库符号。

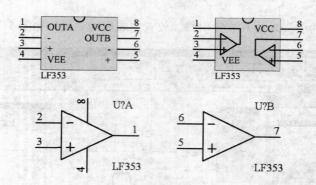

图 5-33 LF353 元器件库符号

3. 制作发光二极管的元器件图形符号。
4. 制作图 5-34 所示 LCD1602 液晶元器件图形符号。

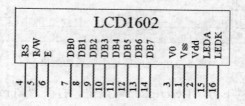

图 5-34 LCD1602 液晶元器件图形符号

5. 制作图 5-35 所示的点阵原理图形符号。

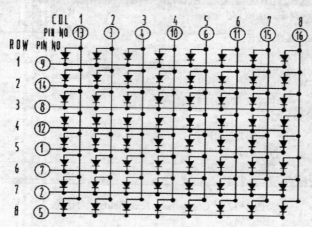

图 5-35 点阵原理图形符号

第 6 章　PCB 设计基础

本章首先介绍 PCB（印制电路板）设计基础知识，然后以±5V 直流稳压电源电路为例介绍进行 PCB 设计的基本操作方法及过程。

6.1　PCB 的基础知识

PCB 在电子设备中主要提供电阻、电容、电感、集成电路等各种电子元器件的装配的机械支撑，实现电子元器件之间的布线和电气连接，为自动装配提供阻焊图形，为元器件插装、检查、维修提供识别字符和图形等。

6.1.1　PCB 的结构

PCB 通过印制电路板上的印制导线、焊盘以及过孔来实现各元器件引脚之间的电气连接。一般来说，电路板分为单面板、双面板和多层板 3 种。

1．单面板（Single-sided Board）

单面板是一种仅一面有敷铜的 PCB，因为导线只出现在其中一面，所以称这种 PCB 为单面板。由于单面板在设计电路上有许多严格的限制（因为只有一面，布线间不能交叉而必须绕独自的路径），所以只有早期的电路才使用单面板。

2．双面板（Double-sided Board）

双面板是一种两面都有敷铜、都可以布线的 PCB。它包括顶层（Top Layer）和底层（Bottom Layer）两个层面，两层面间通过焊盘或过孔（Via）相连接，完成两层间的电气连接。双面板的面积比单面板大了一倍，而且布线可以互相交错（可以绕到另一面），因此，双面板适用于较复杂电路。

3．多层板（Multi-Layer Board）

随着设计复杂度的提高，为了增加可以布线的面积，人们开始大量采用多层板。多层板是包含了多个工作层的 PCB，除了顶层和底层以外，还包括信号层以及内部电源层或者地层。PCB 的层数就代表了有几层独立的布线层。由于设计人员可以充分利用多层板来解决电磁兼容问题，大幅度地提高电路的可靠性和稳定性，所以多层电路板的应用越来越广泛。

6.1.2　有关 PCB 的基本概念

本节介绍与 PCB 相关的一些术语及概念。

1．"层"的概念

Protel 99 SE 的"层"不是虚拟的，而是 PCB 本身的各铜箔层。

由于电子线路的元器件密集安装、电磁干扰和布线等特殊要求，一些电子产品中所用的

PCB 不仅有上、下两层，在电路板的中间还设有能被特殊加工的夹层铜箔。

目前，计算机主板所用的 PCB 多在 4 层以上。上、下两层与中间各层需要连通的地方用"过孔（Via）"来实现电气连接。

2．过孔

简单地说，PCB 上的每一个孔都可以称为过孔。从作用上看，过孔可以分成两类：一是用作各层间的电气连接；二是用作元器件的固定或定位。如果从工艺制作流程上来说，这些过孔一般又分为 3 类，即盲孔（Blind Via）、埋孔（Buried Via）和通孔（ThroughVia）。

盲孔位于 PCB 的顶层和底层表面，具有一定深度，用于表层电路和下面内层电路的连接，盲孔的深度通常不超过一定的比率（孔径）；埋孔是指位于 PCB 内层的连接孔，它不会延伸到 PCB 的表面。上述两类孔都位于 PCB 的内层，层压前利用通孔成型工艺完成，在过孔形成过程中可能还会重叠做好几个内层。第三种称为通孔，这种孔穿过整个 PCB，可用于实现内部互连或作为元器件的安装定位孔。由于通孔在工艺上更易于实现，成本较低，所以绝大部分 PCB 均使用它，而不用另外两种过孔。如果不加特殊说明，本书所描述的过孔均视为通孔。

一般而言，设计电路时对过孔的处理有以下原则。

1）尽量少用过孔，一旦选用了过孔，务必处理好它与周边各实体的间隙，特别是容易被忽视的中间各层与过孔不相连的线与过孔的间隙。

2）需要的载流量越大，所需的过孔尺寸越大。例如，电源层和地层与其他层相连接时，所用的过孔应设置大一些。

3）电源和地的引脚要就近安放过孔，过孔和引脚之间的引线越短越好，因为它们会导致电感的增加。同时电源和地的引线要尽可能粗，以减少阻抗。

4）信号换层的过孔附近放置一些接地的过孔，以便为信号提供最近的回路，甚至可以在 PCB 上大量放置一些多余的接地过孔。

3．导线

PCB 的表面可以看到一些细小的电路，其所用材料是铜箔，这些电路被称作导线（Wire）。原本铜箔是覆盖在整个 PCB 上的，在制造过程中，根据需要，部分被蚀刻处理掉，留下来的部分就变成导线了。导线用来连接 PCB 上的各个焊盘点，它是真正在 PCB 上出现、具有电气连接意义的连线。

4．焊盘

在 PCB 中，焊盘（Pad）的主要作用是连接导线和元器件引脚、放置焊锡等。选择元器件的焊盘类型要综合考虑该元器件的形状、大小、布置形式、振动和受热情况、受力方向等因素。Protel 99 SE 在封装库中给出了一系列不同大小和形状的焊盘，如圆、方、八角、圆方和定位用焊盘等，但有时需要自己编辑。一般而言，自行编辑焊盘时，除了以上所述外，还要考虑以下原则。

1）形状的长短不一致时，要考虑导线宽度与焊盘特定边长的大小差异不能过大。

2）在元器件引脚比较密的情况下，为了保证阻焊，可以根据实际元器件情况对焊盘宽度适当调整。

3）各元器件焊盘孔的大小要按元器件引脚粗细分别编辑确定，原则是孔的尺寸比引脚直径大 0.2～0.4mm。

5．阻焊层

阻焊层（Solder Mask）用来保护铜线，也可以防止零件被焊到不正确的地方，一般称之为绿油（当今市场所用的阻焊层的颜色多样）。为了使 PCB 适应波峰焊等焊接形式，一般情况下，PCB 上焊盘以外的地方都有阻焊层，阻止这些部位上锡。

6．助焊层

助焊层（Paste Mask）用来提高焊盘的可焊性能。在 PCB 上比焊盘略大的各浅色圆斑也就是所说的助焊层。在进行波峰焊等焊接前，在焊盘上涂上助焊剂，可以提高 PCB 的焊接性能。

7．丝印层

PCB 上的白色文字和符号也就是常说的丝印层。丝印层中内容用于标识各零件在 PCB 上的位置，方便电路的安装和维修。一般情况下，丝印的内容包括元器件位号、标称值、元器件外廓形状和厂家标志、生产日期等。不少初学者在设计丝印层中的有关内容时，只注意文字符号放置得整齐美观，忽略了实际制出的 PCB 效果，字符不是被元器件挡住就是侵入了助焊的区域被抹掉，还有的把元器件位号打在相邻元器件上，如此种种的设计都会给装配和维修带来很大不便。丝印层中字符的正确布置原则是："不出歧义，见缝插针，美观大方"。

8．飞线

原理图导入 PCB 并做初步布局后可以观察到许多类似橡皮筋的网络连线，这就是通常所说的飞线。在调整元器件位置时使飞线交叉最少，可以使布线比较顺利。另外，还可以通过该功能来查找哪些网络尚未布通。

6.2 新建 PCB 文件

原理图设计完成后，就可以进入 PCB 设计了。在将设计从原理图编辑器切换到 PCB 编辑器之前，需要创建一个空白的 PCB 文件。PCB 文件的创建可以采用下列 3 种方法。

1．通过向导生成 PCB 文件

这是一种比较常用的方法，用户在生成 PCB 文件的同时，直接设置电路板的各项参数。

2．利用模板生成 PCB 文件

在进行 PCB 设计时，可以将常用的 PCB 文件保存为模板文件，这样在进行新的 PCB 设计时直接调用这些模板即可。

3．利用菜单"New"生成 PCB 文件

这种情况下需要用户对 PCB 的各项参数进行设置。

6.2.1 通过向导生成 PCB 文件

利用 Protel 99 SE 的 Wizard 生成 PCB 文件的具体操作过程如下。

1）选择"File（文件）"→"New（新建）"命令，系统弹出"New Document"对话框，如图 6-1 所示，在对话框中选择"Wizards（向导）"选项卡。

在该对话框中选择"Printed Circuit Board Wizard"图标，单击"OK"按钮，即可打开 PCB 向导欢迎界面对话框，如图 6-2 所示。

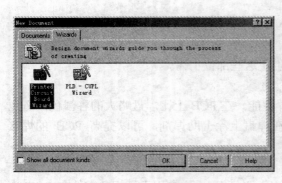
图 6-1 "New Document"对话框

图 6-2 PCB 向导欢迎界面对话框

2）单击"Next"按钮，进入 PCB 相关参数设置，系统弹出如图 6-3 所示的"选择预定义标准板"对话框。在对话框中的"Units"框中可以选择印制板的单位，Imperial 为英制（mil），Metric 为公制（mm），由于大多数元器件封装采用英制单位，因此单位设置通常采用"Imperial（英制）"。然后可以在"板卡类型"下拉列表中选择板卡的类型。如果选择了"Custom Made Board"，就需要定义板卡的尺寸、边界和图形标志等参数。如果选择其他选项就可以直接采用系统已经定义的参数。

3）以选择"Custom Made Board"为例来介绍向导的用法，单击"Next"按钮，进入用户自定义板卡设置对话框，如图 6-4 所示。在该对话框中可以设定板卡的相关属性。

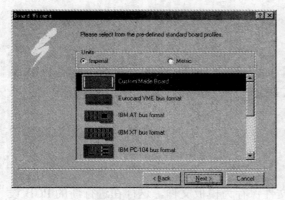
图 6-3 选择预定义标准板对话框

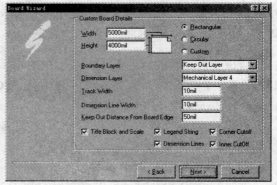
图 6-4 用户自定义板卡参数设置对话框

- "Width（宽度）"：设定板卡的宽度。
- "Height（高度）"：设定板卡的高度。
- "Rectangular（矩形）"：设定板卡为矩形（选择该项后，需要设置板卡的宽度和高度）。
- "Circular（圆形）"：设定板卡为圆形（选择该项后，需要设置圆形的 Radius（半径））。
- "Custom（用户自定义）"：用户自定义板卡的形状。
- "Boundary Layer"：设定板卡边界所在的层，一般选择为 Keep Out Layer（禁止布线层）。
- "Dimension Layer"：设定板卡的尺寸所在的层，一般选择 Mechanical Layer（机械层）。
- "Track Width"：设定导线的宽度。

- "Dimension Line Width"：设定尺寸的线宽。
- "Tile Block and Scale"：该复选框设定是否生成标题块和比例。
- "Legend String"：该复选框设定是否生成图例和字符。
- "Dimension Lines"：该复选框设定是否生成尺寸线。
- "Corner Cutoff"：该复选框设定是否角位置开口。
- "Inner Cutoff"：该复选框设定是否内部开孔。

4）设置参数完成后，单击"Next"按钮，如果选中图 6-4 中的复选框，系统弹出设置"Custom Board outline"对话框，如图 6-5 所示。在该对话框中设置板卡的边线尺寸。

5）设置板卡边线完成后，单击"Next"按钮，进入设置"Corner Cutoff"对话框，如图 6-6 所示。如果不需要进行角位置开口，可以不选择"Corner Cutoff"复选框。在该对话框中可以将角尺寸设为 0mil。

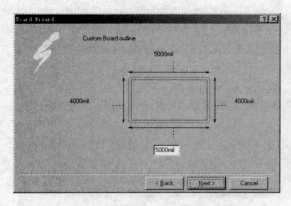

图 6-5　设置"Custom Board outline"对话框　　　　图 6-6　设置"Corner Cutoff"对话框

6）单击"Next"按钮，进入选择板卡中间开口尺寸对话框，如图 6-7 所示。如果不在板卡内部设置开孔，可以不选择"Inner Cutoff"复选框，此处可以将内部开孔尺寸设置为默认值。

7）单击"Next"按钮，进入设置板卡产品信息设置对话框，如图 6-8 所示。

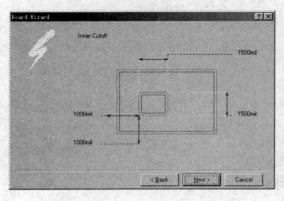 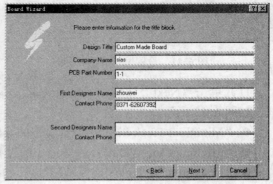

图 6-7　设置"Inner Cutoff"对话框　　　　图 6-8　板卡产品信息设置对话框

注意：如果设计者在图 6-3 所示的预定义标准板对话框中选择的是标准板（如 IBM &

APPLE PCI bus format），单击"Next"按钮后，系统弹出选择板卡类型的对话框，如图 6-9 所示。

8）单击"Next"按钮，进入选择信号层的数量和类型对话框，如图 6-10 所示。在该对话框中可以对信号层的数量和类型进行设置。

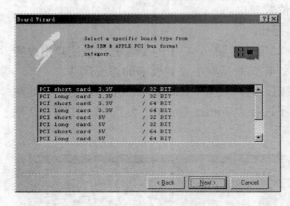

图 6-9　板卡类型对话框　　　　　　　图 6-10　选择信号层数量和类型对话框

9）单击"Next"按钮，进入设置过孔类型对话框，如图 6-11 所示。可以设置为通孔、盲孔或埋孔。

10）单击"Next"按钮，系统弹出设置使用的布线技术对话框，如图 6-12 所示。可以在该对话框中选择设置表贴元器件多还是插件元器件多，元器件是否放置在板的两面。

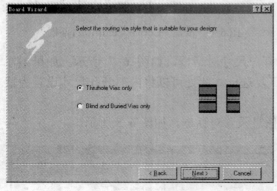

图 6-11　设置过孔类型对话框　　　　　图 6-12　设置使用的布线技术对话框

11）单击"Next"按钮，系统弹出设置最小导线宽度，过孔尺寸和导线间的距离对话框，如图 6-13 所示。
- "Minimum Track Size"：设置最小的导线尺寸。
- "Minimum Via Width"：设置最小的过孔宽度。
- "Minimum Via HoleSize"：设置过孔的孔径。
- "Minimum Clearance"：设置最小线间距。

12）单击"Next"按钮，系统弹出保存为模板对话框，如图 6-14 所示。如果要将设置的内容作为模板，可以选中该复选框。

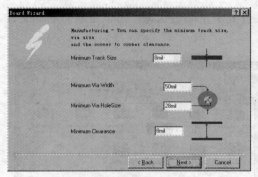 

图 6-13 设置最小尺寸对话框　　　　　图 6-14 设置保存模板对话框

13）单击"Next"按钮，系统弹出完成对话框，单击"Finish"按钮，完成生成 PCB 的向导过程。通过向导生成名为 PCB1.PCB 设计文件并启动 PCB 编辑器，如图 6-15 所示。用户可以在菜单"Design（设计）"中对以上设置的选项进行修改，PCB 各项属性的修改将在本章以后的内容中详细介绍。

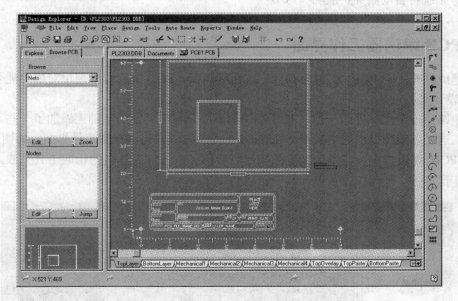

图 6-15 通过 PCB 向导生成的 PCB 文件

6.2.2 利用"更新"方式生成 PCB 文件

在原理图编辑状态下，通过"Update PCB（更新 PCB）"命令，如图 6-16 所示。将原理图中的元器件封装图及电气连接关系信息更新到 PCB 中，系统自动创建以原理图名称为名的 PCB 文件。

6.2.3 利用菜单新建 PCB 文件

选择"File（文件）"→"New（新建）"命令，系统弹出如图 6-17 所示的"New Document（新建文档）"对话框。在该对话框中选中"PCB Document"图标，单击"OK"

按钮，即可新建一个名为 PCB1.PCB 文件，该文件处于重命名状态，可以重新命名该文件。双击该文件即可启动 PCB 编辑器。

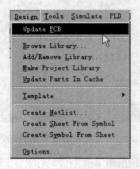 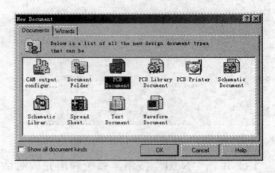

图 6-16 "Update PCB（更新 PCB）"命令　　　　图 6-17 "New Document（新建文档）"对话框

通过以上方法新建 PCB 文件，将新建完成后的 PCB 文件保存，命名为"power supply"，系统将自动添加扩展名"PCB"。

6.3　PCB 编辑器工作界面

新建或打开一个 PCB 文件即可打开 PCB 编辑器，PCB 编辑器的使用对用户能否顺利完成 PCB 设计至关重要。下面就将对 PCB 编辑器进行详尽的介绍。

同电路原理图工作界面一样，PCB 编辑器界面是在主界面的基础上添加了一些菜单项和工具栏，这里以系统提供的"4 Port Serial Interface"项目为例介绍工作界面，如图 6-18 所示。在 PCB 编辑器中，菜单能完成的操作一般都可以通过工具栏的相应工具完成。另外，右击工作窗口可以弹出快捷菜单，其中包括 PCB 设计中的一些常用菜单。

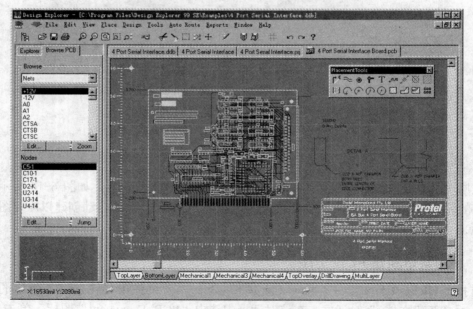

图 6-18　PCB 编辑器工作界面

6.3.1 菜单栏

Protel 99 SE 的 PCB 编辑器的菜单栏，包括 12 个菜单，如图 6-19 所示，这里做简要介绍，各项菜单分别如下。

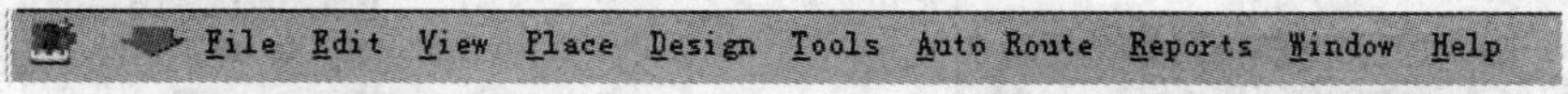

图 6-19 菜单栏

- ""：是用来设置系统的参数。
- "File（文件）"：用于文件的打开、关闭、保存、打印以及输出等操作。
- "Edit（编辑）"：用于对象的选择、复制、粘贴、移动、排列和查找等操作。
- "View（查看）"：用于画面的各种操作，包括工作窗口的放大和缩小、各种面板、工具、状态栏的显示与隐藏等。
- "Place（放置）"：用于在 PCB 中放置各种对象。
- "Design（设计）"：用于设置 PCB 的设计规则、添加或删除元器件库、原理图与 PCB 之间的同步更新等。
- "Tools（工具）"：用于为 PCB 设计提供各项工具，如 DRC、元器件布局以及信号完整性分析等。
- "Auto Route（自动布线）"：用于与 PCB 布线相关的各项操作。
- "Reports（报告）"：用于生成 PCB 设计报表以及 PCB 中的测量等。
- "Windows（窗口）"：用于对窗口进行各种操作。
- "Help（帮助）"：帮助菜单。

6.3.2 工具栏

选择 "View（查看）" → "Toolbars（工具栏）" 命令，如图 6-20a 所示；右击工具栏以及工具栏的空白区域即可弹出工具栏的快捷菜单，如图 6-20b 所示。可以根据需要设置工具的属性、工具栏停放的位置及显示状态。

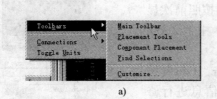

图 6-20 工具栏选择及设置命令

a) "Toolbars（工具栏）" 菜单 b) 工具栏快捷菜单

"Main Toolbar（主工具栏）"：控制 PCB 主工具栏的打开与关闭，如图 6-21 所示。

图 6-21 Main Toolbar（主工具栏）

"Placement Tools（放置工具栏）"：该工具栏为设计者提供了布线命令以及图形绘制。如图 6-22 所示。

"Component Placement"工具栏：对元器件进行布局和排列的工具栏，如图 6-23 所示。

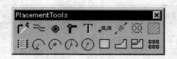

图 6-22 "Placement Tools"工具栏

图 6-23 "Component Placement"工具栏

"Customize（用户自定义）"：用户自定义设置。

用户可以根据自己的需求，将各种工具栏放在合适的位置。当用户想隐藏某个工具栏时，只需要选择图 6-20a 所示对应菜单项即可。

6.3.3 "Browse PCB"面板

"Browse PCB"面板是 PCB 设计中最重要的一个面板，如图 6-24 所示。通过"Browse PCB"面板可以对电路板上的各种对象进行精确定位，还可以对各种对象（包括网络、元器件封装等）的属性进行编辑。即可以通过该面板对整个电路板进行全局的观察和修改。

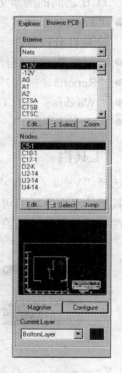

1) 对象选择窗口：单击"Browse PCB"面板中最上部栏目的下拉列表，即可以在下拉列表中选择想观察的对象，如图 6-24 所示，选择其中一项（以"Nets"为例），此时面板下面的各栏中列出与"Nets"有关的信息，其中有网络列表（所有网络）、Nodes（节点）（选中网络上所有的节点）。

如果选中网络列表中的某一项，则该内容将在 PCB 窗口内高亮显示。单击列表下方的"Edit"按钮，打开该项内容的属性编辑对话框。单击"Select"按钮，可以选择或者不选择该网络。单击"Zoom"按钮，编辑器可以按照前次显示的比例显示，功能同菜单"View（查看）"中"Zoom Last"命令。

如果选中 Nodes（节点）中的某一项，单击"Edit"按钮，可以打开该节点的属性对话框，对其中的信息进行修改。单击"Select"按钮，可以选择或者不选择该节点。单击"Jump"按钮，系统自动跳转到该节点，并放大显示。

图 6-24 "Browse PCB"面板

2) 面板中的视图窗口，如图 6-25 所示。该面板有两个按钮，用于画面显示的各项操作。"Magnifier"按钮：单击该按钮，将光标移到工作窗口内，此时光标上会出现一个放大镜图标以及一个虚线框。将光标移到要观察的区域，就可以在视图窗口处看见该区域的放大显示效果。单击"Configure"按钮，系统弹出如图 6-26 所示的配置放大镜对话框。在该视图窗口中用户可以单击不松开，移动虚线框来移动编辑区的显示内容。

3）在面板的最下方，有"Current Layer"设置，用户可以单击下拉列表框选择需要操作的层，也可在编辑器单击层标签来选择。单击列表框右边色块可以设置选择层的颜色。

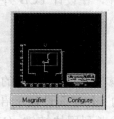

图 6-25　视图窗口

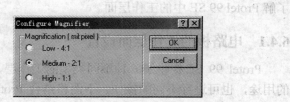

图 6-26　配置放大镜对话框

6.3.4　PCB 工作区

PCB 编辑器的工作区与前面已经介绍过的原理图工作区类似，主要包括 PCB 的放大与缩小、移动等操作，具体操作方式同原理图工作区一致。单击"View（查看）"菜单将弹出如图 6-27 所示下拉菜单，根据需要选择相应的命令项。其他具体操作方法可参看原理图工作区操作。

图 6-27　"View（查看）"菜单

6.3.5　工作层标签

工作层标签位于工作区的下方，可以通过单击标签来切换当前的工作层，如图 6-28 所示为工作层切换标签，当前工作层为 BottomLayer。

图 6-28　工作层切换标签

6.4 规划电路板

新建完成 PCB 文件后,用户应先完成电路板的规划工作,在设计 PCB 外形之前,需要了解 Protel 99 SE 中的工作层面。

6.4.1 电路板的工作层面设置

Protel 99 SE 提供了 6 种不同类型的工作层,工作层面多达 72 层,不同的层面具有不同的用途,也可进行不同的操作,下面将结合 Protel 99 SE 的工作层面设置介绍主要类型工作层。选择"Design(设计)"→"Options(选项)"命令或者利用快捷键〈L〉,即可进入"Document Options(文档选项)"对话框,如图 6-29 所示。

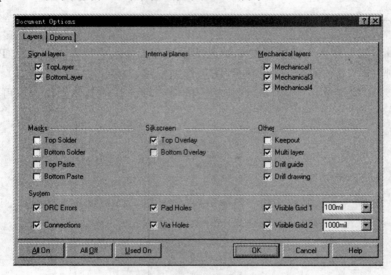

图 6-29 "Document Options(文档选项)"对话框

1. 信号层(Signal layers)

信号层即为铜箔层,用来放置元器件和布线的工作层。Protel 99 SE 中共有 32 个信号层,分别为"Top Layer""Bottom Layer""Mid-Layer 1""Mid-Layer 2"…"Mid-Layer 30",各层以不同的颜色显示。"Top Layer"为顶层敷铜布线层,"Bottom Layer"底层敷铜布线层,它们都可以用来放置元器件和布线。"Mid-Layer 1""Mid-Layer 2"…"Mid-Layer 30"为中间布线层,用于布线。

2. 内部电源/接地层(Internal Planes)

内部电源/接地层也属于铜箔层,用于布置电源和地。Protel 99 SE 提供了 16 个内部电源/接地层,分别为"Internal Plane 1""Internal Plane 2"…"Internal Plane 16",各层以不同颜色显示。

3. 机械层(Mechanical Layers)

机械层是描述电路板机械结构、标注等说明使用的工作层,没有电气连接特性。Protel 99 SE 提供了 16 个机械层,分别为"Mechanical 1""Mechanical 2"…"Mechanical 16",各层以不同颜色显示。

4. 屏蔽层（Masks）

屏蔽层主要是保护铜线，也可以防止元器件被焊接到不正确的地方。Protel 99 SE 提供了两种防护层。

（1）阻焊层（Solder Mask）

Protel 99 SE 提供了顶层（Top Solder）和底层（Bottom Solder）两个阻焊层，PCB 上的表面涂的一层绿油（市场上应用到阻焊层的颜色已经有多种）就是阻焊层。

（2）助焊层（Paste Mask）

Protel 99 SE 提供了顶层（Top Paste）和底层（Bottom Paste）两个助焊层，用于帮助焊锡与焊盘更容易焊接在一起。

5. 丝印层

丝印层是用来绘制元器件的外形轮廓和标注各个元器件在 PCB 上的位置，一般为白色图形及字符。Protel 99 SE 提供了顶层（Top Overlay）和底层（Bottom Overlay）两个丝印层。

6. 其他层

除以上介绍的工作层外，Protel 99 SE 还提供了下列工作层。
- "Drill Guide"：钻孔位置。
- "Drill Drawing"：钻孔图。
- "Keep-Out Layer"：禁止布线层，只有设置禁止布线层，才能使用系统的自动布局和自动布线功能。
- "Multi Layer"：设置多层面，横跨信号层面。

除了上述介绍的工作层面外，在工作层面设置对话框中还可以对以下 System 操作复选框各项参数进行设置。
- "DRC Errors"：DRC 错误。
- "Connection"：网络连接预拉线，俗称"飞线"。
- "Pad Holes"：焊盘。
- "Via Holes"：过孔。
- "Visible Grid 1"：可视栅格 1。
- "Visible Grid 2"：可视栅格 2。

在上面介绍的各个层面中，为了使用方便，用户可以选择是否显示该层。选中对应层前面的复选框则表示该层将被显示。单击"Document Options（文档选项）"对话框中的"All On"按钮可以使所有工作层处于打开状态；单击"All Off"按钮，所有工作层处于关闭状态；单击"Used On"按钮可以打开使用工作层。

另外，用户也可以调整各层的颜色以符合自己的视觉习惯。可以选择"Tools（工具）"→"Preference（设定）"命令，系统弹出"Preference"对话框。在该对话框中选择"Colors"选项卡，如图 6-30 所示。"Colors"选项卡中每一个工作层后都有一个带颜色的矩形块，单击矩形块即可弹出层颜色设置对话框，用户可以在该对话框中调整层的显示颜色。一般情况下可以采用系统默认设置。

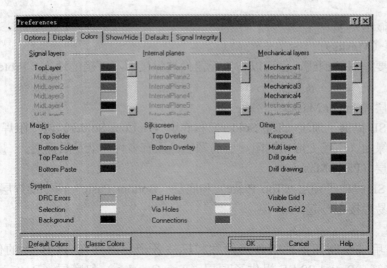

图 6-30 "Colors"选项卡

6.4.2 层堆栈管理器

在层堆栈管理器中可对 PCB 的工作层面进行添加、删除和移动等设置。选择"Design（设计）"→"Layer Stack Manager（层堆栈管理器）"命令，或者在工作区空白处右击，在弹出的快捷菜单中选择"Options（选择项）"→"Layer Stack Manager（层堆栈管理器）"命令，打开"Layer Stack Manage（层堆栈管理器）"对话框，如图 6-31 所示。

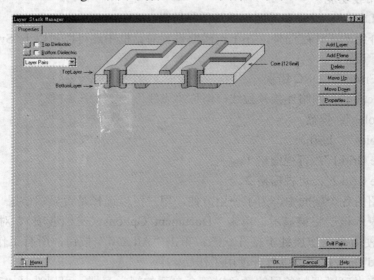

图 6-31 "Layer Stack Manage（层堆栈管理器）"对话框

图 6-31 所示即为双面板的层堆栈管理器显示界面，下面将分别介绍层堆栈管理器的各个功能。

1. 图层堆栈范例

单击图 6-31 中左下角的"Menu（菜单）"按钮，在菜单中选择"Example Layer Stacks

（图层堆栈范例）"，选择需要的范例即可方便地设计单层或多层 PCB，如图 6-32 所示。

图 6-32 图层堆栈范例菜单项

2. 内部信号层的手动添加

在如图 6-31 所示的对话框中，单击左侧的"Top Layer"或者"Bottom Layer"名称，单击"Add Layer（添加层）"按钮或者在如图 6-32 菜单中选择"Add Signal Layer（添加信号层）"命令项即可完成添加内部信号层 MidLayer1，如图 6-33 所示。

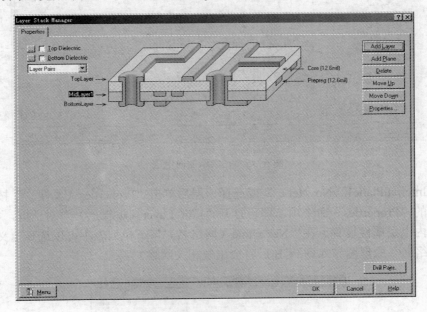

图 6-33 完成内部信号层的添加

双击"MidLayer1"或选择该层后单击"Properties（属性）"按钮即可打开"Edit Layer（编辑层）"对话框，可进行信号层名称和铜箔厚度设置，如图 6-34 所示。

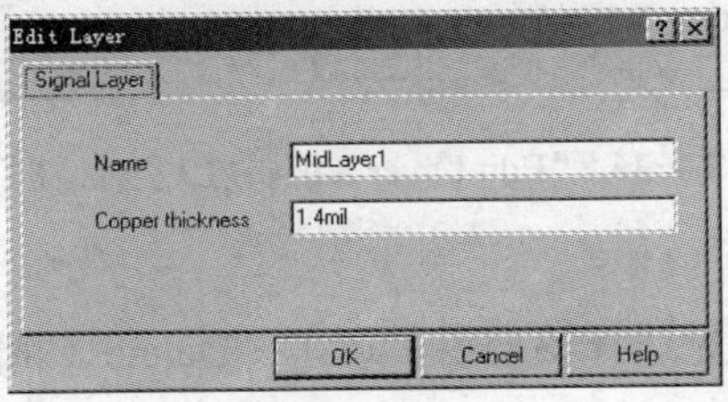

图 6-34 "Edit Layer（编辑层）"对话框

129

3. 内电层的手动添加

在如图 6-31 所示的对话框中，单击左侧的"Top Layer"或者"Bottom Layer"名称，单击"Add Plane（添加内电层）"按钮或者在图 6-32 菜单中选择"Add Internal Plane（添加内电层）"命令项即可完成添加内电层"InternalPlane1（No Net）"，再次执行该操作添加"InternalPlane2（No Net）"，如图 6-35 所示。

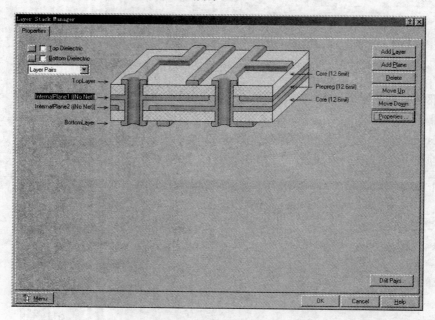

图 6-35 完成添加内电层

双击"InternalPlane1（No Net）"或选择该层后单击"Properties（属性）"按钮，或者利用菜单中的"Properties"命令项，即可打开"Edit Layer（编辑层）"对话框，如图 6-36 所示，进行内电层属性设置。在"Net name（网络名）"下拉列表中可以选择定义的电源层和地线层网络名（原理图导入到 PCB 后将会出现相关网络）。

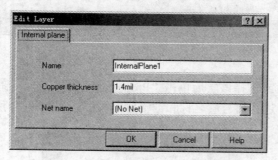

图 6-36 "Edit Layer（编辑层）"对话框

4. 层的删除

要删除已添加的层，需要先选择该层后，单击"Delete（删除）"按钮或利用图 6-32 中菜单的"删除"命令。

5. 层的调整

要将某一图层移动，需先选中该图层，然后单击"Move Up（向上移动）"或者"Move Down（向下移动）"按钮或者选择相应的菜单命令即可。

6. 其他按钮功能

"Drill Pairs（配置钻孔对）"按钮：配置钻孔对属性。一般情况下，建议用户使用系统的默认配置，也就是使用通孔。如果 PCB 的密度较大，则可以使用盲孔和埋孔。设置盲孔和埋孔，可以在"Drill Pairs Manager"对话框中单击"Add"按钮，在弹出的对话框中选择过孔的起始层和终止层，即可完成盲孔和埋孔的设置。

除了以上按钮外，在"Layer Stack Manager（层堆栈管理器）"对话框中还可以选择是否为顶层和底层添加绝缘层，选中"Top Dielectric（顶部绝缘体）"或者"Bottom Dielectric（底部绝缘体）"复选框即可。单击复选框前的按钮，在弹出的对话框中可以修改顶层和底层绝缘层的属性参数。

6.4.3 设置环境参数

合适的环境参数可以大大提高工作效率，因此环境参数的设置十分重要。选择"Design（设计）"→"Options（选项）"命令，即可弹出"Document Options（文档选项）"对话框。在该对话框中，单击"Options"选项卡，即可设置 Options 选项，如图 6-37 所示。在该选项卡中包括 Snap（捕捉栅格）、Component（元器件的移动最小距离）、Electrical Grid（电气栅格）及搜索范围、栅格的显示形状、计量单位设置等。

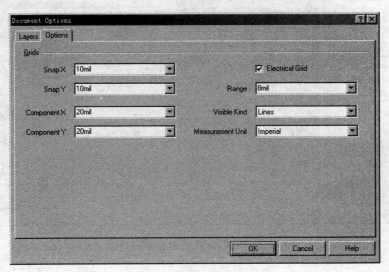

图 6-37 "Options"选项卡

设置环境参数时应当注意以下几个原则。

1）将捕捉栅格和电气栅格设置为相近值，这样手工布线时光标捕捉比较方便。如果两者相差太大，光标很难捕捉到相应的电气连接点。

2）电气栅格和捕捉栅格不能大于元器件封装的引脚间距，否则在手工布线时会带来不必要的麻烦。

3) 两个可视栅格可以设置成相同的栅距，具体的大小视 PCB 设计的具体情况而定。

6.4.4 设计电路板外形

电路板的物理边界即是 PCB 的实际大小和形状。根据 PCB 在产品中的位置、空间大小、形状等来确定 PCB 的外形和尺寸。

根据电路板的工作条件和环境要求，首先要设定电路板的物理边界。选择"Place（放置）"→"Line（直线）"或"Arc（圆弧）"等命令，可在机械层内画出需要的各种形状的物理边界，方法如下。

根据设计需要，选择"Place（放置）"→"Line（直线）"等命令在机械层直接画出一个闭合的 PCB 物理边界形状。选择构成上述边界的各种绘制命令。

采用该方法，绘制±5V 电源电路项目需要的 PCB 的物理边界。

首先选择层标签，使机械层 1（Mechanical 1）处于当前层，选择"Place"→"Line"命令，在机械层 1 层绘制，单击确定画线起始点，利用组合键〈Shift+Space〉，可以改变直线的拐角类型为 90°圆角，绘制出一个封闭的圆角矩形。得到如图 6-38 所示的 PCB 物理边界。

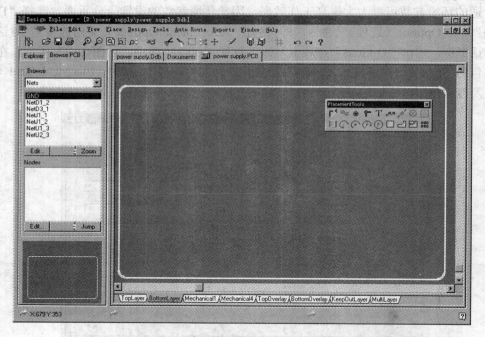

图 6-38　绘制完成 PCB 的物理边界

6.4.5　PCB 电气边界

电气边界用来限制布线和元器件放置的范围，一般通过在禁止布线层（Keep-Out Layer）绘制边界来实现。用户可以将电气边界的范围与物理边界的范围设置成相同大小，也可以根据需要设置电气边界。电气边界设置后，所有信号层带有电气特性的目标对象（焊盘、布线、过孔）都被限制在电气边界内。设置电气边界要考虑到元器件的定位要求和 PCB 的安装要求。

将当前层设为禁止布线层（Keep-Out Layer），然后按照绘制物理边界的方法进行绘制。最后完成的电气边界如图 6-39 所示（最外层为物理边界，内层为电气边界）。

根据 PCB 的具体要求，在需要放置固定安装孔的位置放上适当大小的焊盘。另外，定位孔的位置需要事先规划好，以免布线之后没有空闲位置留给定位孔，对于 PCB 中不允许布线的地方可以在布线之前进行保护，可以选择"Place（放置）"→"Keep Out（禁止布线区）"下的各个命令来直接绘制完成，简单易行。如用 3mm 的螺钉，一般采用 4mm 的焊盘。当然，也可以根据需要进行一定的调整。在本例中，采用内径为 3.5mm、外径为 5mm 的焊盘，如图 6-39 所示。

放置焊盘的方法如下。

1）选择"Place（放置）"→"Pad（焊盘）"命令或者单击工具栏中的"放置焊盘"按钮，此时光标变为十字光标，并带有一个焊盘。

2）在放置焊盘过程中，可以对焊盘的属性进行编辑。按下〈Tab〉键可以打开"焊盘"属性对话框，也可以在放置完毕后双击焊盘打开该对话框。在该对话框中通过 3 个选项卡可以对焊盘形状、孔径大小、工作层面、网络标号等参数进行设置，如图 6-40 所示。

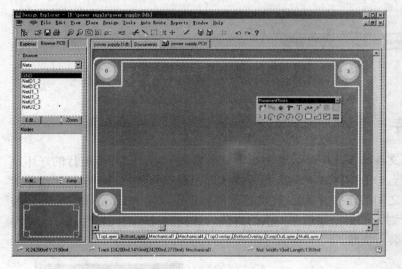
图 6-39 定义边界完成的 PCB 图

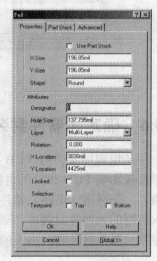
图 6-40 "Pad（焊盘）"对话框

3）移动光标到合适的位置，单击即可完成焊盘的放置，此时光标仍处于放置焊盘状态，可继续放置其他焊盘。不需要放置时右击或者按〈Esc〉键即可退出放置焊盘状态。

注意：英制和公制的切换可以选择"View（查看）"→"Toggle Units（切换单位）"命令或者按〈Q〉键来快速完成。

6.5 准备原理图

在进行 PCB 设计时可以直接在 PCB 编辑器中放置元器件的封装并通过手工布线方式完成 PCB 的设计。但是这样做往往效率低，适合少量元器件的 PCB 设计。通常情况下都是先绘制原理图，再进行 PCB 设计。这里按照一般设计步骤进行，如图 6-41 所示为第 3 章绘制完成的电路原理图及建立 PCB 设计文件的±5V 电源电路项目。

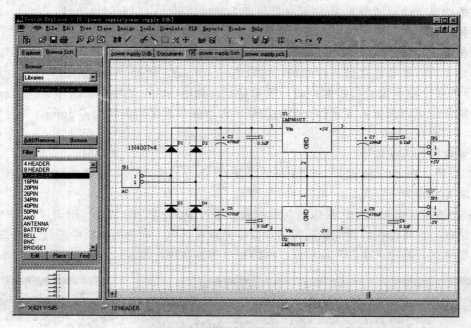

图 6-41　±5V 电源电路原理图

6.6　确定元器件封装

从原理图文件向 PCB 文件转换在电路设计中是十分重要的一环。该环节进行的好坏，将直接影响 PCB 设计的进程。对于 PCB 来说，原理图实际上是有两种信息：一是元器件封装，二是网络（电路元器件之间的连接关系）。在将这两种信息导入到 PCB 之前，必须先装入所需的元器件封装库，否则无法根据原理图提供的封装信息找到对应的元器件封装，这将导致元器件封装和网络表的装入失败。

6.6.1　修改元器件封装

在绘制原理图时，从当前元器件库中取出某一个元器件时，其相应的封装有些已经存在了。如果要修改或添加元器件的封装形式，就要打开该元器件的属性对话框，如图 6-42 所示。下面以二极管 1N4007 为例来说明，填写其封装为 DIODE0.4。

在对话框的 Footprint（封装）一栏中填写"DIODE0.4"。单击"OK"按钮完成二极管封装的指定。

6.6.2　元器件封装库的添加与移除

Protel 99 SE 在 PCB 编辑器启动时就已经加载了一个元

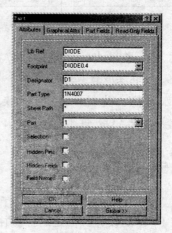

图 6-42　二极管 1N4007 属性对话框

器件封装库（PCB Footprints.lib），该封装库包含在 Advpcb.ddb 数据库文件中。该库中已经包括了一些常用的元器件封装，如电阻、电容、电感、二极管以及常见规格的接插件等。但是各种电子元器件，如各种芯片，同一厂商同种型号不同封装的芯片都需要不同的元器件封装，因此用户需要加载其他的元器件库，包括 Protel 99 SE 自带的元器件库和用户自定义的元器件库（创建元器件库的方法将在后续章节中讲述）。另外，用户在设计 PCB 前需要对采用的元器件进行市场调研，确保能够买到该封装形式的元器件。

PCB 元器件封装库的加载与移除和原理图元器件库的操作相同，如图 6-43 所示为"Browse PCB"面板。可单击"Add/Remove"按钮，进行元器件库的添加或删除，其添加库的方法与添加元器件库的操作相同。单击"Browse"按钮，进行封装查看浏览。"Components"项为当前元器件封装库中的所有封装的列表。单击"Edit"按钮，可对所选封装进行编辑，单击"Place"按钮，可以将封装放置到编辑区。

图 6-43 "Browse PCB"面板

6.6.3 实例中元器件及其封装

在实例中所用的元器件及封装见表 6-1。

表 6-1 元器件及封装对照表

元器件名称	元器件实物图	封装名称	封装图
接口		SIP2	
二极管 1N4007		DIODE0.4	
极性电容 470μF		RB.2/.4	
极性电容 100μF		RB.2/.4	
无极性电容 0.1μF		RAD0.1	
7805		TO-126	
7905		TO-126	

6.7 从原理图更新到 PCB

在完成元器件封装库的加载以及设置元器件封装后，就可以加载网络和元器件到 PCB 中。加载网络和元器件的过程实际上就是将原理图数据更新到 PCB 的过程。原理图是通过网络表来记录原理图的连接信息和元器件信息的，实现原理图数据到 PCB 数据的转换是通过加载网络表来完成的。

6.7.1 网络表

网络表是根据绘制的原理图生成的，是绘制原理图的最终目的。系统根据原理图上的信息，包括由元器件、端口、导线等电气连接生成网络表。网络表是原理图和 PCB 连接的纽带，在网络表中可以清楚地看到整个电路图的元器件和网络信息。网络表中主要包含两种信息：元器件信息和连线信息。

选择"Design（设计）"→"Create Netlist（创建网络表）"命令，即可完成整个项目网络表的生成。具体操作 4.5.2 节中已详细介绍。生成的网络表如图 6-44 所示。

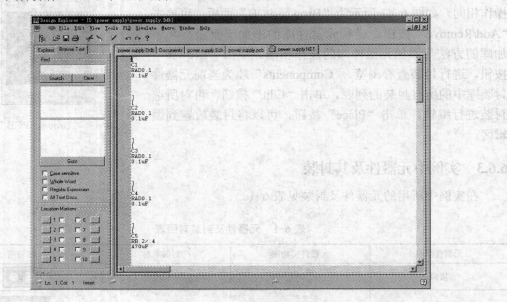

图 6-44　生成的网络表

6.7.2 加载网络和元器件

在 Protel 早期版本中，每进行一次原理图修改都要重新生成网络表，然后更新到 PCB 中。由于实际设计总是反复进行的，会给用户带来很大的工作量。Protel 99 SE 实现了真正的双向同步设计，在 PCB 的设计过程中，用户可以不用生成网络表文件，直接通过选择原理图编辑器中的"Design（设计）"→"Update PCB"命令来完成网络和元器件封装的导入，也可以选择 PCB 编辑器中的菜单"Load Nets"来完成网络和元器件封装的导入。下面来详细讲述原理图数据更新到 PCB 中的过程。

1）在 PCB 工作界面中，选择"Design（设计）"→"Load Nets（装载网络）"命令，系统弹出"Load/Forward Annotate Netlist"对话框，如图 6-45 所示。

2）在该对话框中，单击"Browse"按钮，系统弹出"Select（选择）"对话框，如图 6-46 所示。

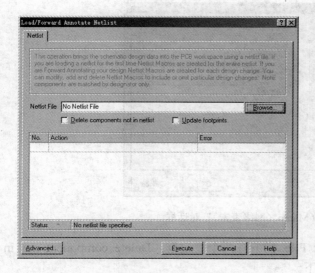

图 6-45 "Load/Forward Annotate Netlist"对话框　　图 6-46 "Select（选择）"对话框

3）在该对话框中选择"power Supply.NET"网络表文件，单击"OK"按钮，返回到"Load/Forward Annotate Netlist"对话框，如图 6-47 所示。

4）在该对话框中，可以发现"Status（网络表状态栏）"显示为 6 errors found，说明网络表中存在错误的地方，可在列表中的"Error"中找到错误的提示，根据提示进行修改元器件的属性。从对话框中发现 JP2、JP3 没有添加封装，返回到原理图进行修改元器件的封装属性，重新生成网络表文件，然后进行该步操作。修改元器件属性后的结果如图 6-48 所示。

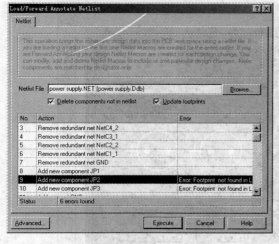
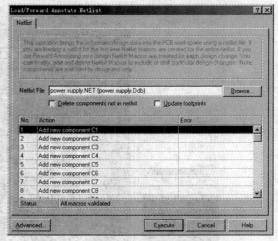

图 6-47 装入元器件与网络　　图 6-48 装入正确的元器件封装及网络

5）如果需要查看网络表所生成的宏，可以双击列表中的对象，系统将弹出"Netlist Macro（网络表宏）"对话框，如图 6-49 所示。用户在该对话框中可以修改宏的属性。

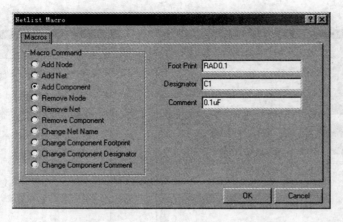

图 6-49 "Netlist Macro（网络表宏）"对话框

6）在图 6-48 所示对话框中 Netlist File 栏下有两个复选框：Delete component not in Netlist 和 Update Footprints，含义分别如下。

如果选中 Delete component not in Netlist 复选框，则系统将删除网络表中没有包含的元器件。

如果选中 Update Footprints 复选框，则系统自动更新网络表中的封装到 PCB 中。

单击"Advanced"按钮，可以打开"网络表管理器"对话框，实现对网络表的管理和操作修改，此部分操作将在后面章节介绍。

7）最后单击"Execute"按钮，完成元器件和网络更新后的 PCB 文件，如图 6-50 所示。

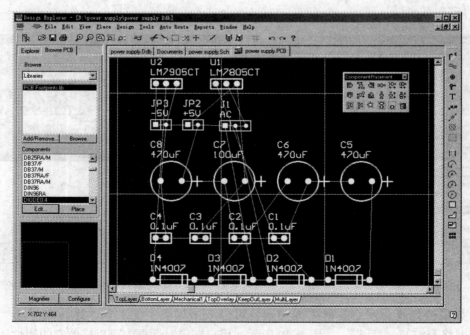

图 6-50 完成更新后的 PCB 文件

6.8 PCB 的设计规则

在装入元器件封装和网络后,已经基本上完成了 PCB 设计的前期工作,接下来就要对 PCB 进行布局与布线。但是在此之前必须完成一个工作,那就是完成 PCB 的设计规则设置,因为后面的布局布线工作都要依照这些规则进行。Protel 99 SE 提供实时的设计规则检查(DRC),不论是在自动布线时,还是手工布线时,都能防止错误的产生。另外,还可以随时提出设计规则检查的要求,检查设计是否有所疏忽。

选择"Design(设计)"→"Rules(规则)"命令,即可打开如图 6-51 所示的 "DesignRules(设计规则)对话框。这些规则主要包括"Routing(布线规则)" "Manufacturing(制造规则)""High Speed(高速电路规则)""Signal Integrity(信号完整性分析)"及"Other(其他约束)"内容,下面将分别简单地介绍这些规则。

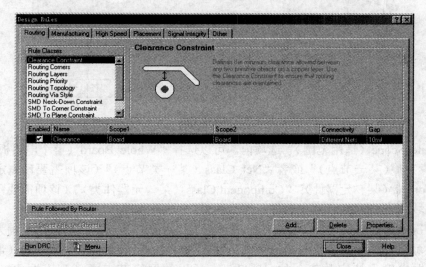

图 6-51 "Design Rules(设计规则)"对话框

6.8.1 布线规则

布线规则的主要功能是设置 PCB 布线时应该遵守的一些电气特性。在图 6-51 中,可以看到"Routing"选项卡,在该选项卡中可进行布线参数的设置。布线规则在"Rule Classes(规则类)"列表框中。其中在该选项卡中可以设置:Clearance Constraint(安全间距)、Routing Corners(布线拐角模式)、Routing Layers(布线工作层)、Routing Priority(布线优先级)、Routing Topology(布线的拓扑结构)、Routing Via Style(过孔的类型)、SMD To Corner Constraint(表贴元器件走线拐角处约束)、Width Constraint(布线宽度)等。下面讲述这些选项的设置。

1. "Clearance Constraint"规则

"Clearance Constraint"规则主要用于定义 PCB 中导线、焊盘、过孔及各种导电对象之间的安全距离。由于生产厂商的制板精度一般为 4mil(1mil=0.0254mm),因此间距设置必须大于这个值,默认安全间距为 10mil,适用范围为整个电路板中所有不同的网络节点,用户可根据需要重新设置，具体操作如下。

单击图 6-51 所示对话框中的"Properties"（属性）按钮，或者双击该选项的对应规则，即可打开"Clearance Rule"对话框，如图 6-52 所示。

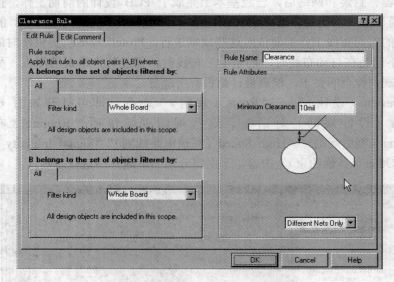

图 6-52 "Clearance Rule"对话框

在"Rule Scope（适用范围）"选项内，可以选择"Whole Board（整个电路板）""Layer（某一层）""Net（某一节点）"或者"Net Class（某一类节点）"（该项需要预先定义才可使用）"Component（某一元器件）""Component Class（某一元器件类）"（该项需要预先定义）或者某一区域。

一般情况下采用默认设置，将适用范围设置为"Whole Board"，即适用范围为整个电路板。设计者可以在"Rule Attributes（规则属性）"框内的"Minimum Clearance（最小安全间距）"文本框内输入特定数值，如 10mil。在适用的网络节点类型列表框中，可以选择"Different Nets Only（仅适用于不同的网络节点）""Same Nets Only（仅适用于相同节点）""All Nets（所有节点）"。一般选择"Different Nets Only"或者"All Nets"。

修改完成后，单击"OK"按钮退出该对话框。

必要时，在图 6-51 所示的对话框中选中"Clearance"选项，然后右击从快捷菜单中选择"Add"命令，或者单击"Add"按钮，系统将生成新的规则。单击新生成的规则，将弹出如图 6-52 所示的对话框，可以在对话框中设置特殊要求的某一节点或者某一类节点的安全间距规则，根据需要可以增大或减小安全间距。

2．"Routing Corners"规则

"Routing Corners"规则主要用来设置导线拐弯的样式，单击"Rules Classes"列表框下的"Routing Corners"，即可重新设定印制导线转角模式，如图 6-53 所示。系统默认的拐角模式为 45°，拐角的过渡斜线的垂直距离为 100mil，适用范围是整个电路板内的所有导线。

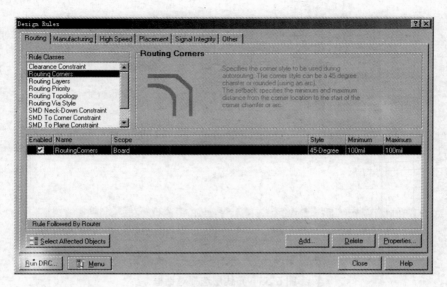

图 6-53 印制导线转角模式规则对话框

单击图 6-53 中的"Properties"按钮,系统弹出"Routing Corners Rule"对话框,如图 6-54 所示。在该对话框中可重新设置拐角模式及拐角过渡斜线的垂直距离。"Style(拐角模式)":可以设置为 45°、90°、Rounded(圆角)3 种拐角模式中的一种。其中通常选择采用默认的 45°。在"Setback"(过渡斜线的垂直距离)文本框中输入最小距离和最大距离,一般可以采用默认值。在"Filter kind"列表框中,选择拐角作用范围,一般选择"Whole Board"。

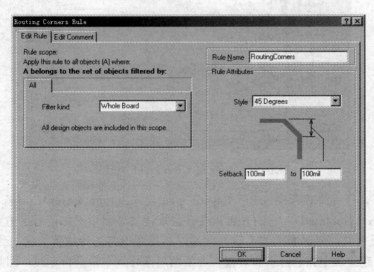

图 6-54 "Routing Corners Rule"对话框

3."Routing Layers"规则

"Routing Layers"规则的主要作用是设置布线时规定哪些信号层可以使用。单击"Rules Classes"列表框中的"Routing Layers",即可弹出布线层选择对话框,如图 6-55 所示。

141

图 6-55　布线层选择对话框

在该对话框中单击"Properties"按钮，系统弹出"Routing Layers Rule"对话框，如图 6-56 所示。

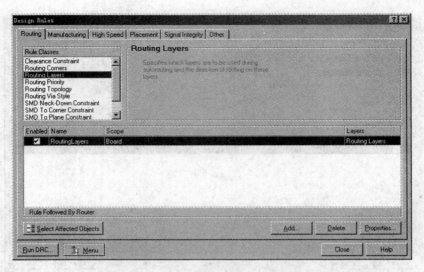

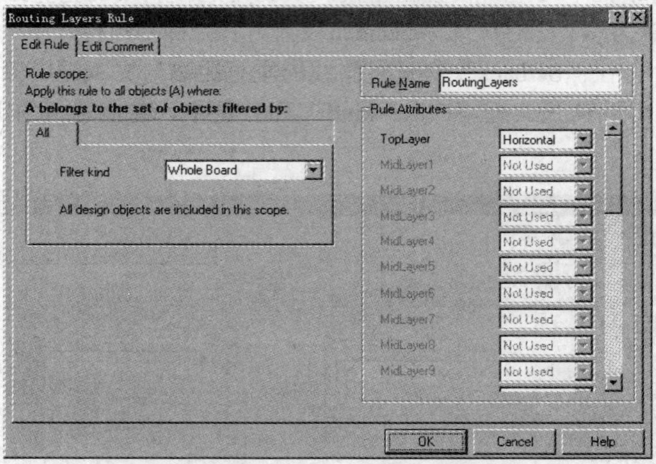

图 6-56　"Routing Layer Rule"对话框

默认状态下，仅允许在顶层（Top Layer）和底层（Bottom Layer）布线，而中间层 1～30 处于关闭状态（Not Used），它的开启需要在层堆栈管理器中添加信号层方可。

对于双面板来说，焊锡面上的走线方向最好与集成电路芯片放置方向一致，这样焊锡面上的连线不会穿越集成电路芯片引脚焊盘，上下两层信号线尽量垂直走线，因此双面板焊锡面上的走线方向与集成电路芯片排列方向相同，元器件面上的走线方向与集成电路芯片垂直。

单击工作层右侧下拉按钮，即可选择该层走线方向，其中：

Horizontal：水平方向。

Vertical：垂直方向。

Any：任意方向。

45 Up：向上 45°角方向。

45 Down：向下 45°角方向。

而当工作层走线方向设为"Not Used"时，表示不在该层走线。一般选择水平或垂直走线，这样上下两层信号耦合最小，有利于提高系统的抗干扰能力。

4．"Routing Priority"规则

"Routing Priority"规则的主要功能是设置布线优先级次序。系统提供了 100 个优先级设置级别，0 表示优先级最低，100 表示优先级最高。电路中有些网络需要导线尽可能短，这些网络优先级就应该设高一些，以免其他导线占据了最短导线的空间。因此可以把一些比较重要的网络设置高优先级，如时钟电路、一些关键信号线以及电源电路等。

单击"Rules Classes"列表框下的"Routing Priority"（布线优先级），即可实现对布线优先级的设置，如图 6-57 所示。

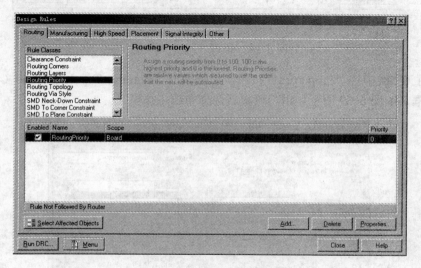

图 6-57　布线优先级设置

单击图 6-57 中的"Properties"按钮，系统弹出布线优先级设置对话框，用户可重新选择布线优先级。单击"Filter kind"下拉按钮，选择"Whole Board"。单击"Rule Attributes"列表框右侧的递增或者递减按钮选择所需的优先级，一般采用默认状态下的 0（最低）。

如需要添加特殊要求的优先级，可以单击图 6-57 中"Add"按钮，增加优先级的设置规则。

5．"Routing Topology"规则

"Routing Topology"规则的主要功能是定义 PCB 布线时的拓扑规则，也就是设置焊盘之间的连线方式。对于整个电路板，一般选择最短布线模式，而对于电源网络（VCC）、地线网络（GND）来说，应根据需要选择最短模式、星形模式或菊花链状模式。例如，对于要求单点接地的电路系统，则电源网络（VCC）、地线网络（GND）可采用星形（Starburst）布线模式。

单击"Rules Classes"列表框下的"Routing Topology"（布线拓扑模式），即可弹出图 6-58 所示的布线拓扑模式状态对话框。

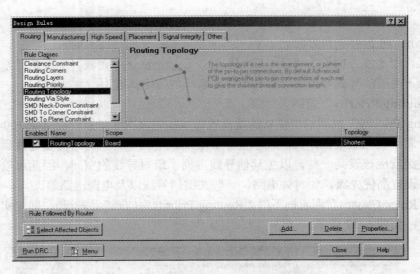

图 6-58 布线拓扑模式对话框

单击图 6-58 中的"Properties"按钮，系统弹出"Routing Topology Rule（布线拓扑模式）"对话框，如图 6-59 所示。用户可重新选择布线拓扑模式。

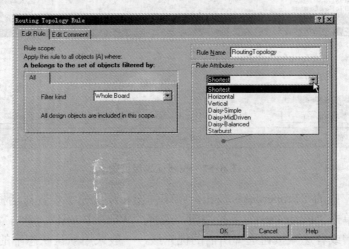

图 6-59 "Routing Topology Rule（布线拓扑模式）"对话框

"Rule Attributes"选项给出的几种拓扑结构如下所述。
- "Shortest"：保证整个布线的线长最短，一般情况下建议用户采用这种拓扑。
- "Horizontal"：保证布线过程以水平布线为主，并且水平布线长度最短。
- "Vertical"：保证布线过程以垂直布线为主，并且垂直布线长度最短。
- "Daisy-Simple"：将各个节点从头到尾进行连接，中间没有任何分支，并且使得布线总长度最短。
- "Daisy-MidDriven"：在网络节点中选择一个中间节点，然后以中间节点为中心分别向头节点和尾节点进行链状连接，并且使得布线总长度最短。
- "Daisy-Balanced"：它是 Daisy-MidDriven 拓扑的一种，但是要求中间节点两侧的链状连接基本平衡。
- "Starburst"：星形结构拓扑，在所有网络节点中选择一个中间节点，然后所有布线均从该节点引出连接其他节点。

6．"Routing Via Style"规则

"Routing Via Style"规则用来设置 PCB 中的过孔尺寸，如图 6-60 所示。

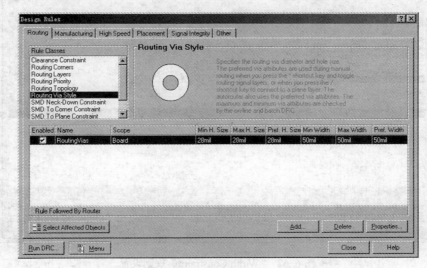

图 6-60 "Routing Via Style"规则设置

单击图 6-60 中的"Properties"按钮，系统弹出"Routing Via-Style Rule"对话框，如图 6-61 所示。在"Rule Attributes"区中有两项设置，"Via Diameter（过孔直径）"用于设置过孔的直径尺寸，"Via Hole Size（过孔孔径）"用于设置过孔孔径的尺寸。两者都可以设置最小值、最大值和优先值。

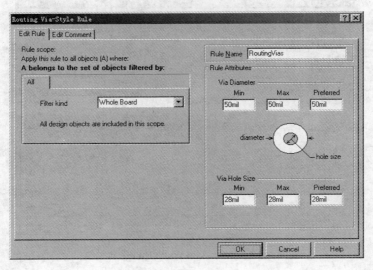

图 6-61 "Routing Via-Style Rule"对话框

7. "Width Constraint" 规则

"Width Constraint" 规则主要用于设置导线的最大、最小和优选宽度,如图 6-62 所示。

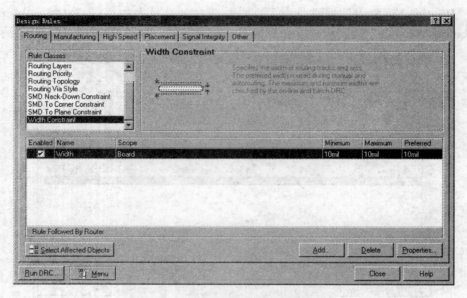

图 6-62 "Width Constraint" 规则设置

单击图 6-62 中的 "Properties" 按钮,系统弹出 "Max-Min Width Rule" 对话框,如图 6-63 所示。在 "Rule Attributes" 中主要用来设置对导线宽度的约束,"Minimum Width" 中设置导线宽度的最小允许值,"Maximum Width" 中设置导线宽度的最大允许值,"Preferred Width" 用来设置导线宽度的优选值。

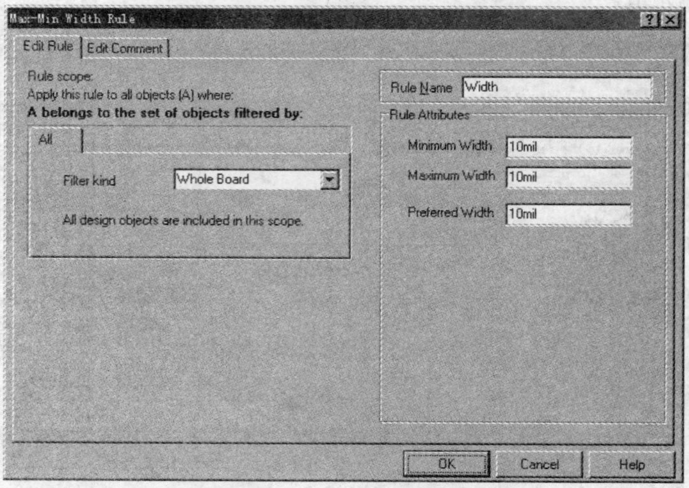

图 6-63 "Max-Min Width Rule" 对话框

可以在 "Width Constraint" 规则内设置不同的规则,例如对地线、电源线的宽度有时需要设置各自对应的规则。

对于±5V 电源电路项目,需要设置该规则项,由于电源电路需要设置线宽越宽越好,对于所有对象来说,需要设置布线宽度为 20mil,而地线布线宽度为 50mil,具体设置需要添加规则。

添加规则,双击"Rules Classes"列表框中的"Width Constraint"项,或者右击该项,在弹出的快捷菜单中选择"Add"命令;或者单击"Add"按钮,系统弹出布线规则设置对话框,添加网络名称为 GND,设置作用于 GND 网络,设置完成后单击"OK"按钮即可完成新规则的设置。完成添加规则后的布线对话框,如图 6-64 所示。

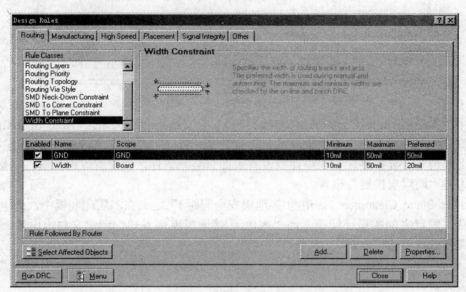

图 6-64 添加布线规则后的对话框

8."SMD To Corner Constraint"规则

如果 PCB 中含有表面封装元器件 SMD,可以通过该项设置表面封装元器件引脚焊盘与拐角之间的距离。

9."SMD Neck-Down Constraint"规则

"SMD Neck-Down Constraint"规则定义 SMD 的瓶颈限制,即 SMD 的焊盘宽度与引出导线宽度的百分比。

10."SMD To Plane Constraint"规则

"SMD To Plane Constraint"规则定义 SMD 到地电层的距离限制。

6.8.2 制造规则

选择"Design"→"Rules"命令,在弹出的对话框中,单击"Manufacturing(制造规则)"选项卡,即可对制造规则进行检查和设置。这些规则包括:布线夹角、焊盘铜环最小宽度、助焊层扩展、敷铜层与焊盘连接方式、内电源/接地层安全间距、内电源/接地层连接方式、阻焊层扩展等,如图 6-65 所示。

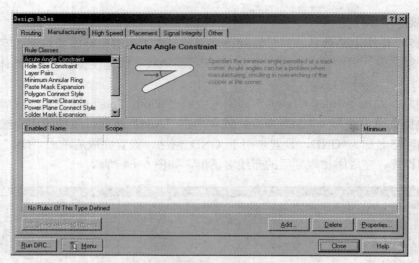

图 6-65 "Manufacturing（制造规则）"选项卡

其中"Acute Angle Constraint（布线夹角）"定义最小布线夹角，"Hole Size Constraint（焊盘铜环最小宽度）"定义焊盘铜环的最小值，而"Paste Mark Expansion（助焊层扩展）"则定义助焊层是否要扩展，如果电路板没有表面封装元器件，就没有焊锡膏层，当然也就没有必要关心"助焊层扩展"设置。

"Power Plane Clearance（内电源/接地层安全间距）"定义在多层印制板中，内电源/地线层与过孔、焊盘之间的最小间距，而"内电源/接地层连接方式"则定义与内电源/地线层相连的焊盘及过孔的连接方式。

"Power Plane Connect Style（内电源/接地层连接方式）"定义内电源/接地层与焊盘、过孔的连接类型。

"Polygon Connect Style（敷铜区与焊盘连接方式）"定义与敷铜区相连的焊盘形状。

6.8.3 其他规则

以上详细介绍了 PCB 设计时常用的一些规则设置，其他的规则一般可采用系统的默认设置，限于篇幅，本书不进行详细介绍，用户可以参照上面介绍的几个规则并查看 Protel 99 SE 的帮助来进行规则设置的学习。下面对其他几个规则进行简单的介绍。

- "High Speed"选项卡，是高速电路设计规则，内容包括并行线段长度、网络长度、网络等长导线、菊花链走线时支线的长度、SMD 焊盘是否允许有过孔以及最大过孔数目。
- "Signal Integrity"选项卡，是信号完整性分析规则，包括激励源设置、下降沿设置、上升沿设置等。
- "Placement"选项卡，对放置元器件的最小间距的定义、元器件的放置角度等。
- "Other"选项，设置是否允许短路连接等。

6.9 PCB 元器件布局

对元器件进行布局是 PCB 设计的一个重要环节，布局的好坏决定着布线的效果，它影响着 PCB 设计的成败。因此，可以说合理的布局是 PCB 设计成功的第一步。

元器件布局有自动布局和手工布局两种方式。自动布局是 Protel 99 SE 按照预先设计规则自动地进行元器件的布局；手工布局则是指用户手工在 PCB 上进行元器件的布局。用户可以根据自己的习惯和设计需要进行选择，一般情况下自动布局的效果不能令人满意，如果要完成元器件的合理布局，应当将自动布局和手工布局调整结合起来，因为手工布局可以完全按照设计者的意图来完成整个设计，使 PCB 设计达到实用和美观的统一。

6.9.1 元器件的自动布局

元器件的自动布局就是 PCB 编辑器根据预置算法自动将元器件放到规划好的电路板电气边界内。自动布局的使用如下。

1）选择"Tools（工具）"→"Auto Placement（自动放置元器件）"命令，放置菜单选项，如图 6-66 所示。

- "Auto Placer（自动布局）"：元器件的自动布局。
- "Stop Auto Placer（停止自动布局器）"：停止元器件自动布局。
- "Shove（推挤）"：推挤元器件。执行此命令后，选择进行推挤操作的元器件，如果该元器件与周围元器件的距离小于规则设置的距离，则以该元器件为中心，向四周推挤其他元器件；如果元器件间的距离大于规则规定的距离，则不执行推挤操作。
- "Set Shove Depth（设定推挤深度）"：设置推挤的深度。
- "Place From File（根据文件布局）"：从文件中放置元器件。

2）选择"Auto Placer（自动布局）"命令，弹出元器件自动布局对话框，如图 6-67 所示。

图 6-66 "Auto Placement"菜单

图 6-67 自动布局对话框

在该对话框中可以选择元器件自动布局的方式，其中内容介绍如下。

- "Cluster Placer（分组布局）"：分组布局方式，该方式适用于元器件较少的电路。它根据连接关系将元器件划分为组，然后放置元器件组。该方式还可以选择快速元器件布局。
- "Statistical Placer（统计式布局）"：统计布局方式，该方式适用于元器件较多的电路。它采用使元器件之间连线长度最短的算法放置元器件。

在该对话框中可以设置元器件自动布局参数，其中内容介绍如下。

- "Group Component（分组元器件）"复选框：选中该复选框，则将当前 PCB 设计中网络连接关系密切的元器件归为一组，排列时将整体考虑该组元器件。默认选中此项。
- "Rotate Component（旋转元器件）"复选框：选中该复选框，则布局时将根据网络连接的需要使元器件旋转方向。默认选中此项。
- "Power Nets（电源网络）"：电源网络的名称。一般设为"VCC"。
- "Ground Nets（接地网络）"：接地网络的名称。一般设为"GND"。

对于同一个电路，系统每次自动布局的结果都是不同的，用户可以根据需要选择自己满意的布局结果。

如图 6-68 所示即为自动布局完成后的效果。

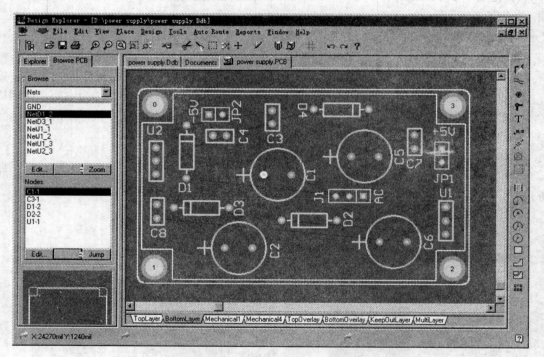

图 6-68　自动布局结果

通过上面自动布局的效果可以看出，系统给出的元器件布局并不完全符合设计的要求，因此还要对元器件布局进行手工调整，同时考虑到机械结构、电气性能和元器件散热等方面的要求，必须对元器件布局进行手工调整。手工调整主要是对元器件进行移动、旋转等操作，用户可以参考后面章节进行操作，此处就不再赘述。

6.9.2　元器件的手工布局

如果用户在元器件自动布局和手工调整后，仍然对元器件布局不满意，那么就应当考虑手工布局。

在手工布局时，要按照优先放置核心芯片和有定位要求的元器件，按照先大后小的原则，根据信号的流向安排各个功能单元电路的位置，使布局便于信号流通。在布局时，模拟元器件和数字元器件一定要分开，尽量远离，使数字信号和模拟信号的引脚朝向各自布线区域。

对元器件进行手工布局时，应当从以下几个方面进行考虑。

1）机械结构：这是在 PCB 布局时首先考虑的问题，很多时候需要与机械设计部门沟通，接插件、显示元器件等要严格按照设计要求进行，应该从三维角度考虑元器件的安放位置。

2）电气性能：这是人们最关心的一个问题。布局时必须保证实现某种功能的元器件摆放在一起。模拟元器件与数字元器件分区布局。

3）电磁干扰：随着电路设计频率的提高越来越引起人们的重视。滤波磁环、旁路电容等必须靠近相应引脚，另外一些关键电路要考虑屏蔽问题。

4）散热：这也是一个重要的问题。PCB 上如果有发热量较大的元器件必须充分考虑散热的问题，发热元器件必须与热敏元器件分开放置。

通过手工布局完成后的效果如图 6-69 所示。

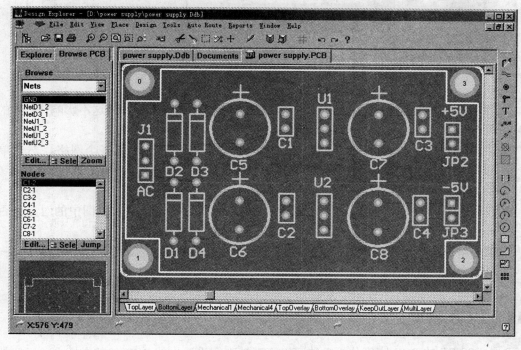

图 6-69　手动布局完成效果

6.10　PCB 3D 效果图

在进行布局或者布线过程中，可以通过查看 PCB 的 3D 效果图直观地检查 PCB 布局和布线的合理性以及 PCB 的美观性。

选择"View（查看）"→"Board in 3D（显示三维 PCB）"命令，生成 3D 效果图，如图 6-70 所示。

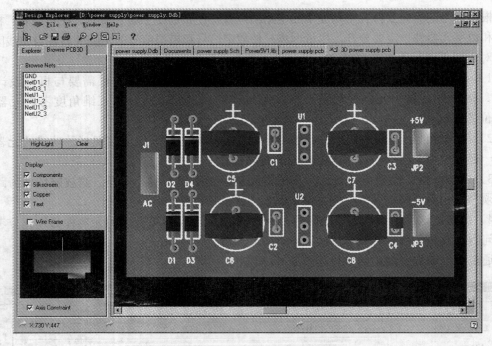

图 6-70 PCB 三维效果图

从效果图中可以看出,不是所有的元器件都有匹配的 3D 模型,但这不影响 PCB 的设计。在图 6-70 中 PCB 3D 面板内有如下区域。

- "Browse Nets(浏览网络)":在此列表中可以选择一个或多个网络,然后单击"HighLight(高亮)"按钮,可在效果图上加亮显示选择的网络对象,"Clear(清除)"按钮,可取消对象的加亮显示。
- "Display(显示)":通过显示区域中的相应复选框来选择效果图中的对象是否显示,对象有元器件、丝印层、铜、文本和电路板。

微型观察窗口:可以通过鼠标控制效果图的方向和位置,也可通过〈Ctrl+↑、↓、←、→〉组合键来调整效果图。

6.11 PCB 密度分析

Protel 99 SE 的 PCB 密度分析功能可以直观地观察设计出的 PCB 的整个板上的元器件分布情况,即元器件的疏密程度。选择"Tools(工具)"→"Density Map(密度分布图)"命令,将在 PCB 上显示密度分析图,在该图中,元器件分布越密集的地方,颜色也越深,绿色表示元器件分布密度正常,黄色表示密度稍大,红色的区域表示元器件密度高。元器件布局稀疏,会浪费 PCB 空间及材料;元器件布局过密会给布线带来麻烦,降低布线的布通率。利用密度分析来调整元器件的分布,有利于充分利用 PCB 空间及提高布通率。

选择"Density Map"命令后,如图 6-71 所示。这里可以看到该 PCB 的密度分析图。对窗口操作即可返回。

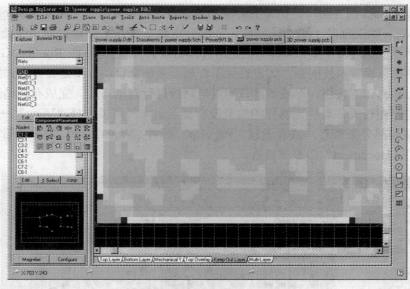

图 6-71　PCB 的密度分布图

6.12　PCB 的布线

在 PCB 设计规则和元器件布局完成后，接下来就是 PCB 的布线，布线是 PCB 设计关键的一步。布线分为自动布线和手工布线两种方式。自动布线是指在完成设定布线规则后，Protel 99 SE 布线器按照设定的布线参数和布线规则，并按照设定的拓扑算法自动地进行布线。手工布线则是指手工在 PCB 上进行布线。用户可以根据自己的习惯和设计需要进行选择。随着设计软件布线算法的提高，自动布线越来越具有实用性。一般情况下首先对比较重要的网络进行手工布线，然后再进行自动布线，布线结束后对没有布通的或者不满意的地方再进行手工布线。

如果 PCB 密度不高，采用自动布线一般都能完全布通，且修改的工作量也不是很大；如果布线密度较大，直接采用自动布线的效果较差，用户可以在密度较高的区域手工布线，然后再进行自动布线，从而提高布线的通过率。

6.12.1　自动布线

在进行自动布线之前，非常关键的工作就是设置布线规则。如果布线参数设置不当，会导致自动布线失败。这些布线参数已经在布线规则中进行了详细讲述。

在当前的 PCB 中，选择"Auto Route（自动布线）"→"All（全部对象）"命令，即可打开如图 6-72 所示的"Autorouter Setup"对话框。通常情况下采用对话框中的默认设置，可以实现 PCB 的自动布线，当然如果需要设置某些项时，可以通过该对话框的各项完成设置。

用户可以分别设置 Router Passes 的各选项和

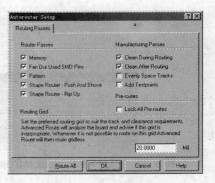

图 6-72　"Autorouter Setup"对话框

Manufacturing Passes 的各选项。如果需要添加测试点，则可以选中"Add Testpoins（添加测试点）"复选框，如果已经手工布线完成了一部分电路导线，不想让自动布线处理该部分布线，可以选中"Lock All Pre-Routes（锁定所有预布线）"复选框。在 Routing Grid（布线间距）编辑框中可以设置布线间距，如果设置不合理，系统会自动分析是否合理并发出通知。

单击"Route All"按钮，布线器就开始对电路板进行自动布线。完成布线结果如图 6-73 所示，如果电路图较大，有些元器件的细节没有显示出来，可以选择"View"→"Area"命令局部放大某些部分来查看，或者通过〈PageUp〉或者〈PageDown〉键来查看。本例选择"View"→"Fit Document"命令来查看。

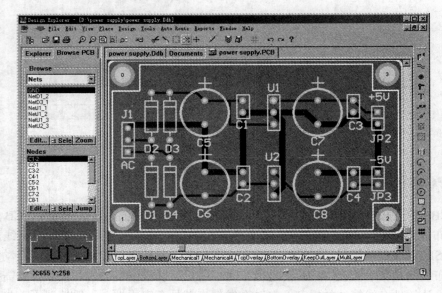

图 6-73 自动布线后的效果

布线完成后，系统弹出"Design Explorer Information"对话框，如图 6-74 所示，用户可以了解布线的完成情况。自动布线速度快、效率高，越是复杂的电路才更能显示出优越的性能。如果用户对自动布线结果不满意，可以手工进行调整。

Protel 99 SE 除了全局自动布线外，还提供了多样化的局部自动布线功能，可以对指定网络、网络类、飞线等进行自动布线。如图 6-75 所示为"Auto Route（自动布线）"菜单。

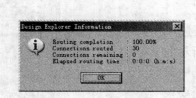

图 6-74 "Design Explorer Information"对话框

图 6-75 "Auto Route（自动布线）"菜单

当然，在自动布线的过程中也可让布线停止下来，可选择"Auto Route（自动布线）"→"Stop（停止）"命令，也可选择"Pause（暂停）"命令使布线器暂停。

6.12.2 手工布线

尽管各种 EDA 软件都提供了自动布线功能，但是很多用户仍然使用纯手工布线，因为自动布线得不到他们满意的方案，或是调整的线太多还不如完全手工布线。

Protel 99 SE 提供了许多实用的手工布线工具，使得手工布线的工作非常容易。可选择"Place（放置）"→"Interactive Routing（交互式布线）"命令来放置导线。需要注意的是，手工放置导线的时候要检查布线的层是否为需要的层，通过层标签或者导线的颜色判断即可。

手工布线的原则如下。

1）手工布线的优先次序：一是关键信号优先原则，例如模拟小信号、高速信号、时钟信号等关键信号优先布线；二是密度优先原则，可从最复杂的元器件着手布线。

2）采取优先布线、屏蔽和加大安全间距等方法为时钟、高频等关键信号保证其质量。

3）让布线长度尽量短，以减少由于导线过长带来的干扰问题，特别是一些重要信号线，如时钟信号线。

4）PCB 布线时应避免产生锐角和直角。

还可选择"Tools（工具）"→"Un-Route（取消布线）"项里的各命令，对已完成的布线进行各种删除操作。

- All：取消所有已完成的布线。
- Net：取消某一网络的布线。
- Connection：取消某一条连接导线。
- Component：取消某元器件相连的导线。

6.13 PCB 的后期处理

在完成 PCB 布线后，还需要对 PCB 进行一系列后期处理，包括补泪滴、敷铜、调整标注信息、添加版本号等内容。

6.13.1 补泪滴

为了增强 PCB 的可靠性，需要对 PCB 进行补泪滴操作。一般情况下，对于单面板需要补泪滴，也有些为了增强贴片元器件的牢固性，多层板也建议进行补泪滴处理。

在当前 PCB 中，选择"Tools（工具）"→"Teardrops（泪滴焊盘）"命令，系统将弹出"Teardrop Options（泪滴选项）"对话框，如图 6-76 所示。系统默认对 All Pads（所有焊盘）和 All Vias（过孔）追加圆弧状泪滴，如果有其他要求，可以对泪滴的属性进行重新设置，设置完成后单击"OK"按钮执行该命令。

图 6-76 "Teardrop Options（泪滴选项）"对话框

现在看一下局部效果对照图，图 6-77a 是未补泪滴的 PCB（导线与焊盘直接相连），图 6-77b 是补过泪滴的 PCB（导线与焊盘连接处有圆弧形的过渡）。从图示效果可以看出，补泪滴可以增强 PCB 的牢固性，由于该 PCB 的布线宽度较大，线到焊盘的过渡不是太过明显，需要仔细观察。

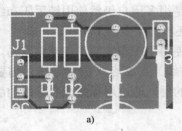 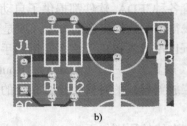

a)　　　　　　　　　　　　　　　　　　　b)

图 6-77　补泪滴前后的变化效果

a) 未补泪滴的效果　b) 补泪滴后的效果

如果想要移除泪滴，可以选择"Tools（工具）"→"Teardrops（泪滴焊盘）"命令，系统将弹出"Teardrops Options（泪滴选项）"对话框，如图 6-78 所示。在该对话框中选择"Remove"单选按钮后，单击"OK"按钮，即可移除已添加的泪滴。

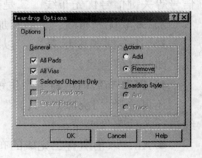

6.13.2　敷铜

通过在各布线层进行敷铜操作，可以有效提高 PCB 的抗干扰性，有时也可用于散热。根据覆铜的作用，可以将覆铜连接到不同的网络或者某个元器件。放置覆铜的方法是：选择"Place（放置）"→"Polygon Plane（多边形覆铜）"命令，即可弹出"Polygon Plane（多边形覆铜）"对话框，如图 6-79 所示。

图 6-78　移除泪滴操作选项

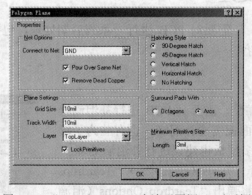

图 6-79　"Polygon Plane（多边形覆铜）"对话框

在该对话框中可以设置覆铜与哪一网络连接。通常情况下覆铜时，顶层和底层的覆铜均与网络"GND"连接，这样可以提高 PCB 的抗干扰能力。可以选中"Pour Over Same Net（覆盖相同的网络）"复选框，同样可以选中"Remove Dead Copper（删除死铜）"复选框。Layer

下拉列表中选择 Top Layer（对顶层进行覆铜操作），设置完成后，单击"OK"按钮，光标变成十字形状。移动光标到合适的位置，单击确定起点，依次移动光标到合适的位置单击确定各个中间点，在需要放置敷铜的地方绘制出一个封闭的多边形，然后右击完成敷铜操作。敷铜后的 PCB 如图 6-80 所示。以同样的方式完成对底层（Bottom Layer）的覆铜操作。

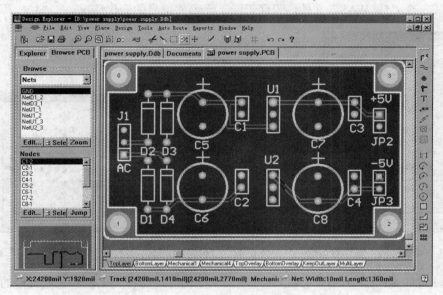

图 6-80　覆铜后的 PCB 效果

如果对敷铜的结果不满意可以重新设定规则。如果对敷铜外形不满意，选择"Edit"→"Delete"命令后，将光标移动到敷铜上，单击后删除敷铜层，然后重复上述步骤，重新敷铜，如果敷铜采用 GND，则可以不对 GND 网络进行布线，而是使用敷铜来实现 GND 网络的连接。可以在需要大电流的地方放置敷铜，当然也可以选择"Place（放置）"→"Fill（矩形填充）"命令来实现该功能。

6.13.3　调整元器件标注

PCB 经过布局布线后，元器件的位号会变得很杂乱，需要对其进行调整，使得 PCB 更加美观。可以通过手工调整和自动调整两种方法。

1. 手工调整

为了使 PCB 图清晰易懂，手工调整元器件标注时应当按照以下原则。

1）元器件标注不要放置在焊盘上和插件孔的焊环上。

2）元器件标注不能放置在元器件的下面，元器件的区域线也应能够分辨清楚。

3）元器件位号排列应当按照从左到右、由上到下的方法进行，元器件位号应当与元器件方向平行，丝印符号不能太小，应当标明元器件的极性等信息。

手工调整元器件标注及序号操作如下。

将光标移动到需要调整的元器件标注上，双击该标注或者右击并在弹出的快捷菜单中选择"Properties（属性）"命令，可打开"Designer"对话框，如图 6-81 所示。这里可以根据需要修改元器件序号，或者修改序号的字体、大小、位置等。

2. 自动调整

选择"Tools（工具）"→"Re-Annotate（重新注释）"命令，系统将打开"Positional Re-Annotate（位置的重注释）"对话框，如图 6-82 所示，重注释的编号方式有 5 种，可以设置其中一种方式，设置完成后单击"OK"按钮，系统开始对 PCB 上元器件进行编号，同时，系统也生成一个"*.WAS"文件，里面记录了元器件位号的变化情况。

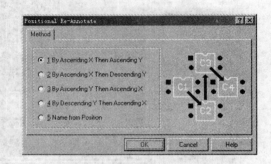

图 6-81 "Designer"属性对话框　　图 6-82 "Positional Re-Annotate（位置的重注释）"对话框

需要注意的是：当 PCB 的元器件标注发生变化时，这种变化需要通过反标的方式更新到原理图中。更新原理图的步骤如下。

1）选择"Design（设计）"→"Update Schematics"命令，系统打开如图 6-83 所示的"Update Design（更新设计）"对话框。在该对话框中，用户可以在 Connectivity 选项组中选择原理图元器件的网络连接方式。Components 选项组用来设置是否 Update Component Footprint（更新元器件的封装）或者 Delete Component（删除元器件）。Rules 选项组用来设置是否根据原理图生成 PCB 规则。

图 6-83 "Update Design（更新设计）"对话框

2）在该对话框中，单击"Preview changes"按钮，如图 6-84 所示。再单击"Execute（执行）"按钮，变化的信息更新到原理图，这时原理图中的元器件标注将依照 PCB 的标注进行改变。

另外，在原理图编辑环境下，同样可以实现元器件注释信息的更新，如前面所述，PCB编辑器中重新注释元器件时生成了"*.WAS"文件。此时可以选择"Tools"→"Back Annotate"命令，系统弹出如图 6-85 所示的文件选择对话框，在该对话框中选择"power supply.WAS"文件。

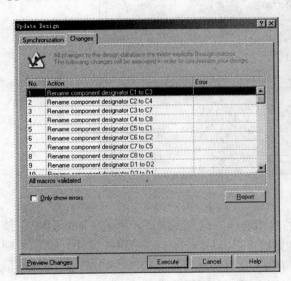
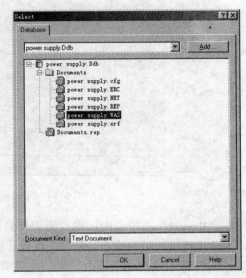

图 6-84　注释信息的改变　　　　　　　　图 6-85　文件选择对话框

最后单击"OK"按钮，即可实现对原理图的元器件注释进行更新。完成更新后系统弹出如图 6-86 所示的"Back Annotate"报告文件。在该报告中可以看出元器件注释的变化情况。

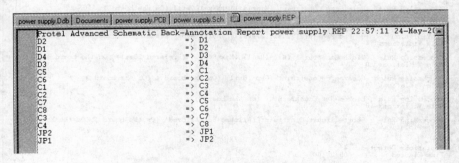

图 6-86　"Back Annotate"报告文件

6.14　设计规则检查

对布线完毕后的 PCB 进行设计规则检查，可以确保 PCB 完全符合设计者的要求。Protel

99 SE 的设计规则检查功能可以检查各种设定项。

选择“Tools（工具）”→“DRC（设计规则检查）”命令，系统打开“Design Rule Check”对话框，如图 6-87 所示。

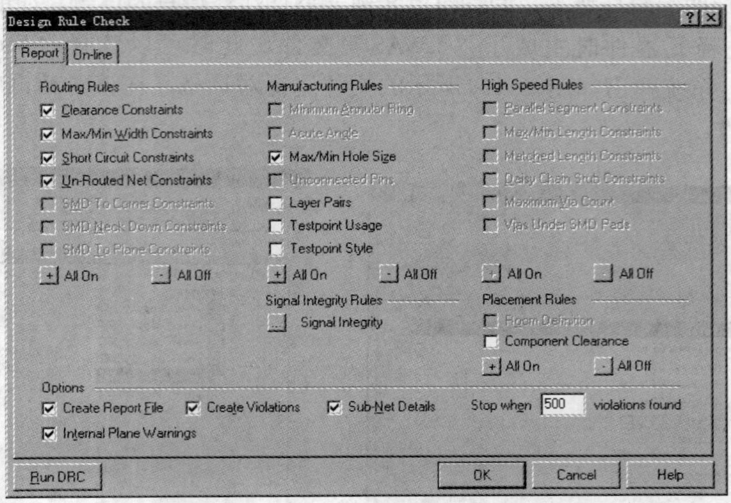

图 6-87 “Design Rule Check”对话框

在“Report”选项卡中，设定需要检查的规则选项，设置完成后，单击“Run DRC”按钮，系统进行设计规则检查，系统生成设计规则检查报告 power supply.DRC 文件，如图 6-88 所示，文件详细地描述了检查结果。在生成 DRC 文件中有日期、时间等信息，还有违规信息及各检查项。在该次设计规则检查报告中，列出了 4 个违规项。

```
Protel Design System Design Rule Check
PCB File  : Documents\power supply.PCB
Date      : 24-May-2014
Time      : 23:08:07

Processing Rule : Width Constraint (Min=10mil) (Max=50mil) (Prefered=50mil) (Is on net GND )
Rule Violations :0

Processing Rule : Hole Size Constraint (Min=1mil) (Max=100mil) (On the board )
    Violation        Pad Free-3(24080mil,2700mil)  MultiLayer  Actual Hole Size = 137.795mil
    Violation        Pad Free-2(24080mil,1480mil)  MultiLayer  Actual Hole Size = 137.795mil
    Violation        Pad Free-1(21920mil,1480mil)  MultiLayer  Actual Hole Size = 137.795mil
    Violation        Pad Free-0(21920mil,2700mil)  MultiLayer  Actual Hole Size = 137.795mil
Rule Violations :4

Processing Rule : Width Constraint (Min=10mil) (Max=50mil) (Prefered=20mil) (On the board )
Rule Violations :0

Processing Rule : Clearance Constraint (Gap=10mil) (On the board ),(On the board )
Rule Violations :0

Processing Rule : Broken-Net Constraint ( (On the board ) )
Rule Violations :0

Processing Rule : Short-Circuit Constraint (Allowed=Not Allowed) (On the board ),(On the board )
Rule Violations :0


Violations Detected : 4
Time Elapsed        : 00:00:00
```

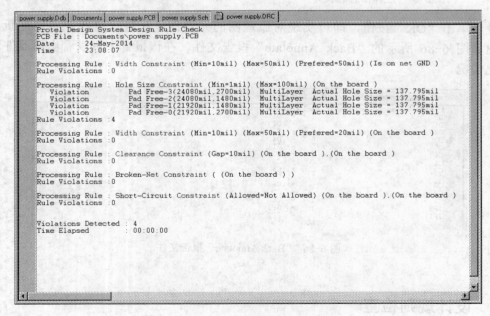

图 6-88　设计规则检查报告

在 PCB 文件中,有违反设计规则的地方以绿色显示,如果不需要显示,则可以选择"Tools"→"Reset Error Maskers(重置错误标记)"命令,但是该操作没有改变错误项,使用时一定要注意。

从图 6-89 中可以看到,这 4 个违规项都是因为安装孔的尺寸超过了过孔尺寸规则最大值,所以需要将"Rules"中"Manufacturing"选项卡的"Hole Size Constraint"的最大孔径设置为 150mil(大于最大的孔径即可),焊盘孔径的设置如图 6-90 所示。

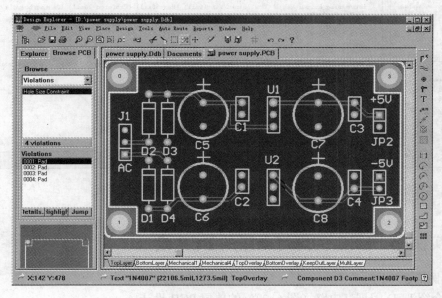

图 6-89 显示 PCB 中违规项

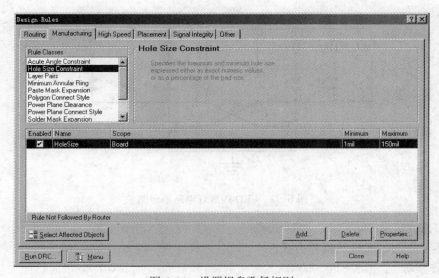

图 6-90 设置焊盘孔径规则

设置完成后,再次运行设计规则检查,可以看到生成的 DRC 文件中显示的违规数量都是 0,如图 6-91 所示。

161

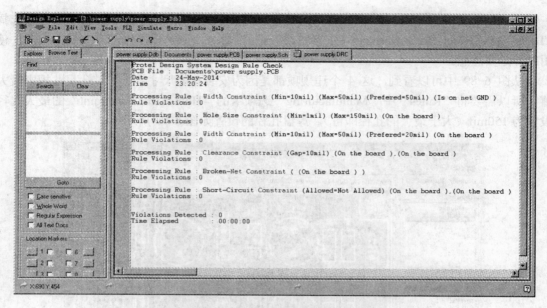

图 6-91 设计规则检查最后结果

6.15 实例——LED 闪烁灯电路的 PCB 设计

1. 实例描述

本例介绍 LED 闪烁灯电路（图 6-92）的单层 PCB 设计。

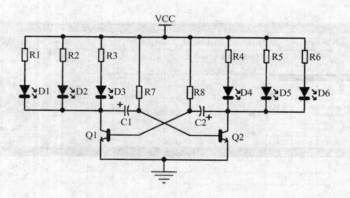

图 6-92 LED 闪烁灯电路原理图

2. 知识重点

采用手工布局、布线等操作方式。

3. 操作步骤

1）完成 LED 闪烁灯电路原理图的绘制。

2）为原理图中的每个元器件添加元器件封装。

3）从原理图更新到 PCB，选择 "Design" → "Update PCB" 命令，系统弹出 "Update

Design"对话框,在该对话框中单击"Preview Changes"按钮,显示"Changes"选项卡,如图 6-93 所示。

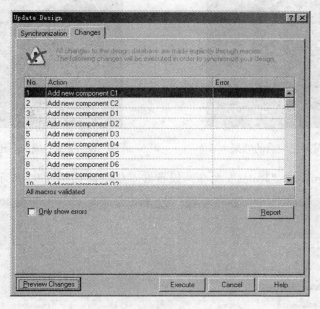

图 6-93 "Changes"选项卡

4)单击"Execute"按钮,完成更新后的 PCB,如图 6-94 所示。

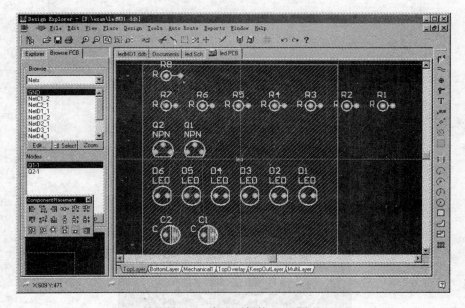

图 6-94 完成更新的 PCB 图

5)采用手工方式进行元器件布局,布局完成的效果,如图 6-95 所示。

6)在"Keep-Out Layer"(禁止布线层)绘制电气边界,选择"Place"→"Arc (Center)"命令,执行绘制圆弧命令,绘制完成后如图 6-96 所示。

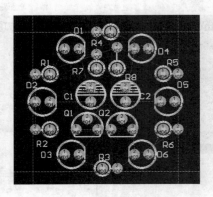
图 6-95 布局完成后的效果

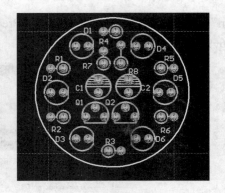
图 6-96 绘制完成圆形电气边界的效果

7）选择"Design"→"Rules"命令，设置线宽规则，如图 6-97 所示。

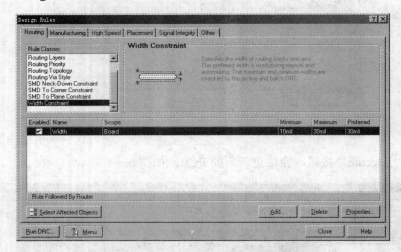
图 6-97 "Design Rules"对话框

8）采用手工布线，完成布线后的 PCB 图，如图 6-98 所示。

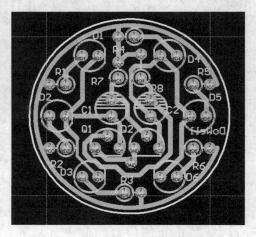
图 6-98 完成布线后的 PCB 图

6.16 思考与练习

1. 熟悉 PCB 编辑器的工作界面里的各功能模块的主要功能，掌握工作面板的操作。
2. 如何创建 PCB 文件？
3. 简述 PCB 设计的主要步骤。
4. 如何规定 PCB 的物理边界和电气边界？
5. 如何为 PCB 预先设置线宽规则？
6. 设计规则检查的作用是什么？
7. 设计完成图 6-99 所示电路原理图的 PCB 图。

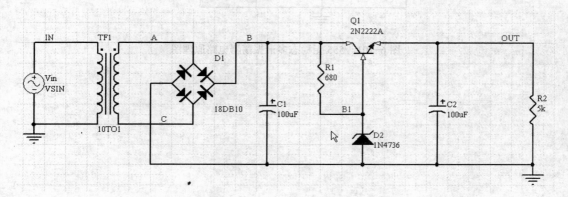

图 6-99　直流稳压电源电路原理图

8. 设计图 6-100 所示正负输出的直流稳压电源电路原理图的 PCB 图。

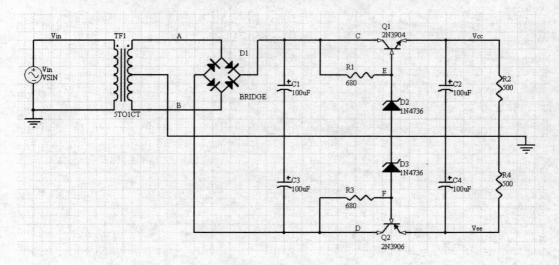

图 6-100　正负输出的直流稳压电源电路原理图

9. 设计图 6-101 所示 555 无稳态多谐振荡器电路原理图的 PCB 图。

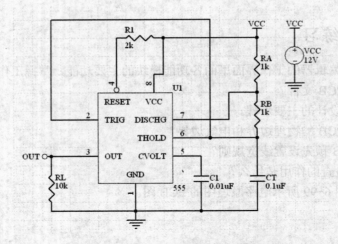

图 6-101　555 无稳态多谐振荡器电路原理图

第 7 章 PCB 设计

在前面章节中已经系统介绍了 PCB 设计的流程，本章重点讲述 PCB 设计的参数设置，编辑器的编辑功能，PCB 的放置工具，验证 PCB 连线的正确性，单面 PCB 的设计及 PCB 的打印输出等。

7.1 PCB 编辑器的参数设置

对 Protel 99 SE 的 PCB 编辑器的参数设置是进行 PCB 设计的重要一步，通过系统参数的设置，可以使 PCB 编辑器更加符合用户的习惯，提高设计效率。

选择"Tools（工具）"→"Preference（优先设定）"命令，弹出"Preferences"对话框，如图 7-1 所示。在该对话框中可以对一些与 PCB 编辑器相关的系统参数进行设置，设置后的系统参数将用于整个工程的设计环境，它不会随着 PCB 文件的改变而发生改变。

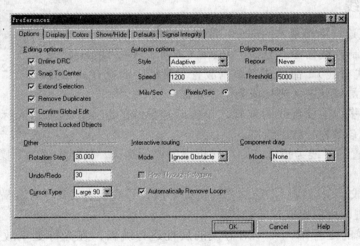

图 7-1 "Preferences" 对话框

"Preferences"对话框中包含 Options、Display、Colors、Show/Hide、Defaults 和 Signal Integrity 参数设置选项卡，其含义介绍如下。

- "Options"选项卡包括 Editing Options（编辑选项）、Autopan Options（屏幕自动移动选项）、Interactive Routing（交互式布线）、Polygon repour（敷铜区重灌铜）以及其他项。
- "Display"选项卡主要用来设置屏幕显示和元器件显示模式。该选项卡包括显示选项、PCB 显示设置、显示模式等项。
- "Colors"选项卡主要设置层的颜色。

- "Show/Hide" 选项卡中的每一个对象都有 3 种不同的显示方式：Final（最终）（该类对象以实心的方式显示）、Draft（草案）（该类对象只显示轮廓）和 Hidden（隐藏）（该类对象在当前工作窗口中不显示）。
- "Defaults" 选项卡中可以对 PCB 编辑器中各种组件的系统默认属性进行设置，包括 Arc（圆弧）、Component（元器件封装）、Coordinate（坐标）、Dimension（尺寸）、Fill（填充）、Polygon（敷铜）、Pad（焊盘）、String（字符串）、Track（导线）、Via（过孔）等。一般情况下，用户不需改变该选项卡的内容。
- "Signal Integrity" 选项卡可以设置元器件标号和元器件类型之间的对应关系，为信号完整性分析提供信息。

7.2 PCB 的放置工具

本节将详细介绍 PCB 编辑器中各种放置工具的使用。PCB 编辑器提供了 Placement Tools（放置）工具栏和 Component Placement 工具栏，工具栏中的每一项对应菜单 "Place（放置）" 下的各命令，如图 7-2 所示。

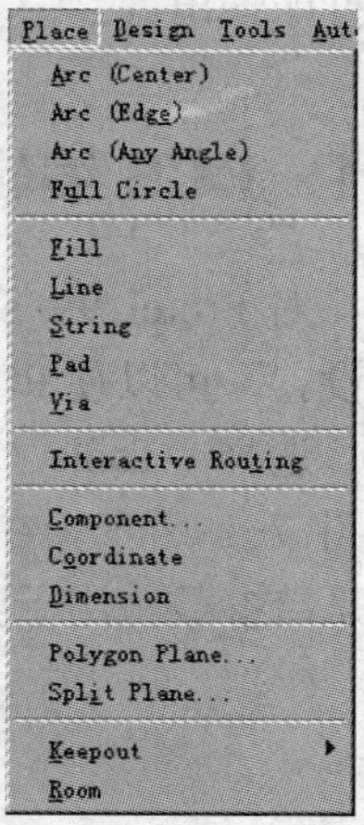

7.2.1 放置导线

导线是电气连接中最基本的部分，放置导线的操作如下。

1) 执行绘制导线命令。选择 "Place（放置）"→"Interactive Routing（交互式布线）" 命令或者单击放置工具栏中的交互式布线按钮，进入放置导线状态，光标成为十字光标。

图 7-2 "Place（放置）" 菜单

2) 将光标移到需要连线的位置，单击确定导线的起点，然后将光标移动到终点处单击，再右击完成该条直导线的绘制。

3) 如果放置的导线为折线，则在转折点处单击确认，其他步骤同上操作，即可完成导线的绘制。

4) 放置完成一条导线后，这时光标仍处于放置导线状态，可继续放置其他导线。右击或者按〈Esc〉键即可退出放置导线状态。

在放置导线的过程中，可以对导线的属性进行编辑，在光标处于放置导线状态时按〈Tab〉键即可打开 "Interactive Routing（交互式布线）" 对话框，如图 7-3 所示。在该对话框中可以设置导线的宽度，设置与导线相连的过孔直径及过孔孔径，设置导线所需放置的工作层，还可以通过菜单命令设置导线与过孔的规则。

在放置好导线后，也可以对导线进行编辑，双击导线或者选中导线后右击，在弹出的快捷菜单中选择 "Properties（属性）" 命令，系统弹出 "Track" 对话框，如图 7-4 所示。在该对话框中，可以设置导线的开始与结束坐标及宽度、放置的工作层、连接的网络等属性。

若调整导线或者改变某个拐点的位置，可以直接在导线上单击，这时导线的各拐点处会出现小方块，将光标移到方块上再次单击时，此时导线处于编辑状态，可以移动小方块到合适位置，然后单击即可完成编辑。

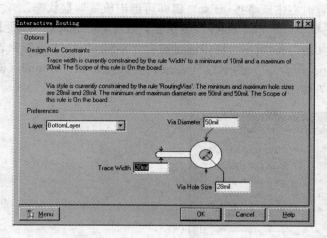
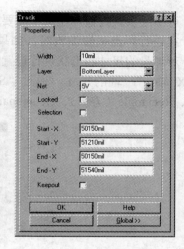

图 7-3 "Interactive Routing（交互式布线）"对话框　　　图 7-4 导线属性对话框

7.2.2 放置焊盘

放置焊盘的操作如下。

1）选择"Place（放置）"→"Pad（焊盘）"命令或者单击放置工具栏中的焊盘按钮，此时光标为十字光标，并带有一个焊盘。

2）在放置焊盘过程中，可以对焊盘的属性进行编辑。按〈Tab〉键可以打开焊盘的属性对话框，也可以在放置完毕后双击焊盘打开该对话框。该对话框可以对焊盘形状、孔径大小、工作层面进行设置，在"Advanced"选项卡中还可对连接网络等参数进行设置，如图 7-5 所示。

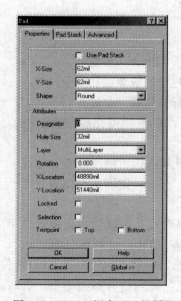

图 7-5 "Pad（焊盘）"对话框

3）移动光标到合适的位置，单击即可完成焊盘的放置，此时光标仍处于放置焊盘状态，可继续放置其他焊盘。不需要放置时右击或者按〈Esc〉键即可退出放置焊盘状态。

在进行焊盘属性编辑时，如果选择"Use Pad Stack"复选框，在"Pad Stack"选项卡中，对焊盘的尺寸和形状进行设置，如图 7-6 所示。可以通过设置"X-Size""Y-Size"来设置 X 轴、Y 轴的尺寸，通过"Shape（形状）"的下拉列表来设置焊盘形状：Round（圆形）、Rectangle（方形）、Octagonal（八角形）。

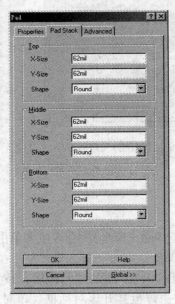

图 7-6 "Pad Stack"选项卡

7.2.3 放置过孔

放置过孔的操作如下。

1）执行放置过孔命令。选择"Place（放置）"→"Via（过孔）"命令或者单击放置工具栏中的放置过孔按钮，进入放置过孔状态，光标出现十字光标并附着一个过孔。

2）移动光标到合适的位置，单击即可完成放置过孔命令。

3）此时光标仍处于放置过孔状态，可继续放置其他过孔。不需要放置时，右击或者按〈Esc〉键即可退出放置过孔状态。

在放置过孔的过程中，可以对过孔的属性进行编辑。在光标处于放置过孔状态时，按〈Tab〉键即可打开"过孔"的属性设置对话框，如图 7-7 所示。也可以在完成放置过孔后，双击需要编辑的过孔，即可打开该对话框。在该对话框可以对孔径大小、工作层面、网络标号等参数进行设置。

图 7-7 "Via（过孔）"对话框

7.2.4 放置字符串

为了增强 PCB 的可读性，常常需要添加一些说明性的文字标注。这些添加的字符串不具有任何电气特性，只是起到提示说明作用，一般情况下放在丝印层。放置字符串的具体步骤如下。

1) 执行放置字符串命令。选择"Place（放置）"→"String（字符串）"命令或者单击放置工具栏中的放置字符串按钮，进入放置字符串命令状态，光标变为十字光标并附着一个字符串。

2) 移动光标到合适的位置，同时也可以通过按〈Space〉键来调整字符串的放置方向，单击即可完成字符串的放置。

3) 此时光标仍处于放置字符串状态，可继续放置其他字符串。不需要放置时，右击或者按〈Esc〉键即可退出放置字符串命令状态。

在放置字符串的过程中，可以对字符串的属性进行编辑。在光标处于放置字符串状态时按〈Tab〉键即可打开"String（字符串）"对话框，如图 7-8 所示。也可在放置完成后，双击该字符串打开该对话框。通过该对话框可以对字符串文字内容、字体大小、文字字体、旋转角度、位置坐标、放置于工作层等参数进行设置。

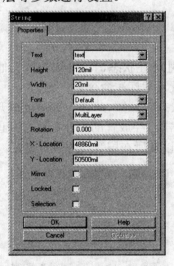

图 7-8 "String（字符串）"对话框

7.2.5 放置坐标

在 PCB 设计中，常常会在一些位置上放置坐标作为参考。这些坐标同字符串一样没有任何电气特性，只是起提示作用，一般放在丝印层。放置坐标的具体步骤如下。

1) 执行放置坐标命令。选择"Place（放置）"→"坐标"命令或者单击放置工具栏中的放置坐标按钮，进入放置坐标命令状态。

2) 移动光标坐标值会相应改变，移动光标到需要放置的位置，单击即可完成坐标的放置。

3) 此时光标仍处于放置坐标状态，可继续放置其他坐标。不需要放置时右击或者按

〈Esc〉键即可退出放置坐标状态。

在放置坐标的过程中，可以对坐标的属性进行编辑，在光标处于放置坐标状态时按〈Tab〉键即可打开"Coordinate（坐标）"对话框，如图 7-9 所示，也可以双击已放置的坐标打开该对话框。通过该对话框可以对坐标标识符的 Size（大小）、Line（线宽）、坐标值大小、文字字体以及其所在层等参数进行设置。

7.2.6 放置尺寸标注

在 PCB 设计中，为了方便制板，需要标注某些对象的尺寸大小。尺寸标注不具有任何电气特性，用于注释作用，一般情况放在机械层。放置尺寸标注的具体步骤如下：

1）执行放置尺寸标注命令。选择"Place（放置）"→"Dimension（尺寸标注）"命令或者单击放置工具栏中的放置标准尺寸按钮，进入放置直线尺寸标注命令状态，光标变为十字光标并附着标注。

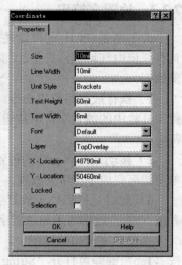

图 7-9 "Coordinate（坐标）"对话框

2）移动光标到合适的位置，单击确定尺寸标注的起点，然后继续移动光标到合适位置后单击完成该尺寸标注的放置。

3）此时光标仍处于放置尺寸标注状态，可继续放置其他尺寸标注。不需要放置时，右击或者按〈Esc〉键即可退出放置尺寸标注命令。

在光标处于放置尺寸标注状态时，按〈Tab〉键即可打开"Dimension（尺寸标注）"对话框，如图 7-10 所示。也可双击已经放置的尺寸标注打开该对话框。通过该对话框可以对尺寸标注的字体大小、位置坐标以及所在层等参数进行设置。

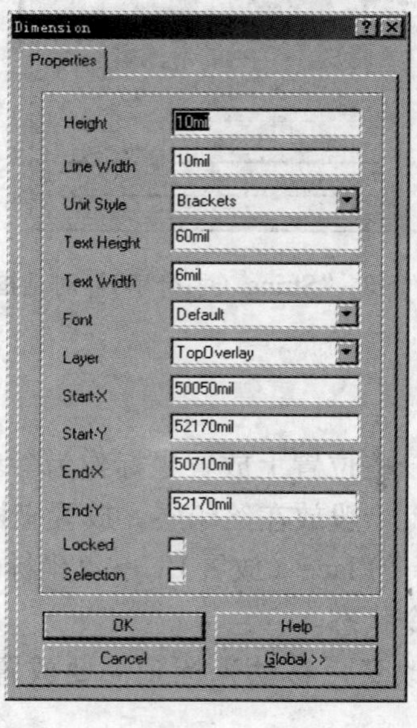

图 7-10 "Dimension（尺寸标注）"对话框

7.2.7 放置直线

直线不具有任何电气特性，只是用来绘制 PCB 中的说明图形。放置直线的步骤下。

1）执行放置直线命令。选择"Place（放置）"→"Line（直线）"命令或者单击放置工具栏中的放置直线按钮，进入放置直线状态，出现十字光标。

2）移动光标到合适的位置，单击确定直线的起点，然后移动光标，会发现一条线段随着光标移动，再次单击确定这条线段的终点。继续移动光标，则以当前线段的终点作为新线段的起点继续画线。右击或者按〈Esc〉键，完成当前直线的放置。

3）此时光标仍处于放置直线状态，可继续放置直线。不需要放置时，再次右击或者按〈Esc〉键即可退出放置直线状态。

在光标处于放置直线状态时，按〈Tab〉键即可打开"Line Constraints"对话框，如图 7-11 所示。在该对话框中可以对直线线宽、直线所在的层进行设置。

图 7-11 "Line Constraints"对话框

7.2.8 绘制圆弧

PCB 编辑器提供了中心法、边缘法和角度旋转法来绘制圆弧。

1．中心法绘制圆弧

中心法绘制圆弧是通过确定圆弧的中心、起点和终点来绘制一个圆弧，步骤如下。

1）执行中心法绘制椭圆弧命令。选择"Place（放置）"→"Arc(Center)"命令或者单击放置工具栏的中心法放置圆弧按钮，进入放置圆弧命令状态，光标变为十字光标。

2）移动光标到合适的位置，单击确定圆弧的中心，移动光标到合适的位置，单击确定圆弧的半径。继续移动光标到圆弧的合适位置，单击确定圆弧的起点，然后继续移动光标确定圆弧的终点，完成该圆弧的绘制。

3）此时光标仍处于绘制圆弧状态，可继续绘制其他圆弧。右击或者按〈Esc〉键即可退出绘制圆弧状态。

2．边缘法绘制圆弧

边缘法绘制圆弧是通过圆弧上的起点和终点，步骤如下。

1）执行边缘法绘制圆弧命令。选择"Place（放置）"→"Arc(Edge)"命令或者单击放置工具栏中的边缘法放置圆弧按钮，进入放置圆弧命令状态，光标变为十字光标。

2）移动光标到合适的位置，单击确定圆弧的起点，继续移动光标到合适的位置，再次单击确定圆弧的终点，完成该圆弧的放置。

3）此时光标仍处于绘制圆弧状态，可继续绘制其他圆弧。不需要绘制时，右击或者按〈Esc〉键即可退出绘制圆弧状态。

3．角度旋转法绘制圆弧

角度旋转法绘制圆弧的步骤如下。

1）执行角度旋转法绘制圆弧命令。选择"Place（放置）"→"Arc(Any Angle)"命令或者单击放置工具栏中的放置任意角度圆弧按钮，进入放置状态，光标出现十字光标。

2）单击确定圆弧的起点，移动光标到合适的位置，再次单击确定圆弧的中心，然后继续移动光标到合适的位置，单击确定圆弧的终点。

3）此时光标仍处于绘制圆弧状态，可继续绘制其他圆弧。不需要绘制时，右击或者按〈Esc〉键即可退出绘制圆弧状态。

4．放置圆

放置圆的步骤如下。

1）执行绘制圆命令。选择"Place（放置）"→"Full Circle"命令或者单击放置工具栏中的放置圆按钮，进入放置圆命令状态，光标出现十字光标。

2）移动光标到合适的位置，单击确定圆中心，然后继续移动光标，再次单击确定圆的半径，完成该圆的放置。

3）此时光标仍处于绘制圆状态，可继续绘制其他圆。右击或者按〈Esc〉键即可退出放置圆状态。

在绘制圆弧时，按〈Tab〉即可打开"Arc（圆弧）"对话框，如图 7-12 所示。也可双击已经放置好的圆弧打开该对话框。在该对话框中可以对圆弧的线宽、圆弧所在层、连接的网络名称、圆弧半径、中心、起始角度、结束角度等参数进行设置。

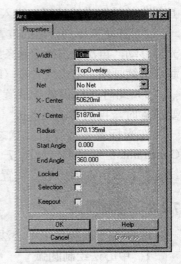

图 7-12 "Arc（圆弧）"对话框

7.2.9 放置矩形填充

在 PCB 设计过程中，需要放置大面积的铜皮以提高系统的抗干扰性能或者元器件的散热。矩形填充是其中的一种方式，一般用于小面积的填充。放置矩形填充的操作如下。

1）执行放置矩形填充命令。选择"Place（放置）"→"Fill（矩形填充）"命令或者单击放置工具栏中的放置矩形填充按钮，进入放置矩形填充命令状态，光标出现十字光标。

2）移动光标到合适的位置，单击确定矩形填充的一个顶点，然后移动光标，此时光标将拖动出一个矩形，再次单击确定矩形填充的另一个对角顶点。

3）此时光标仍处于放置矩形填充状态，可继续放置。不需要放置时，右击或者按〈Esc〉键即可退出该状态。

在光标处于放置矩形填充时按〈Tab〉键即可打开"Fill（矩形填充）"对话框，如图 7-13 所示。也可双击已经放置好的矩形填充打开该对话框。在该对话框中可以对矩形填充的顶点坐标、旋转角度、所在层、网络名称等参数进行设置。

放置铜区域操作的方法同放置矩形填充操作类似。

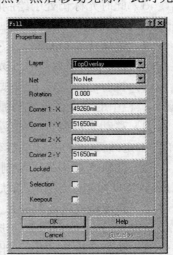

图 7-13 "Fill（矩形填充）"对话框

7.2.10 设置坐标原点

Protel 99 SE 中的坐标原点分为绝对原点和相对原点。绝对原点是系统指定的原点，其位置是不变的，处于设计窗口的左下角。相对原点则是用户自定义的坐标系原点。在 PCB 设计中，由于状态栏中的指示坐标是由相对原点来确定的，因此相对原点在 PCB 设计中十分重要。

设置相对原点的步骤如下。

1）执行设置相对原点命令。选择"Edit（编辑）"→"Origin（原点）"→"Set（设定）"命令或者单击"放置"工具栏中的"设定原点"按钮，进入放置原点命令状态，光标出现十字光标。

2）移动光标到合适的位置，单击即可将该点位置设置为自定义的相对原点。

3）如果想恢复原来的坐标，选择"Edit（编辑）"→"Origin（原点）"→"Reset（重置）"命令即可。

7.2.11 放置元器件

在 PCB 设计中，除了利用网络表装入元器件外，还可以将元器件手工放置到工作窗口中。放置元器件操作如下。

1）执行放置元器件命令。选择"Place（放置）"→"Component（元器件）"命令或者单击放置工具栏中的放置元器件按钮，进入放置元器件命令状态。

2）执行该命令后，会弹出如图 7-14 所示的"Place Component（放置元器件）"对话框。在该对话框中可以输入元器件的封装形式、序号、注释等参数。

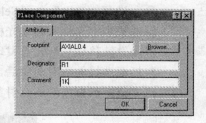

图 7-14 "Place Component（放置元器件）"对话框

3）如果用户不知道元器件的封装形式，可以单击对话框中的"Browse"按钮，弹出如图 7-15 所示的"Browse Libraries"对话框，在对话框中浏览并选择元器件的封装形式。可以单击"Add/Remove"按钮添加/删除元器件库。

4）选择合适的元器件封装后，单击"OK"按钮进入放置元器件状态，此时光标为十字形状并带有选择好的元器件封装。移动光标到合适的位置单击即可完成元器件的放置。

5）此时光标仍处于放置元器件状态，可继续重复放置该元器件封装。不需要放置时，右击或者按〈Esc〉键即可退出放置元器件状态。

在光标处于放置元器件状态时按〈Tab〉键即可打开"Component"对话框，如图 7-16 所示。也可双击已经放置的元器件打开该对话框。通过该对话框可以对元器件的标注、型号、封装、放置层等参数进行设置。

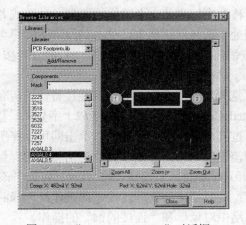

图 7-15 "Browse Libraries"对话框

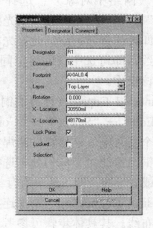

图 7-16 "Component"对话框

7.3 PCB 编辑器的编辑功能

PCB 编辑器中的编辑操作与原理图中的操作基本相同，其编辑操作都位于"Edit（编辑）"菜单下，如图 7-17 所示。

7.3.1 对象的选择和取消

PCB 编辑器提供了多种选择对象的方式，选择"Edit（编辑）"→"Select（选择）"命令打开子菜单，如图 7-18 所示。

图 7-17 "Edit（编辑）"菜单

- "Inside Area（区域内对象）"：选择指定区域内的所有对象。选择"Edit"→"Select"→"区域内对象"命令，光标变成十字光标。移动光标到合适的位置，单击确定一个顶点，继续移动光标，会发现拖出一个虚线矩形框，当矩形框包括要选择的所有对象后，单击即可确定矩形框的另一个顶点。该矩形框内的所有对象即可被选中。

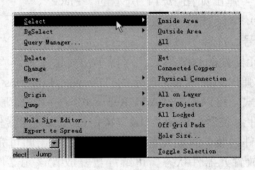

图 7-18 选择子菜单

- "Outside Area（区域外对象）"：选择指定区域外的所有对象。
- "All（全部对象）"：选择工作窗口的所有对象。
- "Net（网络中对象）"：选择 PCB 中的某一个网络。选择"Edit"→"Select"→"Net"命令，光标变成十字光标。移动光标到某一个网络的焊盘、过孔或者导线上，单击即可选择该网络。此时光标仍处于选择网络状态，单击其他网络的焊盘、过孔或者导线，即可选中该网络，同时撤销前一个网络的选中状态。右击或者按〈Esc〉键退出该操作。
- "Connected Copper（连接的铜）"：选择与某一个铜箔有电气连接特性的所有对象。选择"Edit"→"Select"→"Connected Copper"命令，光标变成十字光标。移动光标到某一个具有电气连接特性的焊盘、过孔、铜箔或者导线上，单击即可选择所有与其相连的铜箔。此时光标仍处于选择铜箔连接状态，单击与其他铜箔相连的焊盘、过孔、铜箔或者导线，即可选中所有与其相连的铜箔。右击或者按〈Esc〉可退出该操作。
- "Physical Connection（物理连接）"：选择指定的物理连接，该操作只选择两个焊盘之间的布线。其具体步骤可参考"网络中对象"和"连接的铜"的操作。

- "All on Layer（层上的全部对象）"：选择当前层的所有对象。
- "Free Objects（自由对象）"：选择当前文件中所有自由对象，即除元器件之外的所有对象，包括独立的焊盘、过孔、字符串以及各种填充等。
- "All Locked（全部锁定对象）"：选择当前 PCB 中处于锁定状态的所有对象。对象的锁定功能需要在对象的属性对话框中进行设置。
- "Off Grid Pads（离开网格的焊盘）"：选择所有未处于格点位置的对象。
- "Toggle Selection（切换选择）"：切换选择对象。执行此命令后，可以选择多个对象。也可以通过两次单击一个对象来取消选择。

PCB 编辑器提供了多种取消选择对象的方式，选择 "Edit" → "DeSelect（取消选择）" 命令，在子菜单中有 "Inside Area（区域内对象）" "Outside Area（区域外对象）" "All（全部对象）" "All on Layer（层上的全部对象）" 等。取消选择的各种方式同已介绍的选择方式类似。

7.3.2 对象的删除

在 PCB 设计过程中，有时要对一些不需要的对象执行删除操作。常用的删除操作的方法有如下两种。

1. 利用菜单 "Edit（编辑）" → "Delete（删除）" 命令

选择 "Edit（编辑）" → "Delete（删除）" 命令，此时光标变成十字光标。将光标移到要删除的对象上，单击该对象即被删除。此时仍处于删除对象状态，可以继续删除对象。右击或者按〈Esc〉键退出该删除状态。

2. 利用菜单 "Edit（编辑）" → "Clear（清除）" 命令

利用选择命令选中要删除的对象。选择 "Edit（编辑）" → "Clear（清除）" 命令，即可删除选中的所有对象。

7.3.3 对象的移动

在 PCB 设计过程中需要移动一些对象，Protel 99 SE 中提供了移动对象的各种菜单操作。选择 "Edit（编辑）" → "Move（移动）" 命令，其子菜单如图 7-19 所示。

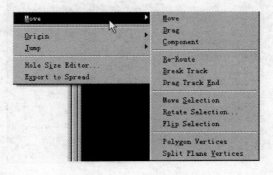

图 7-19 移动子菜单

具体命令项说明如下。

- "Move（移动）"：移动对象，但是与该对象相连的其他对象不会移动，仍保持原有位置。

- "Drag（拖动）"：移动对象，与其连接的对象也会随之移动。例如，移动一个元器件时，该元器件所连接的导线也会随之移动。
- "Component（元器件）"：移动元器件。
- "Re-Route（重布导线）"：重新布线。选择"Edit"→"Move"→"Re-Route"命令，光标变成十字光标。单击某条导线，此时导线的两个端点不动，导线的其他部分将随着光标移动。光标移动到合适的位置，单击即可以放置导线的一端，另一端仍处于命令状态，可继续对导线进行调整。右击或按〈Esc〉键可以完成此导线的重新布线状态，再次右击或按〈Esc〉键则退出该命令状态。
- "Break Track（建立导线新端点）"：拖动导线，为导线添加一个顶点。该菜单与"Re-Route"命令类似，不同之处在于拖动导线到新位置并单击后，走线均处于放置状态。
- "Drag Track End（拖动导线端点）"：拖动导线。选择"Edit"→"Move"→"Drag Track End"命令，光标变成十字光标。单击某一条导线，光标自动跳到离该点最近的导线的顶点或端点处，移动光标则顶点或端点随着光标移动。单击确定导线的重新布线操作。右击或按〈Esc〉键退出该命令状态。

如果该导线的端点为焊盘，则导线被拖动时并不保持与焊盘的电气连接。如果该导线的端点为过孔，那么过孔就会随光标移动并保持与其他对象的电气连接。

- "Move Selection（移动选择）"：移动选中的对象。
- "Rotate Selection（旋转选择对象）"：旋转选中的对象。
- "Flip Selection（翻转选择对象）"：镜像选中的对象。

7.3.4 对象的排列

为了设计出整齐美观的 PCB，在元器件布局时，常会用到对元器件的排列，可以选择"Tools（工具）"→"Interactive Placement（排列元器件）"命令，也可单击 Interactive Placement 工具栏中的按钮，选择相应的排列方式进行排列，如图 7-20 所示。

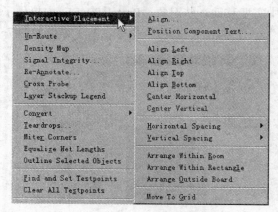

图 7-20 排列子菜单

7.3.5 跳转功能

在 PCB 设计过程中，经常需要查找某个对象，Protel 99 SE 中提供的跳转功能可以满足这种要求，选择"Edit（编辑）"→"Jump（跳转）"命令，弹出子菜单，如图7-21所示。

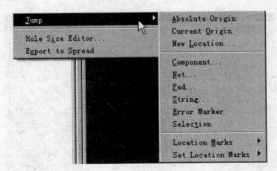

图7-21 跳转功能菜单

- "Absolute Origin（绝对原点）"：跳转到绝对原点，绝对原点即系统坐标的原点。
- "Current Origin（当前原点）"：跳转到当前原点。
- "New Location（新位置）"：跳到指定的当前位置。选择此命令后系统将弹出一个对话框，在该对话框中输入坐标（以当前原点为参考），确认后将跳转到输入坐标处。
- "Component（元器件）"：跳转到指定元器件。单击该菜单后系统将弹出一个对话框，在该对话框中输入元器件位号，确认后将跳转到该元器件上。
- "Net（网络）"：跳转到指定的网络。单击该菜单后系统将弹出一个对话框，在该对话框中输入网络名称，确认后将跳转到该网络处。
- "Pad（焊盘）"：跳转到指定的焊盘。
- "String（字符串）"：跳转到指定的字符串。
- "Error Marker（错误标记）"：跳转到错误标志处，即跳转到由DRC而产生错误的标志处。
- "Selection（选择对象）"：跳转到选择的对象。
- "Location Markers（位置标记）"：该菜单下有一个子菜单项，选择某个子菜单项即可跳到该标志所在的位置上。
- "Set Location Markers（设定位置标记）"：设置用户自定义标志。

7.3.6 全局编辑元器件属性

Protel 99 SE中的全局编辑功能可以对一组相似对象的属性进行编辑，下面以更改±5V电源电路的PCB中的焊盘为例介绍全局的编辑操作方法。

1）选择需要修改的其中一个焊盘，并打开其属性对话框。

2）在"焊盘"属性对话框中单击"Global"按钮，打开全局属性对话框，如图7-22所示。

3）用户可根据实际情况确定查找对象的约束条件来筛选对象，此处为了更改焊盘大小，将"Hole Size"项的"Any"修改为"Same"，系统按照原始孔径为28mil的焊盘进行搜索所有焊盘。修改焊盘大小孔径大小为35mil，焊盘X-Size与Y-Size均为70mil。最后修改Change Scope为All Primitive，如图7-23所示。

4）单击"OK"按钮，完成后系统弹出信息对话框，如图7-24所示。信息提示变化的项目数。如果需要改变单击"Yes"按钮，系统将按照设置的参数进行修改。如果单击

"No"按钮，系统将取消参数修改并返回。

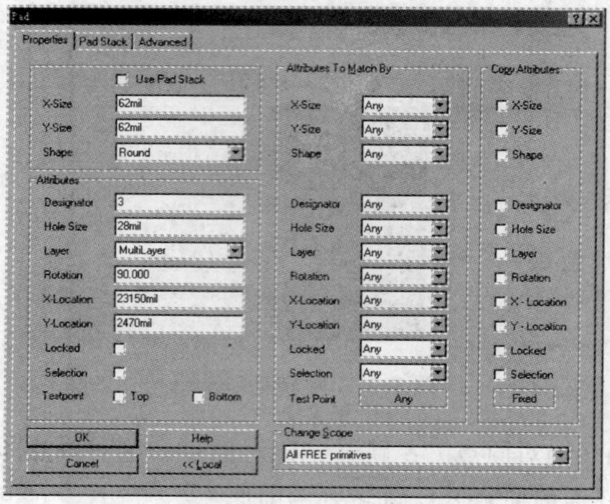

图 7-22 全局属性对话框

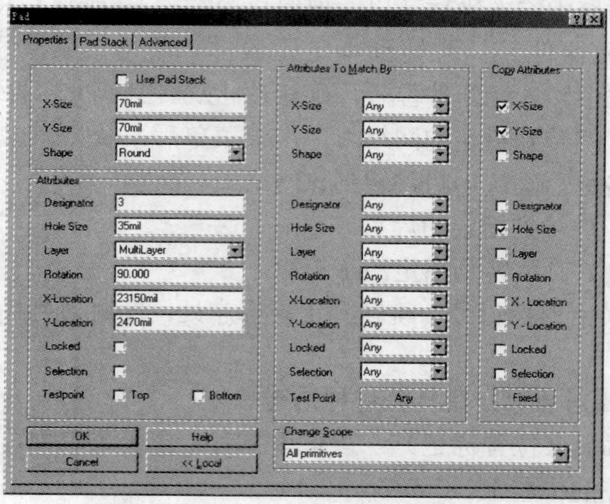

图 7-23 修改后的属性对话框

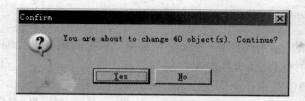

图 7-24 信息对话框

7.4 单面 PCB 的设计

单面 PCB 的设计简单、成本低、实用方便。双面板的电路一般比单面板复杂，但是由于可双面走线，所以其设计并不比单面板困难。一般往往采用将双面板尽可能按单面布线，将布不通的导线，在元器件面采用跳线的方式解决。

单面板工作层面有元器件面、丝印面和焊接面，元器件面和丝印面一般设计在顶层，没有铜膜导线，将焊接面设计在底层。

单面 PCB 的设计过程与双面 PCB 设计过程基本相同，但单面板元器件的布局需要将元器件放在顶层（除贴片元器件），将布线限制在底层布线。

以±5V 直流稳压电源电路为例，将原来设计的双面板设计成单面 PCB。

在原来布局的基础上，只需将布线层限制在底层就可以了。选择"Design（设计）"→"Rules（规则）"命令，打开"Routing Layers Rule"对话框，如图 7-25 所示。在该对话框中，Routing 选项卡中"Routing Classes"列表框中找到"Routing Layers"项，打开该项的规则设置对话框，在"Rule Attributes"项中将 TopLayer 层选择为"Not Used"，只允许底层布线。其他的设置同双面板的设置相同，设置完成后，即可进行自动布线。

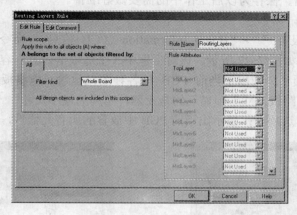

图 7-25 "Routing Layers Rule"对话框

手工布线后的单面 PCB 如图 7-26 所示。如果采用手工布线的话，也可以不设置工作层，只要将线手工布置在底层即可，制板时只需打印输出底层就可解决。

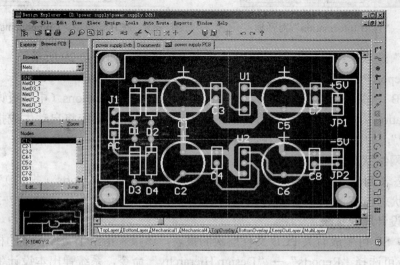

图 7-26 设计完成的单面 PCB

181

7.5 PCB设计输出

在PCB图设计完成后，还需要生成与PCB相关的文件，为PCB后期的制作与电路的安装提供依据等。

Protel 99 SE的PCB编辑器提供了生成各种报表的功能，为用户提供相关设计资料。主要包括电路板的状态信息、引脚信息、元器件封装、网络信息及布线信息等。本节以前面介绍的±5V直流稳压电源电路项目为例。

7.5.1 PCB报表的生成

PCB编辑器提供了丰富的报表功能，使用户查看PCB的元器件、布线等相关信息更加方便，这些文件的输出、保存为以后工作中的需要做好准备。

1．PCB信息报表

选择"Reports（报告）"→"Board Information（PCB信息）"命令，系统会弹出"PCB Information"对话框，如图7-27所示。该对话框中3个选项卡，其内容介绍如下。

- "General"选项卡：列出了当前PCB的各种图元数量，电路板尺寸及其他项，需要注意的是，"电路板尺寸"项显示的是元器件布局的最小尺寸。
- "Components"选项卡：显示出当前PCB中放置的所有元器件，如图7-28所示。

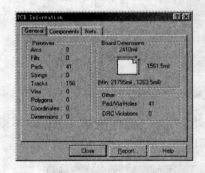

图7-27 "PCB Information"对话框

图7-28 PCB信息中"Components"选项卡

- "Nets"选项卡：显示出当前PCB中的所有的网络，如图7-29所示。

单击"Report"按钮，系统弹出"Board Report"对话框，如图7-30所示。在该对话框中列出与PCB相关的所有信息选项。例如选中Board Specifications（电路板详细信息）和Layer Information（板层信息），然后再单击"Report"按钮，系统将自动生成报表文件，扩展名为"REP"，如图7-31所示。在该图中列出了选中这两个项的PCB信息。

2．生成网络状态表

网络状态表列出了PCB中每一条网络的长度。选择"Reports（报告）"→"Netlist Status（网络状态表）"命令，系统弹出当前PCB的网络状态信息报表，如图7-32所示。

3．生成设计层次报表

Protel 99 SE可生成有关PCB文件层次的报表，该报表指出了文件系统的构成。生成设计层次报表，可选择"Reports"→"Design Hierarchy"命令，系统弹出本设计生成的设计层

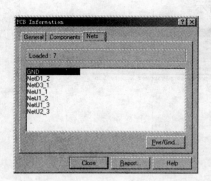 

图 7-29 PCB 信息中"网络"选项卡　　　　图 7-30 "Board Report"对话框

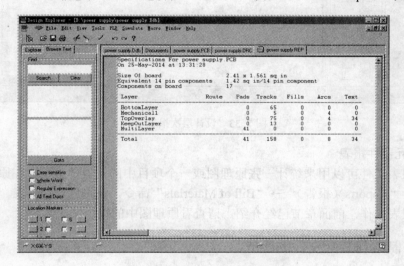

图 7-31 生成的 PCB 信息报表

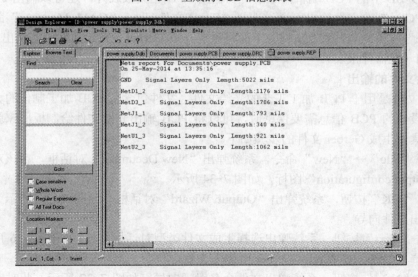

图 7-32 网络状态信息报表

次报表，该文件以"rep"为扩展名，如图 7-33 所示。

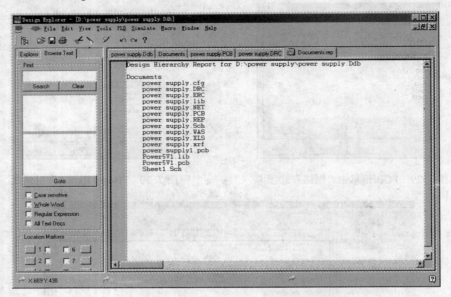

图 7-33　设计层次报表

4．生成元器件报表

元器件报表文件可以用来统计一张原理图或一个项目中的元器件数量，在原理图编辑器中，可以执行"Reports（报告）"→"Bill of Materials"命令，获得元器件报表。

如何对报表操作，前面章节已经介绍，请查看原理图中的报表输出。

7.5.2　PCB 制造与装配文件的生成

Protel 99 SE 中的 PCB 编辑器除了可以输出 PCB 相关报表外，还可以输出 PCB 制造的相关文件。PCB 制造文件输出可通过选择"File（文件）"→"CAM Manager"命令或者通过选择"File"→"New"命令实现。下面将重点介绍 Gerber（光绘文件）的输出、NC 钻孔文件及 BOM（元器件报表）。

1．光绘文件的输出

Gerber 文件是用于 PCB 加工工艺的光绘文件，文件包含了 PCB 加工制作的大部分关键信息。如果设计的 PCB 信息需要保密时，可以将 PCB 输出光绘文件给制板厂家就可以起到保密效果。具体生成 Gerber 文件的步骤如下。

1）选择"File"→"New"命令，系统弹出"New Document"对话框，在该对话框中选择"CAM output configuration"图标，如图 7-34 所示。

2）单击"OK"按钮，系统弹出"Output Wizard"对话框，如图 7-35 所示为开始生成辅助制造输出文件向导。

3）单击"Next"按钮，系统弹出选择生成文件类型对话框向导，如图 7-36 所示，在该对话框中选择"Gerber(Generates Gerber files)"文件。

4）单击"Next"按钮，系统弹出文件命名对话向导，如图 7-37 所示，此时输入 Gerber 文件的名称为"power supply"。

图 7-34 "New Document" 对话框

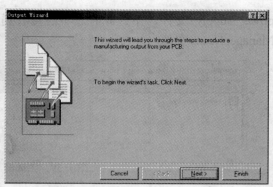
图 7-35 生成输出向导

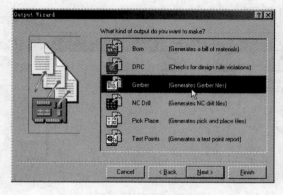
图 7-36 选择生成文件类型

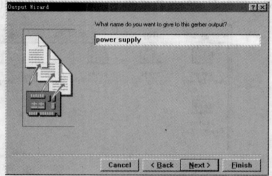
图 7-37 设置文件名称

5）单击"Next"按钮，系统弹出输出 Gerber 文件进行配置信息提示对话框向导，继续单击"Next"按钮，系统弹出选择单位及单位格式向导，如图 7-38 所示。

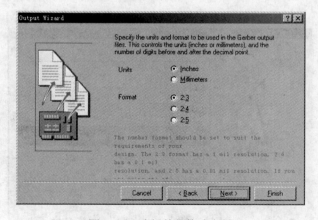
图 7-38 选择单位格式向导

6）单击"Next"按钮，系统弹出继续设置向导，如果需要进行设置，可以继续单击"Next"按钮完成设置操作。如果不想进行设置，此时单击"Finish"按钮，即可结束向导。此时系统生成辅助制造管理器文件，系统默认为 CAMManager1.cam，本例中创建了一个

power supply 文件，不过此时还不能查看到该文件内容。如图 7-39 所示为生成的 CAMManager1.cam 文件。

图 7-39　生成的 CAMManager1.cam

7）进入 CAMManager1.cam 文件，选择"Tools"→"Generate CAM Files"命令，系统即可生成所有需要的 Gerber 文件。在 Documents 文件夹中生成了 CAM for power supply 文件夹，里面存放的是生成的光绘文件，如图 7-40 所示。

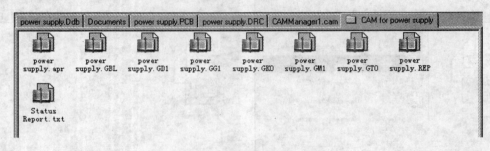

图 7-40　生成的光绘文件

2. NC 钻孔文件输出

钻孔文件用于提供制作电路板时所需的钻孔文件，该文件可直接用于数控钻孔机，生成 NC 钻孔报表的操作与光绘文件类似。在选择生成文件类型时，选择 NC Drill 类型，如图 7-41 所示。

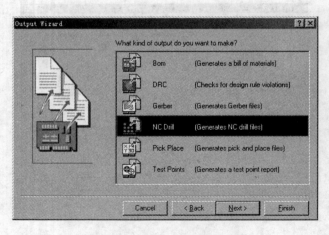

图 7-41　选择生成 NC Drill 文件

按照向导，方法与生成光绘文件相同。系统将生成 power supply.DRR 数控钻孔文件，打开该文件可以看到文件内容，如图 7-42 所示。

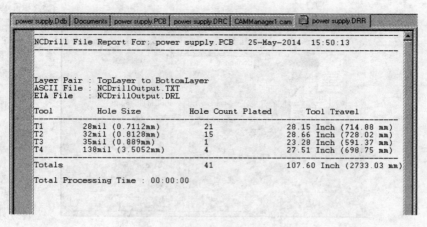

图 7-42 钻孔文件

3．元器件报表

元器件报表可以用来统计一个项目中的元器件，供设计者查询，采购等，生成元器件的报表可以有多种方法，在原理图中也有介绍。现介绍在 PCB 中如何生成元器件报表。

1）创建元器件报表的方法同生成光绘文件一样，在选择文件类型时，选择 BOM（Bill of Material）类型，然后单击"Next"按钮。在命名文件对话框中输入名称"Power supply"。在选择 BOM 报表的格式时，可以选择 Spreadsheet、Text、CSV。如图 7-43 所示为格式选择。

2）单击"Next"按钮，系统弹出元器件列表形式对话框向导，如图 7-44 所示。该对话框中有两种形式可供选择：List 和 Group。

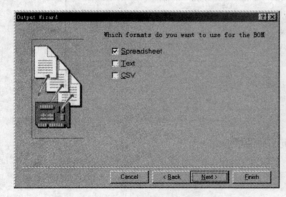

图 7-43 选择输出文件格式

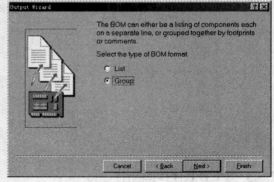

图 7-44 选择元器件列表类型

List：为电路板中的所有元器件列表，元器件按顺序排列。

Group：当前电路板中的元器件具有相同元器件封装和名称的元器件为一组，按照组来排列显示。

3）单击"Next"按钮，系统弹出元器件排序的依据选择，如果选择 Comment，则根据元器件名称来对元器件报表排序。同时可以选择报表中所包含的范围，包括 Designator、Footprint 和 Comment，如图 7-45 所示。

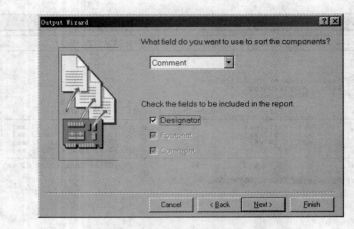

图 7-45　选择元器件排序方式及包含类别

4）单击“Next”按钮，系统弹出完成对话框向导，此时可以返回前面进行设置更改。如果不更改可以单击“Finish”按钮，结束向导，系统生成辅助制造文件 CAM Manager3.cam。如果想看到元器件报表，在 CAMManager3.cam 中，选择“Tools”→“Generate CAM Files”命令，系统将生成元器件报表文件，在 CAM for power supply 文件夹中可以看到生成的文件 BOM for power supply.bom，文件内容如图 7-46 所示。

	A	B	C	D	E	F	G	H	I
1	Comment	Footprint	Quantity	Designators					
2	+5V	SIP2	1	JP1					
3	0.1uF	RAD0.1	4	C8	C7	C4	C3		
4	100uF	RB.2/.4	1	C5					
5	1N4007	DIODE0.4	4	D1	D3	D2	D4		
6	470uF	RB.2/.4	3	C6	C2	C1			
7	-5V	SIP2	1	JP2					
8	AC	SIP3	1	J1					
9	LM7805CT	TO-126	1	U1					
10	LM7905CT	TO-126	1	U2					
11									
12									
13									

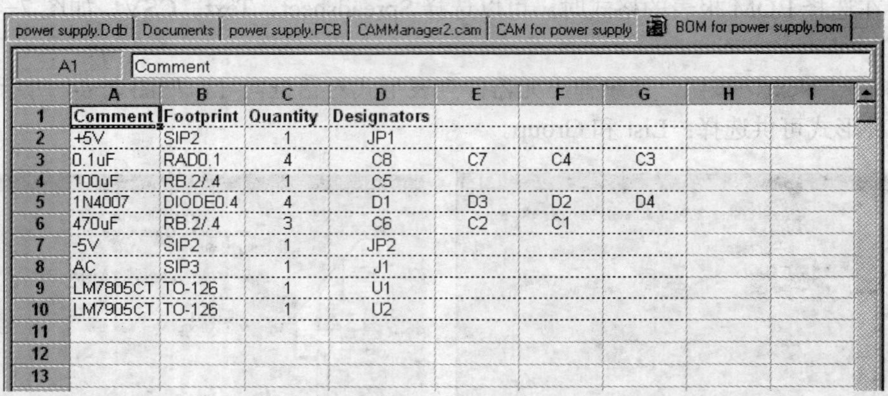

图 7-46　元器件报表

7.5.3　PCB 图打印输出

需要 PCB 图打印存档或者利用热转印方式制作 PCB 时，需要对设计完成的 PCB 图打印输出，以±5V 电源单面 PCB 为例介绍打印输出的操作方法。

1．打印机设置

选择“File”→“Printer/Preview”命令，系统将会自动创建 Preview power supply.PPC 文件，并打开该文件。设计者可以执行“File”→“Setup Printer”命令，打开“PCB Print Options”对话框，在该对话框中完成选择打印机、打印方向、打印对象、打印边界、打印比例设置等，如图 7-47 所示。设置完成后，单击“OK”按钮，完成打印设置操作。

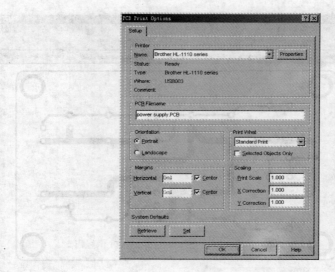

图 7-47 "PCB Print Options" 对话框

2. 打印输出

设置打印机后，还可对打印输出进行设置，如图 7-48 所示。右击 "Multilayer Composite Print"，在弹出的快捷菜单中选择 "Properties" 命令，打开 "Printout Properties" 对话框，如图 7-49 所示。

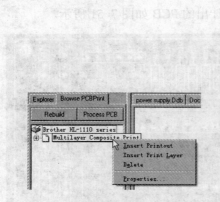

图 7-48 设置打印输出菜单

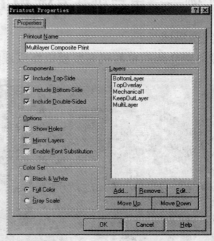

图 7-49 "Printout Properties" 对话框

在该对话框中，可以选择打印的 Layers 及层的顺序、打印的颜色、Show Holes（显示焊盘孔）、Mirror Layers（镜像层）等。设置完成后的效果如图 7-50 所示。

最后可以执行菜单 "File" 中的相关打印命令进行打印，打印命令如下。

- Print All：打印所有图形。
- Print Job：打印操作对象。
- Print Page：打印指定的页面。
- Print Current：打印当前页。

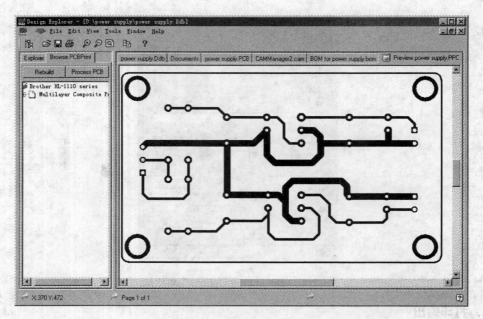

图 7-50 设置完成后的效果

7.6 实例——单片机开发板 PCB 设计

1. 实例描述

按照前面介绍的单片机开发板电路原理图，设计出的 PCB 如图 7-51 所示。

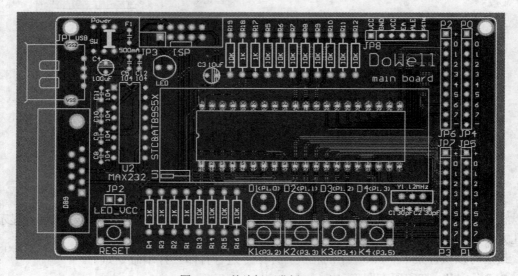

图 7-51 单片机开发板 PCB 图

2. 知识重点

完成双面 PCB 的设计。

3．操作步骤

1）完成原理图绘制。

2）添加完成每个元器件的封装后，完成 PCB 数据的更新。

3）元器件布局、定义 PCB 的物理边界、电气边界，添加修饰字符后，效果如图 7-52 所示。

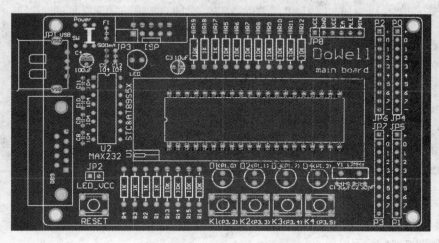

图 7-52 经过布局后的效果

4）定义该 PCB 的布线规则，整版线宽最小 10mil、优选尺寸 10mil、最大 100mil，电源 VCC 与地线 GND 线宽为最小 10mil、优选尺寸 20mil、最大 100mil，如图 7-53 所示。设置布线层为双层板。

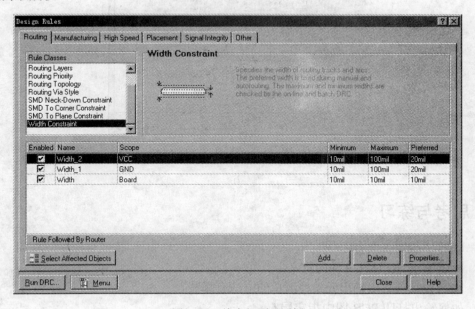

图 7-53 线宽规则对话框

5）经布线完成后的 PCB 如图 7-54 所示。

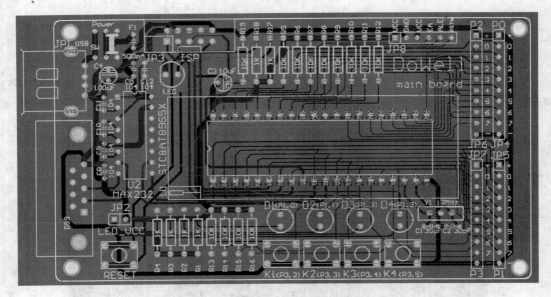

图 7-54 开发板布线完成后的效果

6) 添加覆铜效果, "Polygon Plane" 对话框如图 7-55 所示, 为顶层和底层添加覆铜后的效果, 如图 7-51 所示。

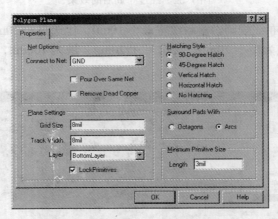

图 7-55 "Polygon Plane" 对话框

7.7 思考与练习

1. PCB 中放置工具有哪些?
2. 简述生成 NC 钻孔文件的意义。
3. PCB 设计项目中输出元器件清单的方法有哪些?
4. 如何输出打印 PCB 图中指定层?
5. 设计完成图 7-56 所示 555 电路的 PCB 图。

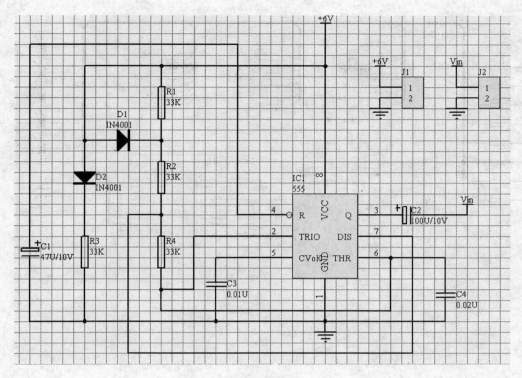

图 7-56 555 电路

6. 设计完成图 7-57 所示 LM386 功放电路的 PCB 设计。

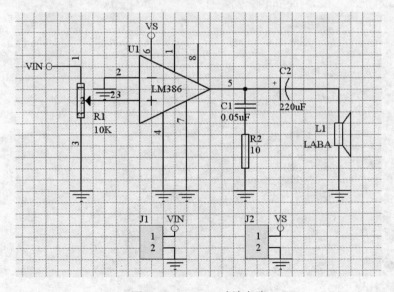

图 7-57 LM386 功放电路

7. 设计完成图 7-58 所示的数字温度计电路的 PCB。

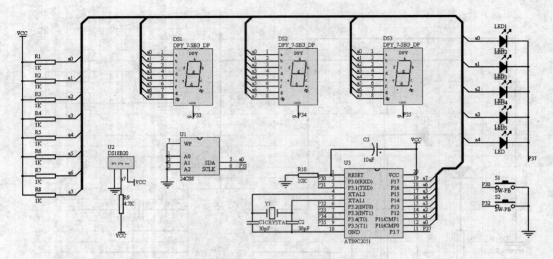

图 7-58 数字温度计电路

第8章 元器件封装库

在前面介绍的 PCB 设计中,封装时一般采用 Protel 99 SE 自带的元器件封装。Protel 99 SE 内置的 PCB 封装虽然已经相当完备,但有时用户还是无法找到合适的元器件封装,就需要使用元器件封装库编辑器自行制作一个新的元器件封装。本节介绍如何使用 PCB 封装库文件编辑器来编辑 PCB 封装库。

PCB 封装的创建与原理图元器件创建的方法基本一致。但是元器件的 PCB 封装必须与实际元器件一致,应当严格按照元器件厂商提供的数据手册来进行。如果没有相应的数据手册,用户则需要用游标卡尺、直尺等测量工具对元器件外形尺寸和引脚进行测量,然后根据测量结果创建元器件封装。

8.1 PCB 封装

PCB 封装是指元器件在 PCB 设计中采用与其物理尺寸相对应的组合图形,它包含了封装名称、外形尺寸、引脚定义、焊盘大小以及钻孔位置等信息。不同的元器件可以共用一个 PCB 封装,同一种元器件也可以有不同的封装。因此,在选择元器件时,不仅要考虑元器件的性能,还要考虑元器件的封装形式。

元器件的封装分为两大类,即引脚插入型和表面贴装(SMT)型。引脚插入型元器件在焊接时先要将元器件引脚插入到焊盘导通孔中,然后再焊锡。引脚插入型元器件封装的焊盘贯穿整个电路板,其焊盘的 PCB 层属性应设置为"Multi-Layer"。常见的引脚插入型封装有 DIP、SIP 等。表面贴装型封装焊盘只在表层,即为 Top Layer 或 Bottom Layer,常见的表面贴装型封装有 SOP、QFP、LCC、BGA 等。

8.2 PCB 封装库编辑器

前面介绍的元器件封装都是使用 Protel 软件中自带的元器件封装形式。对于封装库中找不到的元器件封装,需要使用元器件封装库编辑器来制作出一个新的元器件封装。下面主要介绍封装库编辑器的使用方法。

8.2.1 启动 PCB 封装库编辑器

在制作 PCB 封装之前,首先要启动 PCB 封装库文件编辑器。启动 PCB 封装库文件编辑器的方法有两种。

1. 创建一个新的 PCB 封装库文件

打开 Protel 99 SE 软件,选择"File(文件)"→"New(新建)"命令,新建数据库文件,在新建数据库文件的基础上,选择"File(文件)"→"New(新建)"命令,系统弹出

"New Document（新建文件）"对话框，选择"PCB Library Document"图标并单击"OK"按钮，系统将自动创建一个默认名称为"PCBLIBl.LIB"的元器件封装库文件，也可以重新命名该文件。双击该文件，即可打开元器件封装库文件编辑器，如图 8-1 所示。

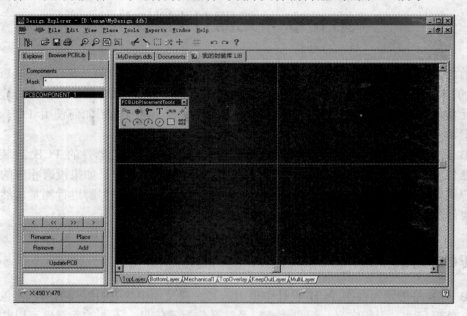

图 8-1　PCB 封装库文件编辑器

2. 打开已有的 PCB 封装库文件

在 PCB 工作界面下，如图 8-2 所示，选择"Libraries"为浏览对象，在元器件列表中，选中需要编辑的元器件封装，单击"Edit"按钮，即可打开元器件封装库编辑器，进行元器件封装的修改。

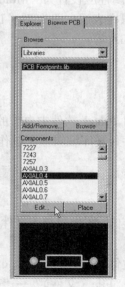

图 8-2　通过已有元器件封装打开封装库编辑器

196

8.2.2 PCB 封装库文件编辑器菜单

PCB 封装库文件编辑器与 PCB 编辑器也很相似。整个 PCB 封装库文件编辑器由主菜单、元器件编辑界面、工具栏、元器件封装管理器等组成，如图 8-1 所示。

从编辑器的菜单来看，"Tools（工具）"菜单命令的变化较大，如图 8-3 所示。

各项菜单命令说明如下。

- "New Component（新元器件）"：创建一个新元器件。
- "Remove Component（删除元器件）"：删除正在编辑的元器件。
- "Rename Component（重命名元器件）"：重命名选中的元器件。
- "Next Component（下一个元器件）"：当前封装库中下一个元器件。
- "Prev Component（前次显示的元器件）"：当前封装库上一个元器件。
- "First Component（第一个元器件）"：当前封装库第一个元器件。
- "Last Component（最后一个元器件）"：当前封装库中最后一个元器件。
- "Layer Stack Manager（层堆栈管理器）"：层堆栈管理器。
- "Mechanical Layers（机械层）"：机械层设置。
- "Library Options（库选择项）"：库选择项。
- "Preferences（优先设定）"：优先设定系统参数。

图 8-3 "Tools（工具）"菜单

8.3 元器件封装库管理

当新建了元器件封装后，可以使用元器件封装管理器进行管理，具体包括元器件封装的浏览、添加新的封装、删除封装等操作。具体操作如下。

8.3.1 浏览元器件库

单击 PCB 封装库文件编辑器界面右侧的"Browse PCBLIB"标签，系统将弹出元器件的 PCB 封装管理器，如图 8-4 所示。在元器件封装库浏览管理器中，Mask 框（元器件过滤框）用来过滤当前 PCB 元器件封装库中的元器件，满足过滤框中的条件的所有元器件将出现在元器件列表框中，例如，需要找到插件电阻的封装，可以在 Mask 文本框中输入 A*，然后按〈Enter〉键确定。元器件列表将会显示所有以 A 开头的元器件封装。

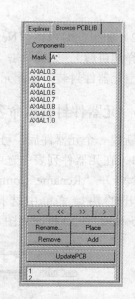

图 8-4 PCB 封装管理器面板

在元器件列表中选中一个元器件封装时，该元器件的引脚将在元器件引脚列表中显示出来。可以在对话框中通过"<""<<"">>"和">"按钮选择元器件封装列表中的元器件封装。也可选择"Tools（工具）"→"Next Component（下一个元器件）""Prev Component（前次显示的元器件）""First Component（第一个元器件）"和"Last Component（最后一个元器件）"命令来选择元器件列表框中的元器件。

8.3.2 新建元器件封装

当新建一个 PCB 封装库文件时，系统会自动创建一个名称为 PCBCOMPONENT_1 的空元器件，可以在此元器件的基础上，修改元器件名称并绘制元器件封装。

也可在已有的元器件库中添加新元器件封装，其操作步骤如下。

1）选择"Tools（工具）"→"New Component"命令，或单击图 8-4 所示的"Add"按钮，系统弹出"Component Wizard"对话框，如图 8-5 所示。

图 8-5 "Component Wizard"对话框

2）如果此时单击"Next"按钮，则系统进入进行创建新元器件封装向导（此方法将在后面详细讲解）。如果单击"Cancel"按钮，系统将会生成一个以 PCBCOMPONENT_1 为名称的空元器件封装。在此元器件的基础上，用户可修改元器件名称并绘制元器件封装。

8.3.3 元器件封装重命名

新建一个元器件后，可以对该元器件封装进行重新命名，具体操作如下。

1）在元器件列表中选中一个元器件封装，然后单击"Rename"按钮，或者选择"Tools（工具）"→"Rename Component（重命名元器件）"命令，也可右击需要重命名的元器件，在弹出的快捷菜单中选择"Rename"命令，如图 8-6 所示。系统会弹出"Rename Component"对话框，如图 8-7 所示。

图 8-6 封装列表中快捷菜单

图 8-7 "Rename Component"对话框

2）在对话框中输入元器件的新名称，然后单击"OK"按钮完成重命名。

8.3.4 删除元器件封装

如果要从元器件库中删除一个元器件封装，首先需要选中该元器件封装，然后单击"Remove"按钮，或者选择"Tools（工具）"→"Remove Component"命令，也可右击需要重命名的元器件，在弹出的快捷菜单中选择"Remove"命令，系统弹出删除提示对话框，如图8-8所示。

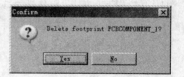

图8-8 "Confirm"对话框

8.3.5 放置元器件封装

在元器件封装浏览管理器中，可以进行放置元器件封装的操作，通过"Place"按钮，系统自动切换到当前打开的PCB文件编辑器中，用户可以将封装放置到PCB文件的合适位置。

8.3.6 编辑元器件封装焊盘

在制作元器件封装的过程中，用户可以在编辑器中对焊盘直接进行属性修改，也可以利用元器件封装浏览管理器中的引脚列表框进行焊盘的编辑。

双击选中的对象，或者单击元器件封装浏览管理器中的"Edit Pad"按钮，也可直接双击焊盘，系统弹出焊盘属性对话框，在对话框中进行焊盘属性的编辑。

利用"Jump"按钮，系统可以快速定位并放大所选择的焊盘。

8.3.7 设置信号层的颜色

在Current Layer框中，可以修改或者设置元器件封装各层的颜色。单击Current Layer下拉列表，选中需要修改的层，然后双击右边的颜色框，系统弹出颜色设置对话框，可以进行该层的颜色设置。

8.4 手工创建新的PCB封装

在PCB封装库文件编辑器中创建PCB封装方法有手工创建和利用向导创建两种。本节将介绍如何手工创建PCB封装，手工创建PCB封装就是利用Protel 99 SE提供的编辑器工具，按照实际尺寸绘制该元器件封装。以绘制LM386的封装DIP8为例来具体说明。

1．创建封装库文件

打开Protel 99 SE软件，选择"File（文件）"→"New（新建）"命令新建数据库文件。在新建数据库文件的基础上，选择"File（文件）"→"New（新建）"命令，系统弹出"New Document（新建文件）"对话框，选择"PCB Library Document"图标并单击"OK"按钮，系统将自动创建一个默认名称为"PCBLIBl.LIB"的元器件封装库文件，"Browse PCBLib"标签，将打开元器件封装管理器，在该新建库文件中已自动生成一个名称为"PCBComponent_1"的元器件。

如果是在已有库文件中创建新元器件封装，可选择"Tools（工具）"→"New Component（新元器件）"命令完成创建，本例中由于已经新建了一个元器件，不需要再创建，可跳过该步骤。

2．设置参数

在创建 PCB 封装之前，首先需要设置一些基本参数，如度量单位、环境参数等。在当前环境下选择"Tools（工具）"→"Library Options（库选择项）"命令，将弹出"PCB 选择项"对话框，如图 8-9 所示。用户可以按照前面章节介绍的内容进行设置。

在创建 PCB 封装时同样需要进行层的设置，操作方法与 PCB 编辑器的层操作相同。一般可采用系统的默认设置。

3．放置焊盘

完成参数设置后，就可以开始绘制 PCB 封装。选择"Place（放置）"→"Pad（焊盘）"命令或者单击放置工具栏中的焊盘按钮，光标出现十字光标及附着焊盘符号。在放置之前按〈Tab〉键，将进入"Pad"对话框，如图 8-10 所示。需要设定的参数一般为焊盘大小、焊盘编号以及焊盘形状。

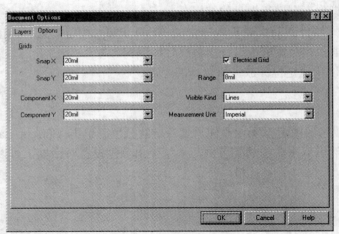
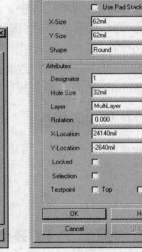

图 8-9 "Document Options"对话框　　　　图 8-10 "Pad"对话框

将焊盘外径设为 62mil，孔径设为 32mil。移动光标到原点，单击将编号为 1 的方焊盘放置后，然后用同样的方法按照焊盘水平距离 300mil，垂直距离 100mil 依次将焊盘放置到位。注意也可将 1 号焊盘设置为方形，其余焊盘为圆形，放置后结果如图 8-11 所示。

4．绘制外形轮廓

将工作层切换到"Top Overlay"，选择"Place（放置）"→"Line（直线）"命令或者单击放置工具栏中的放置直线按钮，光标出现十字光标，将光标移动到合适的位置，单击确定外形轮廓的起点，绘制元器件的外形轮廓。一般情况下，类似封装的元器件在引脚 1 的一侧用圆弧或者缺角加以标识，本例采用圆弧加以标识。选择"放置"→"圆弧"命令或者单击工具栏上放置圆弧按钮，在外形轮廓线上绘制圆弧，绘制方法可参见前面章节。绘制完成后的图形如图 8-12 所示。

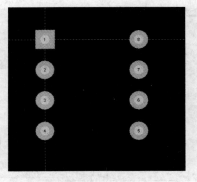
图 8-11 放置焊盘后效果

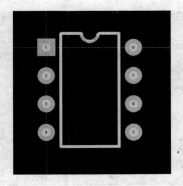
图 8-12 绘制完成轮廓后的图形

5．设置 PCB 封装参考点

每个元器件封装都有一个参考点，选择"Edit（编辑）"→"Set Reference（设置参考点）"命令，在弹出的子菜单中可以选择"Pin 1（引脚 1）""Center（中心）"及"Location（位置）"，一般选择"Pin 1（引脚 1）"作为元器件的参考点。

6．保存封装

绘制完成后，选择"File（文件）"→"Save（保存）"命令，或者单击工具栏上的"保存"按钮，完成保存创建的元器件封装。

8.5 利用向导创建 PCB 封装

Protel 99 SE 提供了 PCB 封装生成向导（PCB Component Wizard），按照向导提示逐步设置各项规则，系统将自动生成元器件的 PCB 封装。下面以 LM386 封装"DIP8"为例，来介绍利用向导创建元器件的 PCB 封装的基本步骤。

1）在元器件的 PCB 封装文件编辑器中，选择"Tools（工具）"→"New Component（新元器件）"命令，启动元器件的 PCB 封装生成向导，如图 8-13 所示。

2）单击"Next"按钮，进入元器件的模式及度量单位选择对话框向导，如图 8-14 所示。系统提供了 12 种 PCB 封装外形供用户选择，包括 Ball Grid Arrays（球栅阵列封装）、Capacitors（电容封装）、Diodes（二极管封装）、Dual in-1ine Package（双列直插封装）、Edge Connectors（边连接样式）、Leadless Chip Carrier（无引线芯片载体封装）、Pin Grid Array（引脚阵列封装）、Quad Packs（QUAD）、Small Outline Package（小尺寸封装）、Resistors（电阻封装）等。在对话框下面是元器件 PCB 封装的度量单位的选择。本例选择 DIP 封装，单位选择英制（mil）。

3）单击"Next"按钮，系统将弹出焊盘尺寸设置对话框向导，如图 8-15 所示。焊盘外径设为 50mil，过孔直径设为 32mil，将数据参数输入。

4）单击"Next"按钮，系统将弹出焊盘相对位置设置对话框向导，如图 8-16 所示。用户可以在该对话框中设置引脚的水平间距和垂直间距。本例将水平间距设为 300mil，垂直间距设为 100mil。

5）单击"Next"按钮，系统将弹出设置轮廓线宽的对话框向导，如图 8-17 所示。用户在该对话框中可以设置轮廓线宽。本例将轮廓线宽设置为 10mil。

图 8-13　元器件封装向导启动欢迎界面

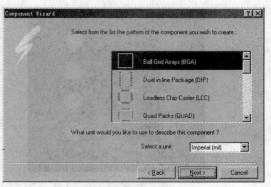
图 8-14　元器件模式及度量单位选择对话框向导

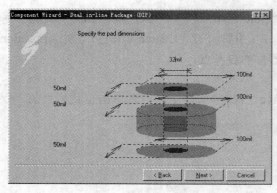
图 8-15　焊盘尺寸设置对话框向导

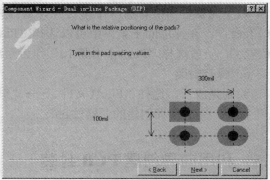
图 8-16　焊盘相对位置设置对话框向导

6）单击"Next"按钮，系统将弹出设置元器件焊盘数量对话框向导，如图 8-18 所示。用户可以在该对话框中设置元器件引脚的数量。本例将引脚数量设置为 8。

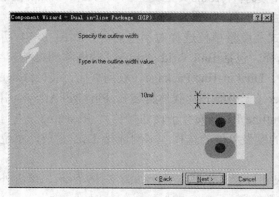
图 8-17　设置轮廓的线宽对话框向导

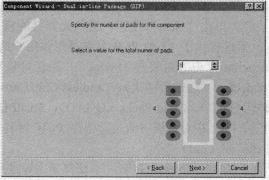
图 8-18　设置元器件焊盘数量对话框向导

7）单击"Next"按钮，系统将弹出元器件名称设置对话框向导，如图 8-19 所示。用户可以在此对话框中设置元器件封装的名称。本例设为 DIP8。

8）单击"Next"按钮，系统将弹出封装设置完成对话框向导，如图 8-20 所示。单击"Finish"按钮，即可按设计规则生成新元器件封装。新元器件封装如图 8-21 所示。

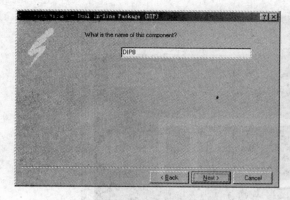

图 8-19 元器件封装命名对话框向导　　　　图 8-20 封装设置完成对话框向导

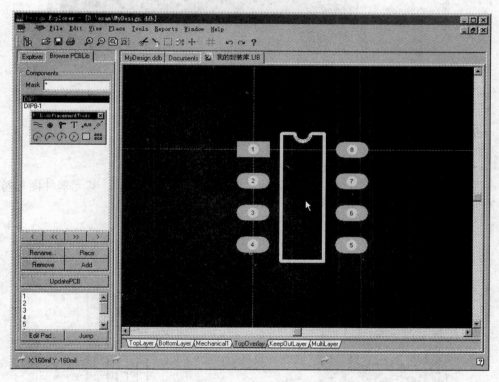

图 8-21 利用封装向导生成的 DIP8 封装

8.6 创建项目的元器件 PCB 封装库

在 PCB 绘制完毕后，为了存档及方便日后的工作，可以生成项目的元器件 PCB 封装库。以"power supply.ddb"为例进行介绍。

1）打开编辑器项目文件"power supply.ddb"。

2）在 PCB 编辑器中选择"Design（设计）"→"Make Library（制作 PCB 库）"命令，系统将会生成以该项目名命名的元器件封装库文件"power supply. LIB"，如图 8-22 所示。

203

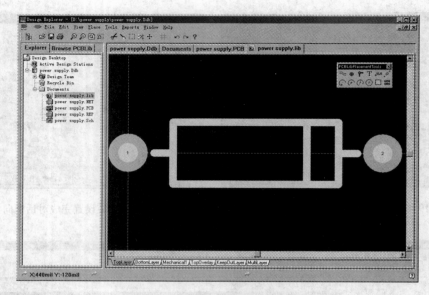

图 8-22 生成项目的 PCB 封装库

8.7 实例——制作七段数码管的封装

1. 实例描述

本例介绍七段数码管的封装的制作过程,实物如图 8-23 所示,其元器件图形符号如图 8-24 所示。

图 8-23 七段数码管

图 8-24 七段数码管引脚分布

2. 知识重点

新建封装库文件的一般步骤,元器件参数、绘制库工具栏的使用等。

3. 操作步骤

1)打开 Protel 99 SE 软件,选择"File(文件)"→"New(新建)"命令,新建数据库文件。在新建数据库文件的基础上,选择"File(文件)"→"New(新建)"命令,系统弹出"New Document(新建文件)"对话框,选择"PCB Library Document"图标并单击"OK"按钮,系统将自动创建一个默认名称为"PCBLIB1.LIB"的元器件封装库文件,并将其保存为"DPY.LIB"。

2）选择"Edit（编辑）"→"Set Reference（设置参考点）"→"Location（位置）"命令，进入设置参考点位置命令状态，此时光标变为十字形，移动光标到工作区中央位置，单击确定该点为参考原点，可以通过坐标指示栏查看设置前、后的坐标变化。

3）选择"Place（放置）"→"Pad（焊盘）"命令，可以按〈Tab〉键，打开焊盘属性设置对话框，在该对话框中可以设置相关的焊盘属性，如焊盘的大小、孔径大小等。本例中采用默认设置即可。

4）移动光标到（0，0）点后，单击放置该焊盘，移动光标到（100，0）点处继续放置焊盘，依次放置5个焊盘，再将光标移动到（400，600）点处，继续放置后5个焊盘，结果如图8-25所示。

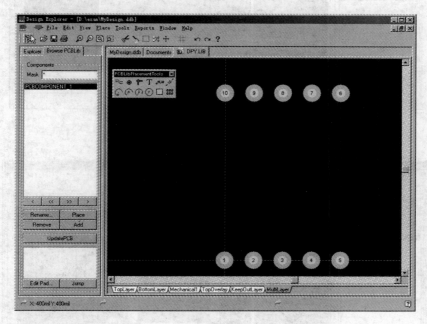

图8-25　放置焊盘后的效果

5）根据测量结果，数码管的左右边界距离最外边的引脚距离都是50mil，上下边界距离上下两排引脚距离为80mil。

6）单击层标签，切换当前层为"Top Overlay"层。设定捕获栅格为10mil。

7）选择"Place（放置）"→"Line（直线）"命令，进入放置直线命令状态。移动光标到起始点位置，单击确定直线的起点，绘制数码管的4个边界，绘制完成后的效果，如图8-26所示。

8）为了使绘制出来的封装，更加形象美观，可以进行修饰，绘制出"8"字形。选择"Place（放置）"→"Line（直线）"命令，进入放置直线命令状态，放置之前，按〈Tab〉键打开属性对话框，将线宽设置为30mil，依次绘制完成。完成后的效果如图8-27所示。

9）选择"Tools（工具）"→"Rename Component（重名元器件）"命令。在名称文本框中输入该元器件的封装名称"LED7S"。

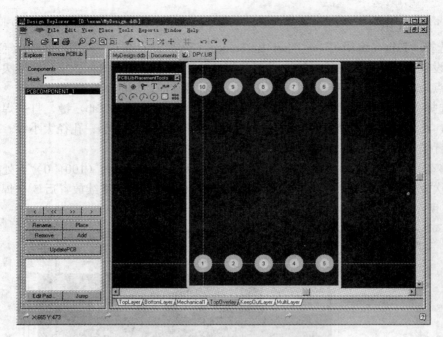

图 8-26 绘制边界后的效果

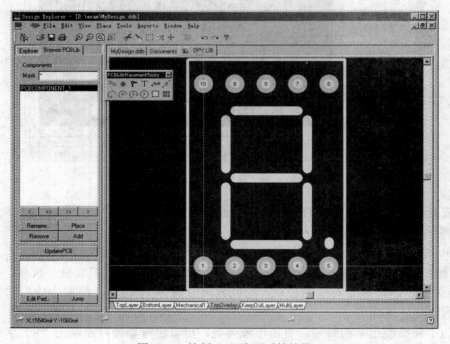

图 8-27 绘制"8"字形后的效果

10)选择"File(文件)"→"Save(保存)"命令,保存编辑操作,完成元器件封装 LED7S 的创建。

8.8 思考与练习

1. 熟悉元器件的常用封装。
2. 制作发光二极管（如图 8-28 所示）的封装。

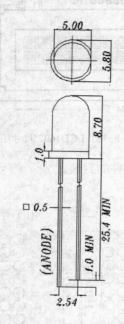

图 8-28　发光二极管尺寸图

3. 制作图 8-29 所示一位数码管的元器件封装。

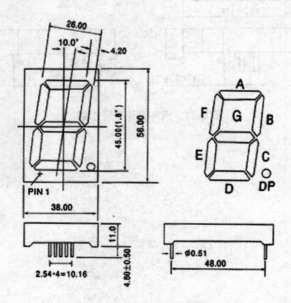

图 8-29　一位数码管的尺寸图

4. 根据图 8-30 所示 LCD1602 尺寸完成 PCB 封装库的制作。

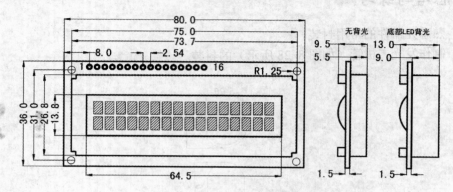

图 8-30 LCD1602 尺寸图

5. 根据图 8-31 所示制作出元器件的封装。

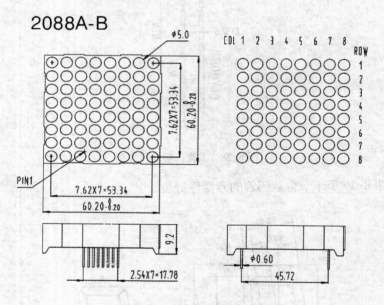

图 8-31 点阵的外形尺寸图

第9章 电路仿真

Protel 99 SE 不但可以绘制电路原理图和进行 PCB 设计,而且还提供了电路仿真工具。用户可以方便地对设计出的电路进行信号模拟仿真。

本章主要介绍 Protel 99 SE 的仿真元器件、仿真工具的设置与使用以及电路仿真的基本方法。

Protel Advanced SIM 99 是一个功能强大的模/数混合信号仿真器。与原理图编辑器协同工作,作为原理图编辑器的扩展,Protel Advanced SIM 99 为用户提供了一个完整的从电路设计到验证仿真设计的环境。仿真器界面操作简单,使用户可以方便地对仿真器进行设置、运行,使设计工作更加轻松。

9.1 Protel 99 SE 的仿真元器件库

Protel 99 SE 提供了一个常用元器件数据文件,即仿真元器件数据文件 Sim.ddb,存放在 Design Explorer 99\Library\SCH\Sim.ddb。该元器件数据文件中包括多个元器件电气图形符号库(*.lib)文件,共收录了 5800 多个元器件,分类存放在如表 9-1 所示元器件电气图形符号库(*.lib)文件中。

表 9-1 仿真元器件数据文件中包含的元器件库

库文件	说明
74XX.Lib	74 系列 TTL 数字集成电路
7SEGDISP.Lib	7 段数码显示器
BJT.Lib	工业标准双极型晶体管
BUFFER.Lib	工业标准缓冲器
CAMP.Lib	工业标准电流反馈高速运算放大器
CMOS.Lib	工业标准 CMOS 数字集成电路元器件
Comparator.Lib	工业标准比较器
Crystal.Lib	晶体振荡器
Diode.Lib	工业标准二极管
IGBT.Lib	工业标准绝缘栅双极型晶体管
JFET.Lib	工业标准结型场效应管
MATH.Lib	二端口数学转换函数
MESFET.Lib	MES 场效应管
Misc.Lib	杂合元器件
MOSFET.Lib	工业标准 MOS 场效应管
OpAmp.Lib	工业标准通用运算放大器
OPTO.Lib	光电耦合元器件(实际上该库文件仅含有 4N25 和通用的光电耦合元器件 OPTOISO 两个元器件)

(续)

Regulator.Lib	电压变换器,如三端稳压器等
Relay.Lib	继电器类
SCR.Lib	工业标准可控硅
Simulation Symbols.Lib	仿真测试用符号元器件库
Switch.Lib	开关元器件
Timer.Lib	555 及 556 定时器
Transformer.Lib	变压器
TransLine.Lib	传输线
TRIAC.Lib	工业标准双向可控硅
TUBE.Lib	工业标准电子管
UJT.Lib	工业标准单结管

仿真测试原理图中所用分立元器件的电气图形符号,如电阻、电容、电感等都包含在 Simulation Symbols.Lib 元器件库中,该库中几乎所有元器件均定义了仿真特性。在放置元器件过程中,按〈Tab〉键可调出元器件属性对话框,设置元器件有关参数时,必须注意:一般仅需要指定必须的参数,如序号、型号、大小(如果需要从电路原理图获取自动布局所需的网络表文件时,则需要给出元器件的封装形式);而对于可选参数,一般用"*"代替(即采用默认值),仿真时一般可选用默认属性或者修改为需要的仿真属性。

9.1.1 常用元器件库

Protel 99 SE 中提供了仿真的元器件库。在进行电路仿真时,绘制出的原理图中的所有元器件都需要具有仿真属性,如果没有仿真属性,系统就会提示警告或者错误信息。下面介绍几种常用的元器件有关参数。

1. 电阻器

在元器件库 Simulation Symbols.Lib 中,包含了如下的电阻器。
- RES 固定电阻。
- RESSEMI 半导体电阻,阻值有 L(长)、W(宽)以及 Temp(温度)参数决定。
- RPOT 电位器。
- RVAR 变电阻。

以上各电阻的图形符号如图 9-1 所示,这些电阻器有一些特殊的仿真属性域,在放置过程中按〈Tab〉键或放置完成后双击该器件,即可打开元器件属性对话框,可进行如下设置。
- Designator 电阻器名称(如 R1)。
- Part Type 以欧姆为单位的电阻值(如 1k)。
- L 可选项,电阻的长度(仅对半导体电阻有效),以米(m)为单位。
- W 可选项,电阻的宽度(仅对半导体电阻有效),以米(m)为单位。
- Temp 可选项,元器件工作温度,以摄氏度为单位,默认时为 27℃(仅对半导体电阻有效)。
- Set 仅对电位器和可变电阻有效(在"Part Fields 1~8"选项卡中设置取值 0~1)。

2. 电容

在元器件库 Simulation Symbols.Lib 中，包含了如下的电容。

- CAP 定值无极性电容。
- CAP2 定值有极性电容。
- CAPSEMI 半导体电容。

以上各电容的图形符号如图 9-2 所示。

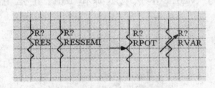

图 9-1 仿真库中的电阻符号　　　　图 9-2 仿真库中的电容符号

在电容的属性对话框可进行如下参数设置。

- Designator 电容名称（如 C1）。
- Part Type 以法拉为单位的电容值（如 22uF）。
- L 可选项，以米（m）为单位的电容的长度（仅对半导体电容有效）。
- W 可选项，以米（m）为单位的电容的宽度（仅对半导体电容有效）。
- IC 可选项，初始条件，即电容的初始电压值。在"Part Fields 1~8"选项卡中设置。该项仅在仿真分析工具傅里叶变换中的使用初始条件被选中后才有效。

3. 电感

在元器件库 Simulation Symbols.Lib 中，包含了 INDUCTOR 电感，图形符号如图 9-3 所示，在电感的属性对话框可进行如下参数设置。

- Designator 电感名称（如 L1）。
- Part Type 以 H（亨）为单位的电感值（如 100μH）。
- IC 可选项，初始条件，即电感的初始电压值。在"Part Fields 1~8"选项卡中设置。该项仅在瞬态特性分析及博里叶分析中使用初始条件被选中后才有效。

图 9-3 仿真库中的电感符号

4. 二极管、晶体管及结型场效应管

工业标准中各类二极管的图形符号存放在元器件库 Diode.Lib 中；工业标准各类双极型晶体管图形符号存放在元器件库 BJT.Lib 中；单结晶体管图形符号存放在元器件库 UJT.Lib 中，各类结型场效应管图形符号存放在元器件库 JEFT.Lib 中。这几类仿真元器件的参数如下。

- Designator 元器件的序号。
- AREA 可选项，该属性定义了所定义的模型的并行元器件数。
- OFF 可选项，在静态工作点分析时，其初始状态，默认为关闭状态。
- IC 可选项，初始条件，即通过二极管的初始电压值。该项仅在瞬态特性分析及傅里叶分析中使用初始条件被选中后才有效。
- TEMP 可选项，元器件工作温度，以摄氏度为单位，默认时为 27℃。

掌握几种常用的仿真元器件的使用后，对于其他仿真元器件，在其参数不需要修改时，可以直接使用（一般情况下，元器件默认值适用于大多数电路仿真）。

9.1.2 仿真激励源

1. 直流仿真源

在仿真库 Simulation Symbols.Lib 中,提供了 VSRC 电压源和 ISRC 电流源两个直流源元器件,为其电路提供了一个不变的电压或电流输出激励,其符号如图 9-4 所示。

2. 正弦仿真源

在仿真库 Simulation Symbols.Lib 中,提供了 VSIN 正弦电压源和 ISIN 正弦电流源两个正弦源元器件,其符号如图 9-5 所示。

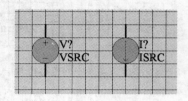 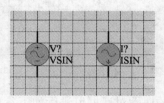

图 9-4　直流电压源和电流源符号　　　图 9-5　正弦电压源和正弦电流源符号

3. 周期脉冲源

在仿真库 Simulation Symbols.Lib 中,提供了 VPULSE 电压周期脉冲源和 IPULSE 电流周期脉冲源两个周期脉冲源,为其仿真电路提供周期性的连续的脉冲,其符号如图 9-6 所示。

4. 分段线性源

在仿真库 Simulation Symbols.Lib 中,提供了 VPWL 分段线性电压源和 IPWL 分段线性电流源两个分段线性源,使用该信号源可以为电路提供任意形状的波形。其符号如图 9-7 所示。

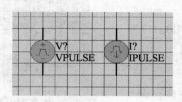 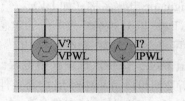

图 9-6　周期脉冲源符号　　　　　　图 9-7　分段线性源符号

5. 指数仿真源

在仿真库 Simulation Symbols.Lib 中,提供了 VEXP 指数电压源和 IEXP 指数电流源两个指数信号源,可为仿真电路提供指数上升和(或)下降沿的脉冲波形。其符号如图 9-8 所示。

除了上述介绍的仿真源,还有单频调频仿真源、线性受控仿真源、非线性受控仿真源等供仿真使用。

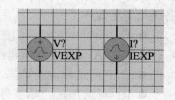

图 9-8　指数仿真源符号

9.1.3 仿真传输线库

仿真传输线库 Transline.Lib 中主要包括 3 个信号仿真传输线元器件,即 URC(均匀分布传输线）、LTRA（有损耗传输线）和 LLTRA（无损耗传输线）元器件，如图 9-9 所示。

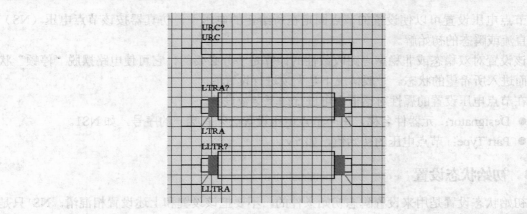

图 9-9　仿真库中的传输线

1．URC（均匀分布传输线）

分布 RC 传输线模型（即 URC 模型）是由 L.Gertzberrg 在 1974 年所提出的模型导出的。模型由 URC 传输线的子电路类型扩展成内部产生节点的集总 RC 分段网络而获得。RC 各段在几何上是连续的。

URC 线必须严格地由电阻和电容段构成，其仿真参数设置如下。

- L：RC 传输线的长度。
- N：RC 线模型使用的段数。

2．LTRA（有损耗传输线）

单一的损耗传输线将使用两端口响应模型，这个模型包含电阻值、电感值、电容值和长度等属性，这些参数不可直接在原理图文件中设置，但用户可以创建和引用自己的模型文件。

3．LLTRA（无损耗传输线）

该传输线是一个双向的理想的延迟线，有两个端口。节点定义了端口的正电压的极性。无损耗传输线的仿真参数主要有特征阻抗（ZO）、传输线的延时（TD）、频率（F）及参数 NL（在频率为 F 时相对于传输线波长归一化的传输线电学长度）。

9.2　初始状态的设置

设置初始状态是为计算偏置点而设定一个或多个电压值（或电流值）。在分析模拟非线性电路、振荡电路及触发器电路的直流或瞬态特性时，常出现解的不收敛现象，当然实际电路是有解的，其原因是点发散的偏置点不能适应多种情况。设置初始值最通常的原因就是在两个或更多的稳定工作点中选择一个，使仿真顺利进行。

9.2.1　设置仿真电路节点

在进行电路仿真前，为了方便地观察仿真电路中的某个节点，可以使用网络标号为其命名，如信号输入（Vin）、信号输出（Vout）等，观察信号的变化状态。

213

9.2.2 节点电压设置

节点电压设置可以使设置的节点固定在所给定的电压下,仿真器按该节点电压(NS)求得直流或瞬态的初始解。

该设置对双稳态或非稳态电路收敛性的计算是十分必要的,它可使电路摆脱"停顿"状态,而进入所希望的状态。一般情况下是无须进行设置的。

在节点电压设置的属性对话框中可进行如下参数设置。

- Designator:元器件名称,每个节点电压设置必须有唯一的序号,如 NS1。
- Part Type:节点电压的初始值,如 5V。

9.2.3 初始状态设置

初始状态设置是用来设置瞬态初始条件的,不要把该设置和上述设置相混淆。NS 只是用来帮助直流解的收敛,并不影响最后的工作点(对多稳态电路除外)。初始条件(IC)仅用于设置偏置点的初始条件,不影响 DC 扫描。

瞬态分析中,一旦设置了参数"Use Initial Conditions"和 IC 时,瞬态分析就先不进行直流工作点的分析(初始瞬态值),因而应在 IC 中设定各点的直流电压。如果瞬态分析中没有设置参数"Use Initial Conditions",那么在瞬态分析前计算直流偏置(初始瞬态)解。这时,IC 设置中指定的节点电压仅当做求解直流工作点时相应的节点的初始值。

在仿真元器件的初始条件设置的属性对话框中可进行如下参数设置。

Designator:元器件名称,每个节点电压设置必须有唯一的序号,如 IC1。

Part Type:节点电压的初始值,如 5V。

另外,Protel 99 SE 在仿真库 Simulation Symbols.Lib 中还提供了两个特别的初始状态定义符,如图 9-10 所示。

.IC:即 Initial Condition(初始条件)。

.NS:即 NODE SET(节点设置)。

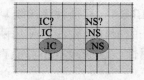

图 9-10 节点电压与初始条件状态定义符

这两个特别的符号可以用来设置电路仿真的节点电压和初始条件。只要向当前的仿真原理图添加这两个元器件符号,然后进行设置,即可实现整个仿真电路的节点电压和初始条件设置。

综上所述,初始状态的设置共有 3 种途径:".IC"设置、".NS"设置和定义元器件属性。在电路模拟中,如有这 3 种或两种共存时,在分析中优先考虑的次序是:定义元器件属性、".IC"设置、".NS"设置。如果".NS"和".IC"共存时,则".IC"设置将取代".NS"设置。

9.3 仿真器的设置

在进入仿真前,用户必须选择对电路进行哪种分析,需要收集哪个变量数据,以及仿真完成后自动显示哪个变量的波形等。仿真电路的不同,需要的仿真分析方法也不同,Protel 99 SE 系统提供了瞬态特性分析、傅里叶分析、交流小信号分析、直流分析、蒙特卡罗分析、参数扫描分析、温度扫描分析、噪声分析和传递函数分析等。

9.3.1 仿真分析设定

当完成仿真电路原理图的绘制后，就可以对电路进行仿真分析设定，选择 "Simulate（仿真）"→"Setup（设置）"命令，如图 9-11 所示。或者单击主工具栏中的设定混合信号仿真器按钮，就可进入"Analysis Setup（分析设定）"对话框，如图 9-12 所示。

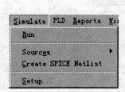

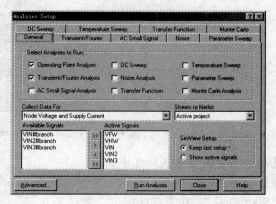

图 9-11 "Simulate（仿真）"菜单　　　图 9-12 "Analysis Setup（分析设定）"对话框

在该对话框的"General"选项卡中，显示的是仿真分析的一般设置。选择分析对象，在"Available Signals（可用信号）"栏中显示的为可以进行仿真分析的信号，"Active Signals（活动信号）"栏为将要进行仿真分析的信号，通过添加（或移除）按钮可以添加（或删除）激活仿真的信号。

9.3.2 工作点分析

工作点分析（Operating Point Analysis），即静态工作点分析，主要用来分析电路中各节点的直流偏置电压。一般在瞬态分析、交流小信号分析之前，首先进行工作点分析。工作点分析的结果包含节点或元器件电流、电压和功率的列表。

9.3.3 瞬态分析或傅里叶分析

瞬态特性分析（Transient Analysis）是最常见的一种仿真分析方式，通过分析可以得到电路中的各节点电压、支路电流和元器件所消耗的功率等参数随时间变化的曲线，属于时域分析，功能与示波器类似。

傅里叶分析（Fourier Analysis）是计算瞬态特性分析的一部分，与瞬态特性分析同步进行，属于频域分析，功能与频谱分析仪类似，其主要用来分析非正弦波的激励及节点电压的频谱。在进行傅里叶分析时，仿真结果中将显示直流分量、基波及各次谐波的振幅与相位，系统还将生成"*.sim"文件，以文本方式记录分析结果。

瞬态特性分析是从时间零开始到规定的时间范围内进行的，可规定输出的开始到终止的时间和分析的步长，初始值可由直流分析部分自动确定，所有与时间无关的源，用它们的直流值，也可以用规定的各元器件的电平值作为初始条件进行瞬态分析。

在 Protel 99 SE 中设置瞬态特性分析的参数，可以通过选中"Transient Analysis"或者"Fourier Analysis"复选框设置，如图 9-13 所示。

215

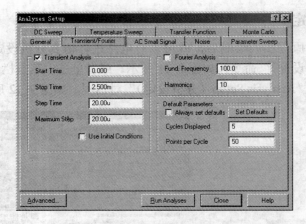

图 9-13 "Transient /Fourier"选项卡

该选项卡中有关参数说明如下。

如果进行瞬态特性分析需要选中复选框"Transient Analysis"。
- "Start Time":仿真起始时间,默认为0。
- "Stop Time":仿真结束时间。
- "Step Time":步进时间间隔,如果步进时间过长,波形显示会粗糙,如果步进时间过小,系统会耗费较长的仿真时间。一般可根据步长的100倍来设置结束时间。
- "Maximum Step":最大步进时间间隔,一般与步长相同。
- "Use Initial Conditions":使用初始设置状态。

如果进行傅里叶分析需要选中复选框"Fourier Analysis",有关参数说明如下。
- "Fund. Frequency":傅里叶分析的基波频率。
- "Harmonics":傅里叶分析的最大谐波次数。
- "Always set Defaults":使用系统默认设置。
- "Cycles Displayed":默认显示的周期数。
- "Points per Cycle":每个周期的点数,决定波形的光滑程度。

瞬态分析的输出是在一个类似示波器的窗口中,在定义的时间间隔内计算变量瞬态输出电流或电压值。如果不使用初始条件,则静态工作点分析将在瞬态分析前自动执行,以测得电路的直流偏置。

瞬态分析通常从时间零开始。在时间零和开始时间之间,瞬态分析照样进行,但并不保存结果。在开始时间和终止时间的间隔内将保存结果,用于显示。

Step Time(步长)通常是用在瞬态分析中的时间增量。实际上,该步长不是固定不变的。采用变步长,是为了自动完成收敛。Max Step Time(最大步长)限制了分析瞬态数据时,时间片的变化量。

在瞬态分析中,如果选择"Use Initial Conditions"选项,则瞬态分析就先不进行直流工作点的分析(初始瞬态值),所以应在IC中设定各点的直流电压。

仿真时,如果不确定所需输入的值,可选择默认值,从而自动获得瞬态分析用参数。开始时间一般设置为零。Stop Time, Step Time 和 Max Step Time 与显示周期(Cycles Displayed)、每周期中的点数(Points Per Cycle)以及电路激励源的最低频率有关。如选中

"Always set Defaults"选项,则每次仿真时将使用系统默认的设置。

9.3.4 交流小信号分析

交流小信号分析(AC Small Signal Analysis)是电路的频率响应特性,是将交流输出变量作为频率的函数计算出来。先计算电路的直流工作点,决定电路中所有非线性元器件的线性化小信号模型参数,然后在指定的频率范围内对该线性化电路进行分析。交流小信号分析所希望的输出通常是一个传递函数,如电压增益、传输阻抗等。

在 Protel 仿真时,可通过"AC Small Signal"选项卡设置交流小信号分析的参数,如图 9-14 所示。

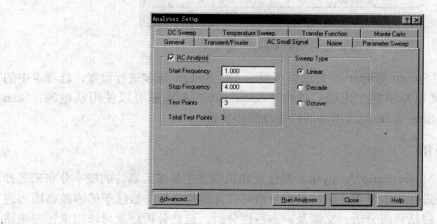

图 9-14 "AC Small Signal"选项卡

该选项卡中的扫描方式(Sweep Type)和测试点数(Test Points)决定了频率的增量。它们之间的关系见表 9-2。

表 9-2 扫描方式与测试点数之间的关系

扫描方式(Sweep Type)	测试点数(Test Points)
Linear(线性方式)	扫描的总的频率点数
Decade(十倍频方式)	每十倍频扫描的频率点数
Octave(八倍频方式)	每八倍频扫描的频率点数

在进行交流小信号分析前,原理图必须包括至少一个交流源并且该交流源已经进行了适当设置。

9.3.5 直流扫描分析

直流扫描分析(DC Sweep Analysis)会产生直流转移曲线。直流扫描分析将执行一系列的静态工作点的分析,从而改变定义的所选源的电压。设置中,定义可选辅助源。

在 Protel 99 SE 仿真时,可通过"DC Sweep"选项卡来设置直流扫描分析的参数,如图 9-15 所示。

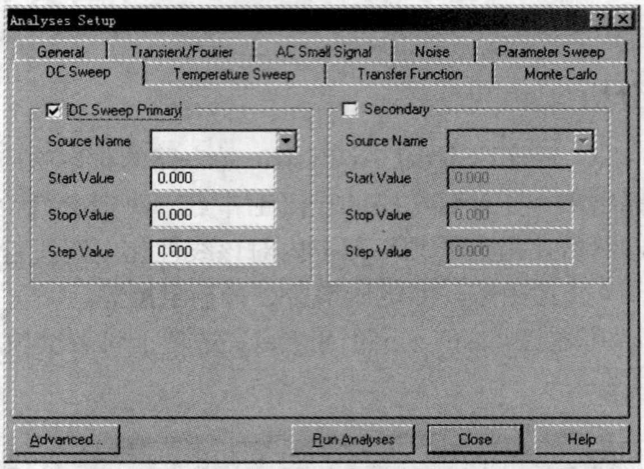

图 9-15 "DC Sweep"选项卡

通过"选中 DC Sweep Primary"复选框可激活 DC Sweep 选项进行设置，选项卡中的"Source Name"定义电路中的主电源。选中"Secondary"复选框可以使用从电源；Start Value，Stop Value 和 Step Value 定义电源的扫描范围和步长。

9.3.6 蒙特卡罗分析

蒙特卡罗分析（Monte Carlo Analysis）是使用随机数发生器按元器件的概率分布来选择元器件，然后对电路进行模拟分析。蒙特卡罗分析可在元器件模型参数赋予的容差范围内进行各种复杂的分析，包括直流分析、交流及瞬态特性分析。这些分析结果可以用来预测电路生产时的成品率及成本等。

在 Protel 99 SE 仿真时，选中"Monte Carlo Default Tolerances"复选框可激活该分析方式，如图 9-16 所示。在该选项卡中可进行蒙特卡罗分析参数设置。

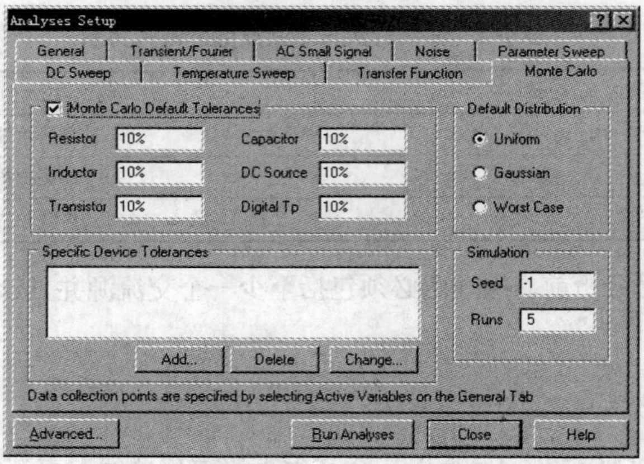

图 9-16 "Monte Carlo"选项卡

蒙特卡罗分析是用来分析在给定电路中各元器件容差范围内的分布规律，然后用一组组的随机数对各元器件取值。Protel 99 SE 中元器件的分布规律（Distribution）如下。

● Uniform：平直的分布，元器件值在定义的容差范围内统一分布。

- Gaussian：高斯曲线分布，元器件值的定义中心值加上容差±3，在该范围内呈高斯分布。
- Worst Case：与 Uniform 类似，但只使用该范围的结束点。

对话框中的"Runs"选项，为定义的仿真数，如定义 5 次，将在容差允许范围内，每次运行将使用不同的元器件值来仿真 5 次。如果希望用一系列的随机数来仿真，则可设置 Seed 选项，该项的默认值为-1。

蒙特卡罗分析的关键在于产生随机数，随机数的产生依赖于计算机的具体字长。用随机取出的一组新的元器件值，对指定的电路模拟分析。只要进行的次数足够多，就可得出满足一定分布规律的、一定容差的元器件在随机取值下整个电路性能的统计分析。

9.3.7 参数扫描分析

参数扫描分析（Parameter Sweep Analysis）允许用户以自定义的增幅扫描元器件的值。参数扫描分析可以改变基本的元器件和模式，但并不改变子电路的数据。

选中"Parameter Sweep Primary"复选框可激活参数扫描分析方式，如图 9-17 所示，在该选项卡中进行参数扫描分析设置。

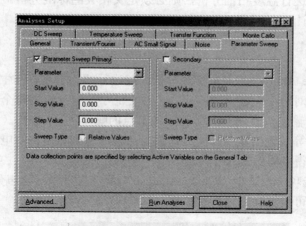

图 9-17 参数扫描分析设置

在"Parameter"中输入参数，该参数可以是一个单独的标识符，如 R1；可以是带有元器件参数的标识符，如 R1[resistance]；也可以直接从下拉列表中选择。

Start Value 和 Stop Value 定义扫描的范围，Step Value 定义扫描的步幅。

如果选择了 Relative Value 选项，则将输入的值添加到已有的参数中或作为默认值。

还可以选中 Secondary 复选框打开第二个元器件作参数扫描，设置方法同第一个元器件。

9.3.8 温度扫描分析

温度扫描分析（Temperature Sweep Analysis）是和交流小信号分析、直流分析及瞬态特性分析中的一种或几种相连的，该设置规定了在什么温度下进行仿真。如果给了几个温度，则对每个温度都要进行一遍所有的分析。

选中"Temperature Sweep"复选框可激活该分析方式，如图 9-18 所示。在该选项卡中设置温度扫描分析的参数。

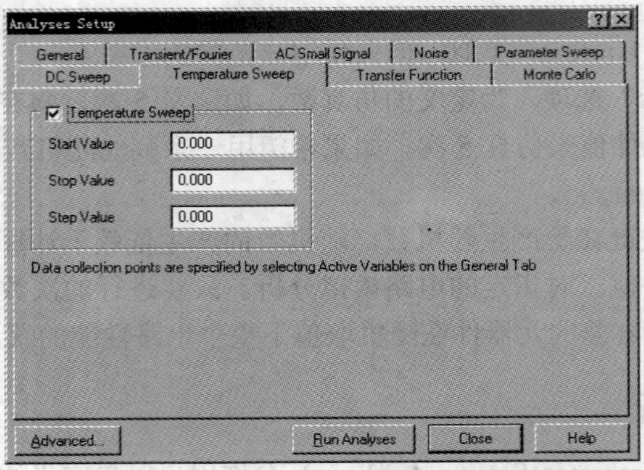

图 9-18 温度扫描分析设置

在该选项卡中"Start Value"与"Stop Value"定义扫描的范围，Step Value 定义扫描的步幅。在仿真中，如果进行温度扫描分析，则必须定义相关的标准分析。温度扫描分析只用在激活变量定义的节点计算中。

9.3.9 噪声分析

噪声分析（Noise Analysis）是同交流分析一起进行的。电路中产生噪声的元器件有电阻器和半导体元器件，对每个元器件的噪声源，在交流小信号分析的每个频率上计算出相应的噪声，并传送到一个输出节点，所有传送到该节点的噪声进行 RMS（均方根）值相加，就得到了指定输出端的等效输出噪声。同时计算出从输入源到输出端的电压（电流）增益，由输出噪声和增益就可得到等效输入噪声值。

选择"Noise"选项卡，选中"Noise Analysis"复选框可激活噪声分析方式，如图 9-19 所示。在该选项卡中可设置噪声分析的参数。

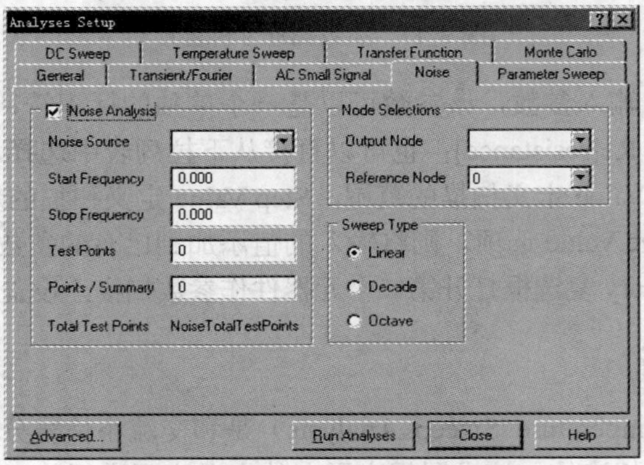

图 9-19 "Noise"选项卡

在该选项卡中，可以设置 Noise Source（噪声源）、Start Frequency（起始频率）、Stop

Frequency(终止频率)、Sweep Type(扫描类型)、Test Point(测试点数)、Output Node(输出节点)和 Reference Node(参考节点)的参数值。

9.3.10 传递函数分析

传递函数分析(Transfer Function Analysis)用来计算直流输入阻抗、输出阻抗以及直流增益。选择"Transfer Function"选项卡,选中"Transfer Function"复选框可激活该分析方式,如图 9-20 所示。传递函数分析的参数可通过该选项卡设置。

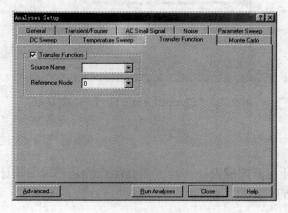

图 9-20 "Transfer Function"选项卡

该选项卡中"Source Name"定义参考的输入源;"Reference Node"设置参考源的节点。

9.4 仿真原理图设计

Protel 99 SE 系统仿真原理图的设计方法与电路原理图设计一样,唯一不同的是需要为每个元器件添加仿真模型,使设计出的原理图具有仿真性。进行仿真设计的流程为:首先设计仿真原理图,其次设置仿真环境和仿真参数,然后就可以进入仿真原理图,最后进行仿真结果的分析。

在原理图仿真运行之前,应确保元器件的仿真参数正确,为保证仿真可靠运行,必须遵守的一些规则如下。

1)所有的元器件须定义适当的仿真元器件模式属性。
2)必须放置和连接可靠的信号源,以便仿真过程中驱动整个电路。
3)在需要绘制仿真数据的节点处必须添加网络标号。
4)如果必要的话,必须定义电路的仿真初始条件。

9.4.1 加载仿真元器件库

Protel 99 SE 中的仿真库存放在目录"...\Design Explorer 99\Library\SCH\"文件夹中,绘制仿真原理图时,可选择"Design(设计)"→"Add/Remove Library(添加/删除元器件库)"命令或者利用元器件库管理面板来添加元器件仿真库,如图 9-21 所示为"Change Library File List"对话框,将 Sim.ddb 数据库文件加载到当前元器件库列表中。

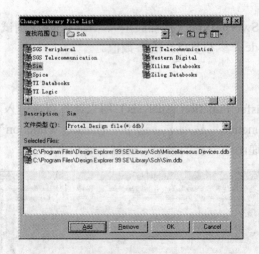

图 9-21 "Change Library File List"对话框

9.4.2 仿真原理图

仿真原理图的设计与原理图设计一样，需要注意的是原理图设计完成后必须进行 ERC 检查，保证设计出的仿真原理图没有错误后，才能进行仿真的操作。进行原理图的仿真的主要步骤可总结如下。

1）新建数据库文件工程并新建一张原理图文件。
2）加载需要的仿真元器件库。
3）绘制仿真原理图。
4）修改仿真元器件参数。
5）设置仿真激励源、节点的网络标号、仿真方式及参数。
6）执行仿真及分析仿真结果。

要想掌握仿真分析，需要清楚各个仿真元器件和激励源的参数设置，了解各种分析方法和仿真原理图的设计。

9.5 原理图仿真实例

本节结合具体实例介绍原理图的仿真分析设计及对仿真结果数据的处理方式。让读者熟悉仿真的一般过程，合理地分析仿真数据，从而进一步改进设计的电路，缩短产品的开发周期。

9.5.1 串联电路仿真

1. 绘制仿真原理图

绘制一个简单的电阻串联电路，如图 9-22 所示。通过对该电路的仿真分析，使读者快速掌握电路的仿真分析。

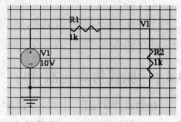

图 9-22 串联电路

2. 仿真参数的设置

首先设置电路中的网络标号 V1，作为测量的节点。图中未标出的属性采用默认值，直流电源的电压为 10V,电源属性如图 9-23 所示。R1、R2 的阻值均为 1kΩ,参数设置如图 9-24 所示。

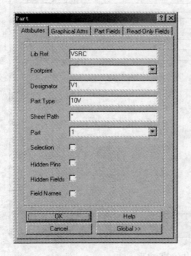 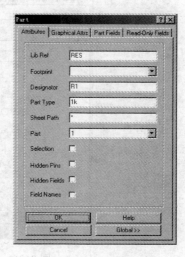

图 9-23　电压源属性设置　　　　　图 9-24　电阻的属性设置

3. 执行仿真

图 9-22 中电路节点 V1 的电压很容易就可计算出为 5V,流经 R1 和 R2 的电流为 5mA。对本电路可以采用仿真分析的方法是工作点分析,就可验证计算的正误。

仿真之前可以进行仿真方式的设置。选择"Simulate(仿真)"→"Setup(设置)"命令,打开"Analysis Setup(分析设定)"对话框,如图 9-25 所示。添加 V1 和 R1[i]到"Active Signals(活动信号)"列表框,即可单击"Run Analyses"按钮进行仿真。

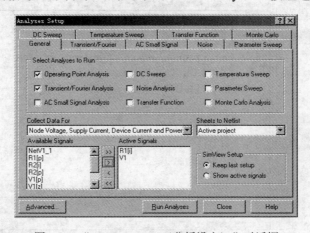

图 9-25　"Analysis Setup(分析设定)"对话框

仿真完成后,仿真器将输出仿真结果,输出文件以"sdf"为扩展名,如图 9-26 所示为仿真的输出波形。

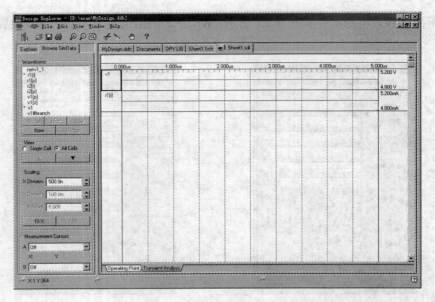

图 9-26 仿真器输出仿真波形

仿真器还可以创建 SPICE 网络表，扩展名为"nsx"，该文件为仿真原理图的 SPICE 模式表示，如要创建 SPICE 网络表，选择"Simulate（仿真）"→"Create SPICE Netlist"命令，在 SPICE 网络表界面下，选择"Simulate（仿真）"→"Run（运行）"命令，系统进入仿真，仿真后的结果与原理图仿真的结果一样。如图 9-27 所示为 SPICE 网络表显示。

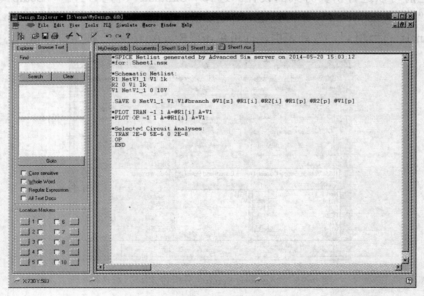

图 9-27 仿真器的网络表界面

4. 仿真结果分析

通过仿真后的结果可知与计算的结果一致，对于复杂的电路，使用工作点分析方法可降低电路的计算工作量。

9.5.2 半波整流电路仿真

绘制一个半波整流电路，如图 9-28 所示。结合瞬态特性分析或傅里叶分析方法进行仿真，分析仿真结果与电路设计是否一致。

电路的输入信号为正弦波电压，经过整流后输出一个恒定的电压，在电路中添加节点 VIN 与 Vhw，设置各元器件参数，其中电压源参数设置，如图 9-29 所示。C1 为 100μF，电阻为 75Ω。对电路执行瞬态特性仿真分析，仿真输出的波形如图 9-30 所示。

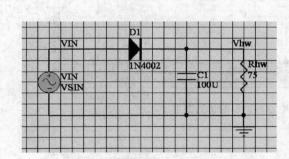
图 9-28 半波整流电路

图 9-29 正弦波电压源属性设置

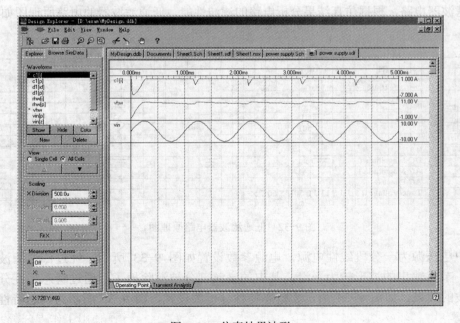
图 9-30 仿真结果波形

从仿真波形可以看出，整流输出电压的波纹系数较大，将电路中的电容的容值改为 680μF 后，进行仿真，仿真波形如图 9-31 所示，其输出电压的波纹很小。

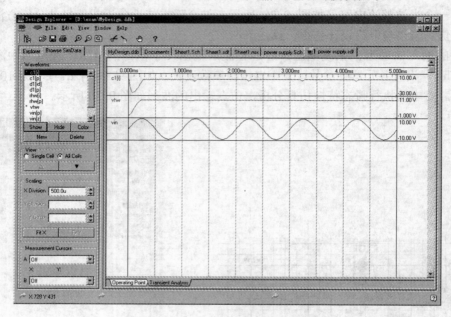

图 9-31　改变电容容值后的仿真波形

9.5.3　低通滤波器电路仿真

本例设计一个低通滤波器来滤去干扰信号，结合瞬态特性分析和交流小信号分析来分析二阶低通滤波器电路，根据仿真结果分析电路的滤波性能。低通滤波器的电路原理图如图 9-32 所示。

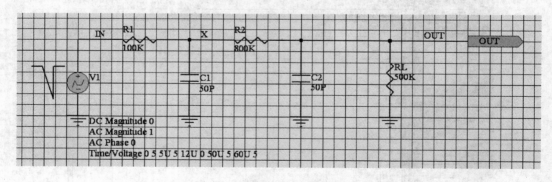

图 9-32　低通滤波器电路原理图

图中电压源为一分段线性电源，电源参数设置如图 9-33 所示，经过低通滤波器后，在 OUT 节点输出的波形较为平滑，其中的高频部分被滤除掉了，通过瞬态特性分析可以看出滤波的效果。如图 9-34 所示为瞬态特性分析的设置，图 9-35 所示为瞬态特性仿真后的波形。

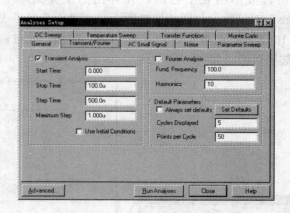

图 9-33 电源属性设置对话框　　　　图 9-34 瞬态特性分析设置对话框

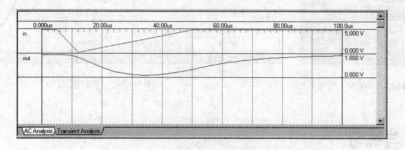

图 9-35 瞬态特性仿真后的波形

下面通过交流小信号分析仿真后，研究低通滤波器的频率响应特性可以定量地分析出设计电路的滤波效果。如图 9-36 所示为交流小信号分析的参数设置，图 9-37 所示为该仿真后的波形。

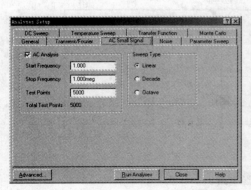 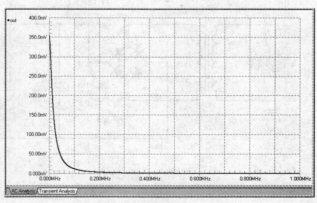

图 9-36 交流小信号分析的参数设置　　　　图 9-37 交流小信号仿真后的波形

从波形图中可以看出小信号分析后的默认坐标类型，X 轴为线性频率值，Y 轴为输出电压幅值，但实际应用中经常使用波特图来分析，用户可以改变波形的坐标类型来适应仿真需要。本例中可以改变 X 轴坐标线性频率值为对数值，以利于观察输出波形的效果。将光标移动到仿真波形图表中右击，在弹出的快捷菜单中选择"Scaling"命令，打开"Scaling Options"对话框，如图 9-38 所示。在"X Scale"选项组中选中"Log"单选按钮，默认值是以 10 为底的对数坐标，单击"OK"按钮，此时输出 X 轴为对数坐标，而 Y 轴为线性坐标的波形显示，如图 9-39 所示。

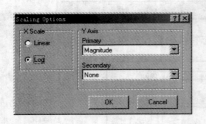

图 9-38 "Scaling Options"对话框

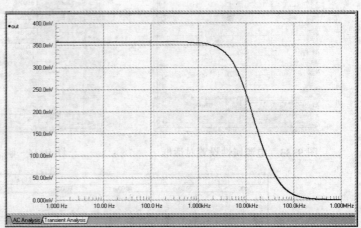

图 9-39 输出波形

9.6 思考与练习

1. Protel 99 SE 中用于仿真分析的元器件库存放在哪一个元器件数据库中？
2. 了解仿真激励信号源及其用途。
3. 对图 9-40 所示直流稳压电源电路进行仿真。

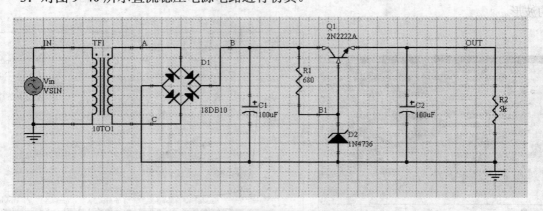

图 9-40 直流稳压电源电路

4. 对图 9-41 所示滤波电路采用 AC 小信号分析、参数扫描分析进行仿真，确定带通滤波器的参数。

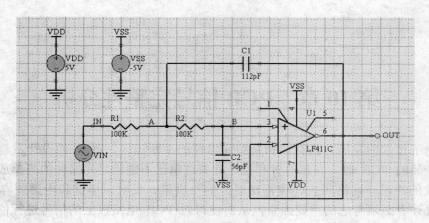

图 9-41 滤波电路

5. 绘制如图 9-42 所示的仿真原理图，并对 IN 和 OUT 信号进行仿真。

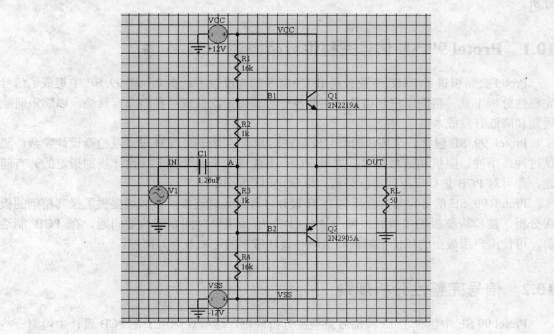

图 9-42 放大电路仿真原理图

第 10 章　PCB 信号完整性分析

随着电子技术的发展，新材料和新型元器件的不断涌现，PCB 的设计日趋复杂，在设计电子产品的 PCB 时，高频时钟和快速开关逻辑已不能满足元器件的简单放置和元器件之间导线的连通。网络阻抗、传输延迟、信号质量、反射、串扰和电磁兼容（EMC）成为每个设计者必须考虑的重要因素，从而使得对 PCB 电路板上的信号进行信号完整性分析就显得尤为重要。一般情况下，主要应用信号完整性分析工具来分析电路中一些较为重要的信号波形畸变程度。本章主要讲述如何使用 Protel 99 SE 进行 PCB 信号完整性分析。

10.1　Protel 99 SE 信号完整性分析概述

Protel 公司引进了 EMC 专业公司 INCASES 的先进技术，在 Protel 99 SE 中集成了信号完整性分析工具，帮助用户利用信号完整性分析获得一次性成功和消除盲目性，以缩短研制周期和降低开发成本。

Protel 99 SE 包含一个高级的信号完整性仿真器，能分析 PCB 设计及检查设计参数，测试过冲、下冲、阻抗和信号斜率。如果 PCB 上任何一个设计要求（设计规则指定的）有问题，即可对 PCB 进行反射或串扰分析，以确定问题所在。

Protel 99 SE 信号完整性分析与 PCB 设计过程为无缝连接，该模块提供了极其精确的板级分析，能检查整板的串扰、过冲/下冲，上升时间/下降时间和阻抗等问题。在 PCB 制造前，可使用户用最小的代价来解决高速电路设计带来的电磁兼容等问题。

10.2　信号完整性分析规则

Protel 99 SE 中包含了 13 项信号完整性分析规则，这些规则用于在 PCB 设计中检测一些潜在的信号完整性问题。信号完整性分析是基于布好线的 PCB。

在打开的需要进行信号完整性分析的 PCB 文档中，选择"Design（设计）"→"Rule（规则）"命令，系统将打开"Design Rule"对话框，如图 10-1 所示。在该对话框的"Signal Integrity"选项卡中，可以选择需要的信号完整性分析规则，并对所选择的规则进行设置。

在系统默认状态下，信号完整性分析规则没有定义，当需要进行信号完整性分析时，可以选中"Signal Integrity"选项中的需要分析的规则项，然后右击，在弹出的快捷菜单中选择"Add"命令，即可建立一个新的分析规则。或者单击选项卡中的"Add"按钮，系统弹出"新建分析规则"设置对话框，可对需要的规则进行设置，设置完成后单击"OK"按钮确定设置分析规则完毕。Protel 99 SE 完整性分析规则包括以下 13 项。

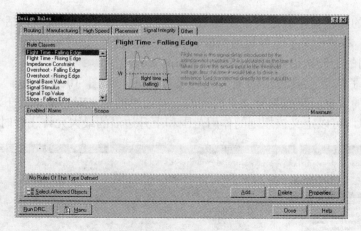

图 10-1 "Design Rule"对话框

1．飞升时间的下降边沿（Flight Time- Falling Edge）

该规则定义了信号下降边沿的最大允许飞行时间，如图 10-2 所示。单击"Add"按钮，添加此规则的定义。"Flight Time-Falling（飞升时间的下降边沿）"对话框如图 10-3 所示。

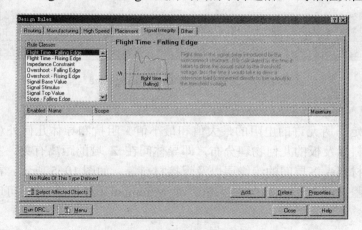

图 10-2 选择"Flight Time-Falling Edge"

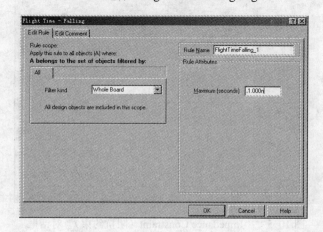

图 10-3 "Flight Time-Falling（飞升时间的下降边沿）"对话框

在图 10-3 的对话框左侧定义了此规则的适用范围，在下拉列表中包括 Whole Board、Net Class 及 Net。右侧定义了下降边沿的最大允许飞行时间。该时间的单位一般为 ns。

2．飞升时间的上升边沿（Flight Time- Rising Edge）

该规则定义了信号上升边沿的最大允许飞行时间，如图 10-4 所示。单击"Add"按钮，添加此规则的定义。可以打开飞升时间的上升边沿的定义对话框，关于对话框中的定义与图 10-3 中相似，可以定义该规则的作用范围和上升边沿的最大允许飞行时间。

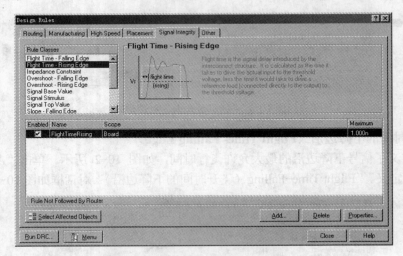

图 10-4　选择"Flight Time-Rising Edge"

3．阻抗约束（Impedance Constraint）

阻抗约束规定了所允许的电阻的最大值和最小值。阻抗和导体几何外观及电导率、导体外的绝缘层材料以及板的几何物理分布，即导体间在 Z 域的距离有关。上述的绝缘层材料包括板的基本材料、多层间的绝缘层以及焊接材料等，如图 10-5 所示。在该对话框中，设计者可以设置阻抗的 Maximum（最大值）和 Minimum（最小值），还可以设置该规则的作用范围。

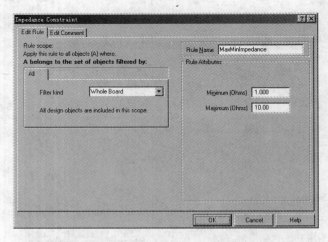

图 10-5　"Impedance Constraint（阻抗约束）"对话框

4. 信号过冲的下降边沿（Overshoot - Falling Edge）

信号过冲的下降边沿定义信号下降沿允许的最大过冲值，如图 10-6 所示。单击"Add"按钮，添加此规则的定义。在该规则设置对话框中可以设置"Maximum（Volts）"过冲值，还可以设置规则的作用范围。

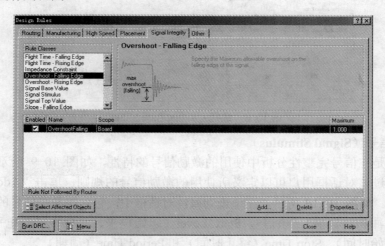

图 10-6　选择"Overshoot-Falling Edge"

5. 信号过冲的上升边沿（Overshoot - Rising Edge）

该规则定义信号上升沿允许的最大过冲值，如图 10-7 所示。单击"Add"按钮，添加此规则的定义。在该规则属性对话框中设置信号的"Maximum（Volts）"过冲值，还可以设置规则的作用范围。

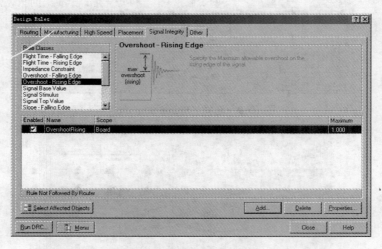

图 10-7　选择"Overshoot-Rising Edge"

6. 信号基值（Signal Base Value）

信号基值是信号在低电平状态时的最小电压，如图 10-8 所示。单击"Add"按钮，添加此规则的定义。该规则属性对话框中定义了允许的"Maximum(Volts)"最大基值，还可以设置该规则的作用范围。

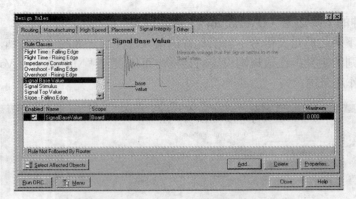

图 10-8 选择"Signal Base Value"

7. 激励信号（Signal Stimulus）

激励信号是在信号完整性分析中使用的激励信号的特性，如图 10-9 所示为激励信号设置对话框。通过该对话框用户可以定义所使用的激励信号的规则，单击"Add"按钮，添加此规则的定义。如图 10-10 所示，在该规则属性对话框中，包含如激励信号的种类（包括单脉冲、周期脉冲和常数值），该信号 Start Level（起始电平、高电平或低电平），该信号的 Start Time（起始时间）、Stop Time（终止时间）和 Period Time（周期）等。

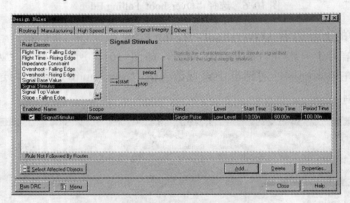

图 10-9 选择"Signal Stimulus"

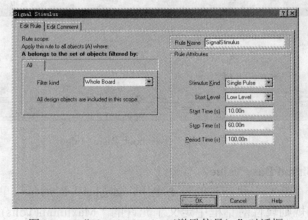

图 10-10 "Signal Stimulus（激励信号）"对话框

8. 信号高电平（Signal Top Value）

信号高电平是信号在高电平状态时的电压值，如图 10-11 所示。单击"Properties"按钮，打开属性设置选项卡，在该规则属性设置对话框中设置该电压的最小值，还可以设置该规则的作用范围。

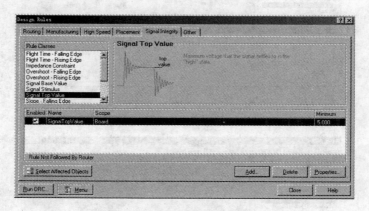

图 10-11　选择"Signal Top Value"

9. 下降边沿斜率（Slope - Falling Edge）

下降边沿斜率是信号从门限电压 V_T 下降到有效低电平的时间，如图 10-12 所示。单击"Properties"按钮，打开属性设置对话框，在该规则的属性对话框中定义了下降沿允许的"Maximum（seconds）"最大时间，还可以设置规则的作用范围。

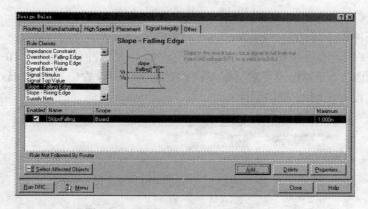

图 10-12　选择"Slope - Falling Edge"

10. 上升边沿斜率（Slope - Rising Edge）

上升边沿斜率是信号从门限电压 V_T 上升到有效高电平的时间，如图 10-13 所示。单击"Properties"按钮，打开属性设置对话框，在该规则的属性对话框中定义了允许的"Maximum（seconds）"最大时间，还可以设置规则的作用范围。

11. 电源网络标号（Supply Nets）

电源网络标号用来设置板上的供电网络标号，在信号完整性分析时需要了解电源网络标号的名称和电压，如图 10-14 所示。单击"Properties"按钮，打开属性设置对话框，在该规则的属性对话框中设置该网络标号所对应的电压值，还可以设置规则的作用范围。

235

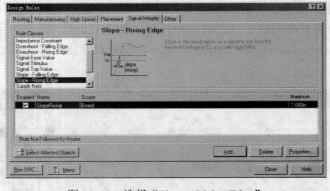

图 10-13 选择"Slope - Rising Edge"

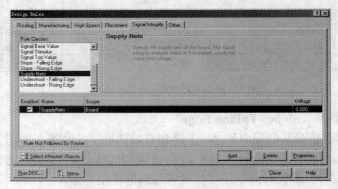

图 10-14 选择"Supply Nets"

12．信号下冲的下降边沿（Undershoot - Falling Edge）

信号下冲的下降边沿是信号的下降沿所允许的最大下冲值，如图 10-15 所示。单击"Properties"按钮，打开属性设置对话框，在该对话窗口中设置信号的"Maximum（Volts）"下冲值，还可以设置规则的作用范围。

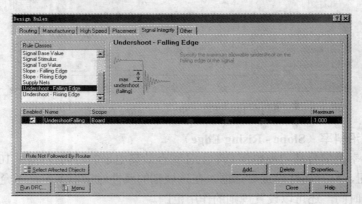

图 10-15 选择"Undershoot-Falling Edge"

13．信号下冲的上升边沿（Undershoot - Rising Edge）

信号下冲的上升边沿是信号的上升沿所允许的最大上冲值，如图 10-16 所示。单击"Properties"按钮，打开属性设置对话框，在该对话框中设置信号的"Maximum（Volts）"上冲值，还可以设置规则的作用范围。

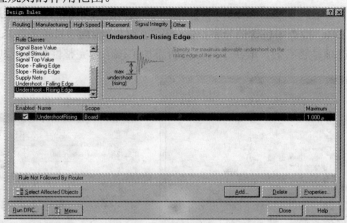

图10-16 选择"Undershoot-Rising Edge"

通过以上的规则设置完成了信号完整性分析的规则设置，在信号完整性分析时将使用这些规则。

10.3 设计规则检查（DRC）

设置完信号完整性分析的规则后，在进行 PCB 的设计规则检查（DRC）前，需要定义每个元器件类型，用于进行信号完整性分析。具体步骤如下所示。

1) 定义元器件类型，选择"Tools（工具）"→"Preference（优先设定）"命令，系统弹出对话框，如图 10-17 所示。选择"Signal Integrity"选项卡，在该选项卡中可以设置元器件标号和元器件类型之间的对应关系。

在对话框中单击"Add"按钮，将弹出"Component Type"对话框，如图 10-18 所示。在该对话框中，输入所用的元器件标号及元器件类型。添加完成后，即可进行 PCB 的 DRC（设计规则检查）。

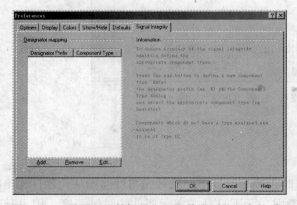

图10-17 设置元器件标号和元器件类型的对应关系　　图10-18 "Component Type"对话框

2) 选择 Tools（工具）→ "Design Rule Check"命令，即可启动"Design Rule Check"对话框，如图 10-19 所示。或者在信号完整性分析规则设置对话框中，单击"Run DRC"按钮，也可打开该对话框。

在该对话框中，单击"Signal Integrity"按钮，系统弹出"Design Rules"对话框，如图10-20所示，可以设置在 DRC 检查中包含信号完整性分析的项目，检查项目越多，系统运行时间也就越长。该对话框中的选项是否有效，取决于前面是否添加了该信号完整性分析规则。

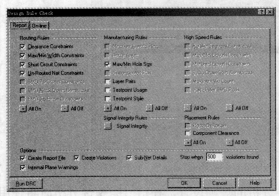 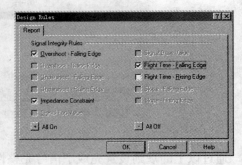

图 10-19　设计规则检查设置对话框　　　　图 10-20　信号完整性分析选择项对话框

3）设置信号完整性分析项后，单击"OK"按钮退出该对话框。然后单击"Run DRC"按钮，运行 DRC 检查。系统自动生成"DRC"文件，如图 10-21 所示。详细列出了板中与定义规则之间的差异，用户通过该文件可以很快地进行设计检查。

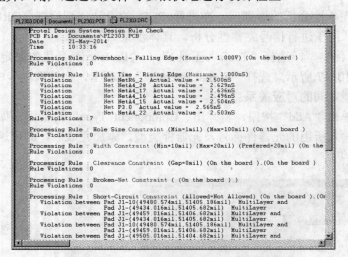

图 10-21　生成"DRC"文件

10.4　信号完整性分析器

信号完整性问题不仅仅出现在高速时钟频率设计中。信号完整性问题从元器件输出的边缘频率（上升时间/下降时间）就开始考虑，而不只是考虑元器件的时钟速度。用上升时间 1ns 的元器件进行设计时，对于 2MHz 或者 200MHz 的时钟频率会产生同样的信号完整性问题。传输延时、网络干扰、信号反射和串扰不再是局限于高频设计的特殊要求了。

元器件制造商总是力图制造出更快更小的元器件，结果造成了元器件边缘频率的上升，随着低速逻辑元器件从厂商的库存中的消失，在不远的将来，所有的电子设计工程师将不得不在设计和布线时考虑信号完整性分析。对设计者而言，在制作 PCB 前进行相关的信号完整性问题的检测是必需的，也是必要的。

Protel 99 SE 中包括一个高级信号完整性分析器，它能够精确地模拟分析已经设计布局好的 PCB，其中测试网络阻抗、降沿信号、升沿信号、信号斜率等设置与 PCB 的设计规则一样。如果 PCB 上任何一个设计要求即预先设置的设计规则有问题，即可对 PCB 进行反射或者串扰分析，以确定问题所在。

10.4.1 启动信号完整性分析器

在 Protel 99 SE 的 PCB 编辑环境下，选择"Tools（工具）"→"Signal Integrity（信号完整性）"命令，启动内部信号完整性分析器。弹出"Confirm"对话框，如图 10-22 所示。

如果单击"Cancel"按钮，则弹出"Signal Integrity Report"对话框，以"SIG"为扩展名。如果单击"Yes"按钮，则忽略该警告继续操作，屏幕上将会出现如图 10-23 所示的"信号完整性分析"窗口。

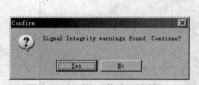

图 10-22　提示信息对话框

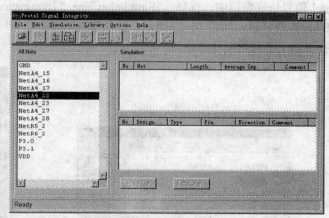

图 10-23　"信号完整性分析"窗口

10.4.2 信号完整性分析器的设置

对分析器的设置，只有清楚了信号完整性分析器中各项设置的意义，才能正确设置信号完整性分析器，进行合理的完整性分析。下面介绍分析器中的设置选项。选择"Edit（编辑）"→"Layer Stack（层堆栈）""Component（元器件）""Net（网络）"命令，检查 PCB 的板层结构、元器件类型、网络类型等，使其与实际情况相符后，即可执行信号完整性分析。

1．设置层结构

选择"Edit（编辑）"→"Layer Stack（层堆栈）"命令，系统弹出"Edit Layer Stack"对话框，如图 10-24 所示。设置 PCB 的结构与参数。

2．设置元器件类型

选择"Edit（编辑）"→"Component（元器件）"命令，系统弹出"Edit Components"对话框，如图 10-25 所示。检查并设置元器件类型，使其与实际元器件相符。

图 10-24 "Edit Layer Stack"对话框

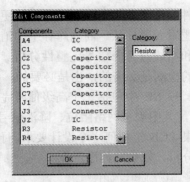

图 10-25 "Edit Components"对话框

3．设置网络

选择"Edit（编辑）"→"Net（网络）"命令，系统弹出"Edit Nets"对话框，如图 10-26 所示。检查并设置网络类型，使其与实际网络类型相符。

4．终端补偿

用户可以根据仿真波形的畸变程度、引脚的电气特性等，采取相应的补偿措施。用户在 Protel 信号仿真窗口中，选择"Simulation"→"Termination Advisor"命令，打开"Termination Advisor"对话框，如图 10-27 所示。默认情况下没有设置终端补偿。在分析中，Protel 99 SE 系统提供如下 7 种终端补偿模型。

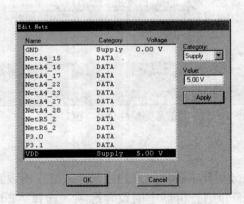

图 10-26 "Edit Nets"对话框

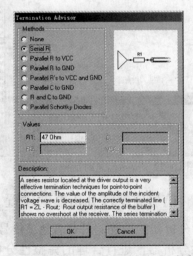

图 10-27 "Termination Advisor"对话框

1）串阻输出驱动器的串阻在点对点的连接中是一个非常有效的终端补偿，这将减少外来电压波形的幅值。正确的终端补偿能消除接收器的过冲现象，如图 10-28 所示。

2）电源 VCC 端并联电阻，这是和传输线阻抗匹配的，对于线路信号反射，是一种比较好的终端补偿方式，但是会增加功耗，也会导致低电平电压的升高，如图 10-29 所示。

3）地端并联电阻，这也是为了传输线的阻抗匹配，与电源并联电阻一样，增加功耗的同时导致高电平电压减小，如图 10-30 所示。

4）地和电源都并联电阻，这对于 TTL 总线系统可以采用，但是功耗较高，在使用中需要考虑这两个电阻的阻值分配,如图 10-31 所示。

 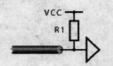 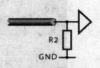

图 10-28　串阻模型　　　图 10-29　电源端并联电阻模型　　　图 10-30　地端并联电阻模型

5）地端并联电容,这可以减少接入输入端的信号噪声,缺点在于波形的上升和下降沿可能变得平坦,增加了上升和下降时间,如图 10-32 所示。

6）地端并联电阻和电容,该模型的优点在于没有直流电流流过,当时间常数 RC 大约为延迟时间的 4 倍左右时,传输线可以充分终结,如图 10-33 所示。

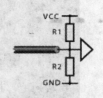

图 10-31　地和电源都并联电阻模型

7）并联肖特基二极管,在传输线上终端的电源和地上并联二极管可以减少接收的俄过冲和下冲值。大多数集成逻辑电路的输入电路都采用并联肖特基二极管模型,如图 10-34 所示。

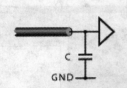 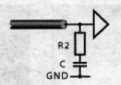

图 10-32　地端并联电容模型　　　图 10-33　地端并联电阻和电容模型　　　图 10-34　并联肖特基二极管模型

10.5　信号波形分析

Protel 99 SE 波形分析器能方便地显示出信号完整性分析的结果,用户可以直接在波形上执行一系列的信号观察和测量,从而确定 PCB 设计的质量。

下面以"4 Port Serial Interface"为例,介绍信号完整性分析的应用,该例 PCB 图如图 10-35 所示。

在 PCB 视图下,依照前面介绍的设置方式,完成信号的完整性分析设置后,选择"Tools（工具）"→"Signal Integrity（信号完整性分析）"命令,将打开信号完整性分析器,可以根据需要进行设置,选择需要分析的网络,如图 10-36 所示。选择"Edit"→"Take Over"命令,将选择的网络添加到仿真框中。

单击图 10-36 中的"Reflections"按钮,或者选择"Simulation"→"Reflection"命令,即可进入 PCB 信号完整性分析。Protel 99 SE 分析完成后,系统弹出"Protel WaveAnalyzer"窗口,在该窗口中可看到网络 RXD 的信号分析波形,如图 10-37 所示。

观察波形信号发生了严重畸变上冲、下冲幅度较大,此时可以采取相应的补偿措施。这里选择采用"Parallel R to VCC（输入端与电源之间并联电阻）"补偿方式,如图 10-38 所示。选择补偿方式后,单击"OK"按钮,返回信号完整性分析窗口。

选择"Simulation"→"Reflection"命令,即可进入 PCB 信号完整性分析。分析完成后,系统弹出仿真波形分析窗口,如图 10-39 所示。

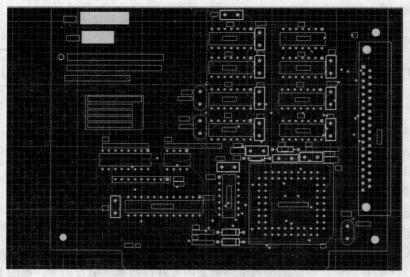

图 10-35　信号完整性分析的 PCB 图

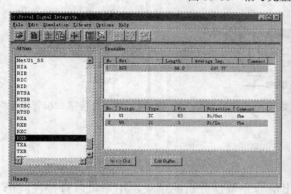

图 10-36　选择待分析的网络

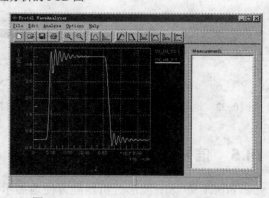

图 10-37　"Protel WaveAnalyzer"窗口

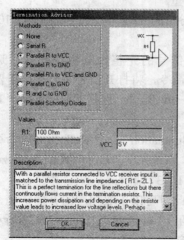

图 10-38　终端补偿措施选择对话框

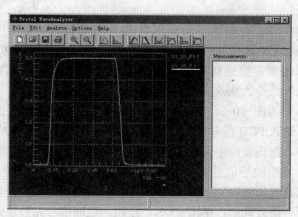

图 10-39　网络 RXD 补偿后的仿真波形分析

10.6 思考与练习

1. 简述进行信号完整性分析的意义。
2. 如何设置终端补偿方式？
3. 如何添加需要查看的网络信号波形？
4. 请对前面章节设计出的 PCB 进行信号完整性分析。

第 11 章 Protel 99 SE 设计实例

本章通过串行通信接口电路的设计实例,介绍了原理图绘制和 PCB 设计的一般操作和步骤;通过单片机 LED 显示电路,介绍了自下而上的层次原理图设计方法及其优势。

11.1 设计串行通信接口电路

本例以 MAX232 为例,介绍串行通信电路的设计,进一步巩固绘制工具的应用及绘制操作。

11.1.1 串行通信接口电路的原理图设计

1. 创建设计数据库文件

在 Protel 99 SE 工作环境下新建一个"RS232.ddb"的项目文件,在该项目中新建一个名为"RS232.sch"的原理图文件,进入原理图编辑工作环境。

2. 添加元器件库

1)选择"Design(设计)"→"Add/Remove Library(添加/删除元器件库)"命令,打开"Change Library File List"对话框,如图 11-1 所示。

2)在查找范围栏中,选中安装"... Design Explorer 99 SE\Library\Sch"文件夹下的"Maxim Interface.ddb"数据库,单击"Add"按钮,该库元器件添加到"Selected Files"栏中,如图 11-2 所示。单击"OK"按钮,确认添加该元器件库文件并返回到原理图编辑工作环境。

图 11-1 "Change Library File List"对话框   图 11-2 添加"Maxim Interface"数据库

3. 放置元器件

1）在库管理面板中，选择"Maxim Transceiver.lib"库后，在元器件列表中选择元器件"MAX232ACPE"，如图 11-3 所示。单击"Place"按钮（或者双击需要放置的元器件），然后移动光标到原理图工作区内，此时元器件随着光标一起移动，移动光标到合适位置单击即可放置该元器件，然后右击退出放置该元器件命令状态。

2）在元器件编号"U?"上单击，使其处于选中状态，再次单击使其处于可编辑状态，如图 11-4 所示。然后输入该元器件编号"U1"，按〈Enter〉键确定修改或者移动光标到工作区空白处单击确定修改。

图 11-3 元器件库管理面板

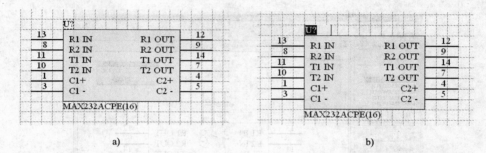

a)   b)

图 11-4 修改元器件编号

a) 选中元器件编号 b) 元器件编号处于可编辑状态

也可以在元器件编号"U?"上双击或者右击该元器件编号，在弹出的快捷菜单中选择"Properties（属性）"命令，打开"Part Designator（元器件标识符）"对话框，如图 11-5 所示。在"Text"文本框中对元器件编号进行修改即可。

图 11-5 "Part Designator（元器件标识符）"对话框

4. 修改元器件符号

1）查看放置到编辑工作区的元器件"MAX232ACPE"，发现其端口不完全，这是因为其部分引脚被隐藏的结果，打开该元器件属性对话框，选择"Hidden Pins"复选框，隐藏的引脚即会显示出来，如图 11-6 所示。另外其绘制出来的引脚位置不合适，不方便绘制原理图。在绘制原理图时，为了更加方便地完成原理图的绘制，可以对该元器件进行编辑修改。

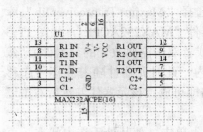

图 11-6　显示隐藏的引脚

2）单击元器件库管理面板中元器件列表下的"Edit"按钮，系统将打开元器件编辑器，如图 11-7 所示。此时，可以对元器件进行调整修改。

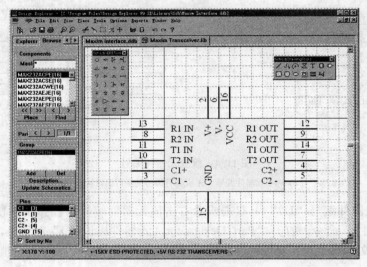

图 11-7　元器件编辑器界面

3）修改引脚的属性及分布，将隐藏的引脚变为可视的，修改后的元器件符号如图 11-8 所示。

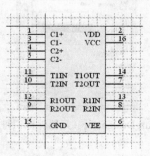

图 11-8　修改后的元器件符号

5. 放置其他元器件

按照同样的方法，继续放置其他元器件后，退出放置元器件命令状态，修改各元器件参数,元器件参数见表 11-1。

表 11-1 元器件参数表

元器件名	元器件编号(标识符)	库参考(Lib Ref)	注释(Comment)	所在库
集成芯片	U1	MAX232ACPE	MAX232ACPE	Maxim Transceiver.lib
电容	C1、C2、C3、C4	CAP	0.1μF	Miscellaneous Devices.lib
电阻	R1	RES2	4.7kΩ	Miscellaneous Devices.lib
接插件	JP1	HEADER 4	HEADER 4	Miscellaneous Devices.lib
接插件	J1	DB9	DB9	Miscellaneous Devices.lib

6. 放置端口

1)选择"Place(放置)"→"Port(端口)"命令或者单击"画线"工具栏中的"放置端口"按钮,然后按〈Tab〉键,打开"Port(端口)"对话框,如图 11-9 所示。在该对话框中,"Name(名称)"文本框中输入端口名称"TX",并在"I/O Type"下拉列表中选择信号方向为"Input"。

图 11-9 "Port(端口)"对话框

2)该对话框中的其他参数为系统的默认参数即可,单击"OK"按钮,返回原理图编辑工作区,移动光标到适当位置后,单击确定该端口的起点,此时光标将自动跳转到该端口的另一端,移动光标调整端口符号的长度,在适当的位置再次单击确定该端口终点位置,完成端口符号的绘制,如图 11-10 所示。

3)按照同样的方法绘制端口符号,名称为"RX",I/O 类型为"Output",其他参数设置为默认值即可。

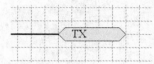

图 11-10 绘制完成的端口符号

7. 放置电源及地端口

1)选择"Place(放置)"→"Power Port(电源端口)"命令或者单击"画线"工具栏中的"放置电源端口"按钮,还可以使用"Power Objects"工具栏中的按钮。

2)执行"Power Port"命令后,按〈Tab〉键可打开"Power Port(电源端口)"对话框,如图 11-11 所示。

图 11-11 "Power Port（电源端口）"对话框

3）若放置 GND 端口，"Net"为"GND"，选择"Style"为"Power Ground"，然后单击"OK"按钮，返回编辑工作区，单击完成放置该端口。

4）按照同样的方法放置电源端口，"Net"为"VCC"，选择"Style"为"Bar"，其他参数采用系统默认即可，然后单击"OK"按钮返回工作区，单击完成放置该电源端口。

8．元器件布局

用鼠标拖动元器件调整各元器件的位置，完成元器件的布局，如图 11-12 所示。

9．连接线路

1）选择"Place（放置）"→"Wire（导线）"命令或者单击"画线"工具栏中的"放置导线"按钮，进入导线绘制命令状态，移动光标到 JP1 的第 1 个引脚处，绘制一段很短的导线，这样的导线有利于放置网络标签时，避免网络标签被元器件遮挡住，如图 11-13 所示。

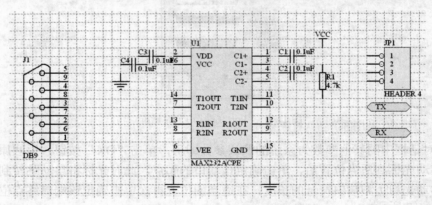

图 11-12 串行通信布局图

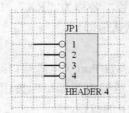

图 11-13 绘制放置网络短导线

2）按照同样的方法，在需要的地方绘制出短导线，以及完成原理图中其他导线的绘制，如图 11-14 所示。

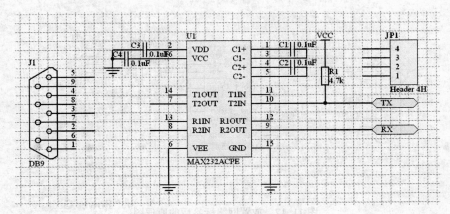

图 11-14 完成连接的原理图

3）选择"Place"→"Net Label（网络标签）"命令或者单击"画线"工具栏中的"放置网络标签"按钮，然后按〈Tab〉键，打开"Net Label"对话框，如图 11-15 所示。在"Net"栏中输入"VCC"，设置此网络标签名称为"VCC"。

注意：在原理图中，与该网络标签一致的引脚，是连接在一起的。

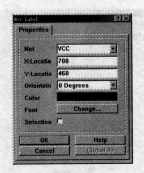

图 11-15 "Net Label"对话框

4）其他参数可采用系统默认设置，单击"OK"按钮，返回到原理图编辑区，此时，光标拖着"VCC"一起移动，移动光标到"JP1"的 4 引脚位置，单击放置后即为该引脚添加网络标签，如图 11-16 所示。

5）按照同样的方法放置其他的网络标签，放置完成后，该串行通信原理图绘制基本完成，如图 11-17 所示。

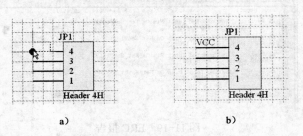

图 11-16 放置网络标签

a）放置前的网络标签　b）放置后的网络标签

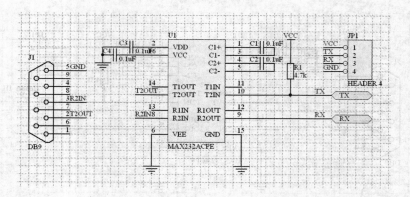

图 11-17 放置网络标签后的原理图

10. 电气规则检查

1）原理图绘制完成后，进行电气规则检查，选择"Tools"→"ERC"命令，系统弹出"Setup Electrical Rule Check"对话框，如图 11-18 所示。可以采用系统默认的设置进行检查，单击"OK"按钮，进入电气规则检查。

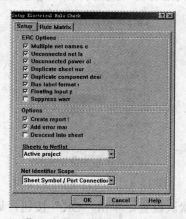

图 11-18 "Setup Electrical Rule Check"对话框

2）检查完成后，系统会给出报告，如图 11-19 所示。该报告给出了两项错误，为"U1"的 11 和 13 引脚，在进行电气检查时，规则要求输入引脚不能悬空。

图 11-19 ERC 报告

3）根据 ERC 报告中指出的错误信息，可以知道输入引脚不能悬空。但是实际上原理图的绘制是正确的。因此，可以放置"No ERC（忽略 ERC 检查）"指示符。选择"Place"→

"Directives"→"No ERC"命令或者单击"画线"工具栏中的"No ERC"按钮，这时光标附着一个旋转45°的小十字，移动光标到11引脚端点单击放置，继续移动光标到13引脚端点处单击放置，不需要放置时右击或者按〈Esc〉键退出放置命令即可，从图11-20a中不难看出11和13引脚处出现了错误标记，表示该引脚存在错误，图11-20b是放置忽略ERC检查后的效果。如果此时再进行ERC就不会出现错误信息。

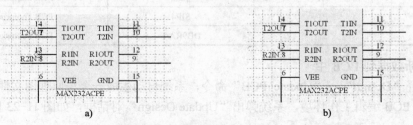

图11-20 放置忽略ERC检查

a) 放置忽略ERC检查前 b) 放置忽略ERC检查后

4）放置忽略ERC检查后，可以再次进行电气规则检查，如图11-21所示为检查后的结果。

图11-21 忽略ERC后的检查结果

11．保存文件

选择"File"→"Save"命令，保存该原理图文件，完成该电路的绘制设计工作，完成后的原理图如图11-22所示。

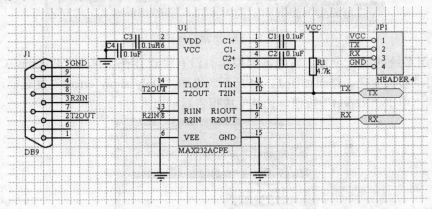

图11-22 完成后的原理图

11.1.2 串行通信接口电路的PCB设计

1．检查元器件封装

在进行从原理图文件更新数据到PCB前，需要确保每个元器件的封装都合适，为每个元器件添加正确的封装。原理图中元器件的封装信息见表11-2。

表 11-2 元器件封装参数表

元器件名	元器件编号（标识符）	封装名（Footprint）	所在库
集成芯片	U1	SO-16	PCB Footprints.lib
电容	C1、C2、C3、C4	0805	PCB Footprints.lib
电阻	R1	0805	PCB Footprints.lib
接插件	P1	SIP4	PCB Footprints.lib
接插件	J1	DB9RA/F	PCB Footprints.lib

2. 更新数据到 PCB 中

1）选择"Design"→"Update PCB"命令，系统自动生成一个与原理图文件同名的 PCB 文件，进入 PCB 编辑工作环境，系统弹出"Update Design"对话框，如图 11-23 所示。

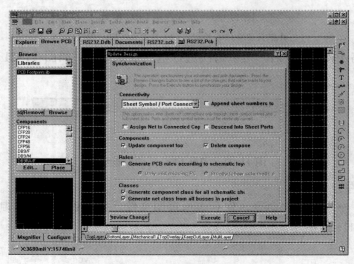

图 11-23 更新数据界面

2）采用系统的默认设置，首先需要检查有没有错误存在，单击"Preview Change"按钮，系统自动检查变化，结果如图 11-24 所示。选中"Only show errors"复选框，可以只显示错误的项；单击"Report"按钮，让其生成报告显示出来。

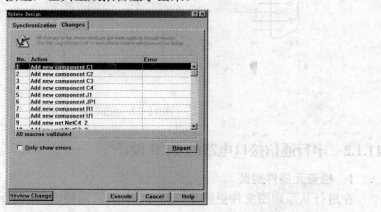

图 11-24 "Preview Change"的结果

3）在改变的结果中没有错误的时候，可以单击"Execute"按钮，执行所有的数据信息更改操作，将原理图文件中的所有信息加载到当前的 PCB 文件中。

3．查看更新数据

1）选择"View"→"Fit Board"命令或者按〈Ctrl + PageDown〉快捷键，查看工作区内所有对象信息。此时工作区内容如图 11-25 所示（注意：为了便于读者观察，将工作区的背景颜色进行了设置）。

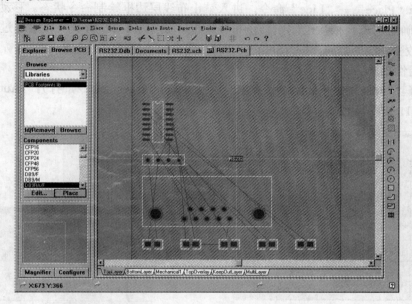

图 11-25　导入 PCB 后的元器件信息

2）移动光标到中央的位置，按下〈PageDown〉键缩小工作区后，将看到工作区的内容，如图 11-26 所示。可以单击"Room"来拖动整个区域内的元器件，也可将此"Room"删除，方法是单击"Room"，四周出现小方格时，按〈Delete〉键删除。

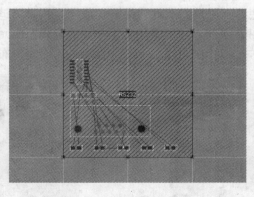

图 11-26　加载原理图信息到 PCB 文档

4．绘制禁止布线区

1）单击层切换标签，选择"KeepOutLayer（禁止布线层）"标签，如图 11-27 所示。设置当前层为禁止布线层。

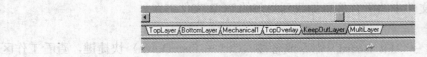

图 11-27　层切换标签

2）选择"Place"→"Line"命令，进入禁止布线层边框绘制命令状态。移动光标到合适位置，单击确定起点，依次绘制出禁止布线边框，如图 11-28 所示。在绘制过程中可以按〈Space〉键改变走线的方向，按〈Shift + Space〉组合键改变线的拐角方式。

5．元器件布局

1）选择"Tools"→"Auto Placement"→"Auto Placer"命令，打开"Auto Place"对话框，如图 11-29 所示。

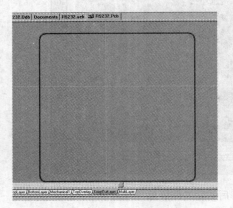

图 11-28　绘制完成的禁止布线边框

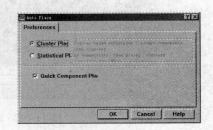

图 11-29　"Auto Place"对话框

2）单击"OK"按钮，执行自动布局操作，自动布局结束后工作区内元器件布局如图 11-30 所示。"快速元器件布局"加快了元器件的布局速度，但是布局的质量相对就差了许多。由于自动布局无法得到用户满意的效果，一般不采用此方式。

3）元器件布局是布线的关键，一般采用手工布局的方式完成元器件的布局工作，手工布局的效果，如图 11-31 所示。采用手工布局可以更加美观、合理，布局时大多采用手工布局。

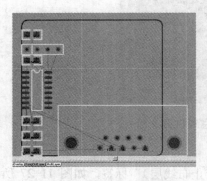

图 11-30　自动布局后的效果

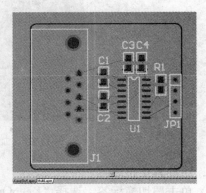

图 11-31　手工布局后的效果

6. 规则设置

选择"Design"→"Rules"命令，打开"Design Rules"对话框，如图 11-32 所示，在"Routing"选项卡中，设置布线的层数及布线的线宽。由于采用了贴片封装元器件，所以设置布线层为双层布线，布线宽度为 10mil，电源及地线为 20mil，线宽规则设置如图 11-33 所示。

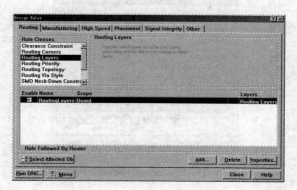

图 11-32 "Design Rules"对话框

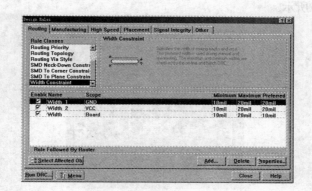

图 11-33 线宽规则设置

7. 布线

1）选择"Auto Route"→"Net"命令，进入元器件自动布线命令状态，此时光标变为十字光标，移动光标到网络"R2IN"的任意一个引脚位置，单击该网络，即可完成网络"R2IN"的布线操作，如图 11-34 所示。

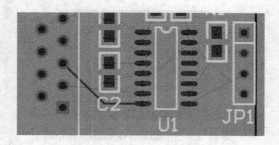

图 11-34 网络"R2IN"自动布线

2）在自动布线时，应优先对重要的信号网络进行布线操作，这样可以提高布线的质量。按照同样的方法完成网路"T2OUT""TX""RX"的自动布线操作。然后选择"Auto Route"→"All"命令，打开"Autorouter Setup"对话框，如图 11-35 所示。需要注意的是，由于已经进行了优先布线，此时，需要选中"Lock All Pre-route"复选框。

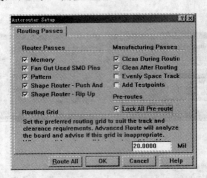

图 11-35 "Autorouter Setup"对话框

3）单击"Route All"按钮，执行自动布线操作，完成后返回到 PCB 编辑环境，自动布线的效果如图 11-36 所示。

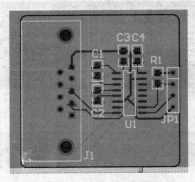

图 11-36 自动布线结果

8．添加泪滴

1）由于板子的布线宽度较小，可以采用泪滴焊盘的形式增加焊盘与走线的强度。选择"Tools"→"Teardrops（泪滴焊盘）"命令，打开"Teardrop Options"对话框，如图 11-37 所示。

图 11-37 "Teardrop Options"对话框

2）单击"OK"按钮，执行放置泪滴操作，放置泪滴后的效果如图 11-38 所示。

9. 放置字符串

选择"Place"→"String"命令，可以放置字符串操作来修饰 PCB，添加效果如图 11-39 所示。需要注意的是，修饰字符可以放到"Top Overlay"层。

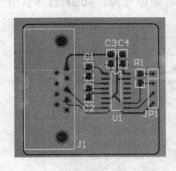

图 11-38　放置泪滴后的效果

图 11-39　放置字符串后效果

10. 保存文件

选择"File"→"Save"命令，保存所有编辑操作，至此，串行通信电路模块设计完成。如果需要其他设计，可以继续进行编辑，如放置安装孔等。

11.2　单片机系统电路设计

本节以绘制单片机 LED 显示电路为例，介绍自下而上的层次原理图电路设计方法，以进一步巩固层次原理图的设计方法。单片机 LED 显示电路如图 11-40 所示。

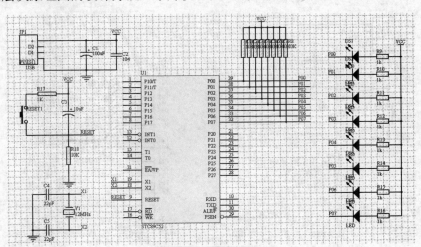

图 11-40　单片机 LED 显示电路

11.2.1　单片机系统中 LED 电路的原理图设计

1. 创建设计数据库文件及绘制子电路

1）启动 Protel 99 SE 环境，在主窗口下，选择"File"→"New"命令，新建一个数据库文件。命名该数据库为"MCU System.ddb",存放路径为"D:\exam"。

2)选择"File"→"New"命令,在弹出的新建文件对话框中选择原理图文件,在该项目中新建一个原理图文件,并保存为"LED.sch"。

3)在"LED.sch"原理图文件中,绘制完成 LED 电路原理图,如图 11-41 所示,并保存该原理图文件。

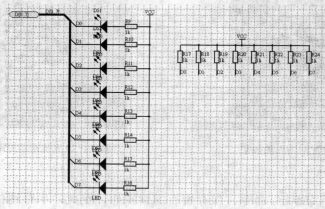

图 11-41 绘制的 LED 电路原理图

4)在该数据库设计项目"MCU System.ddb"中,再新建一个原理图文件,保存为"MCU Board.sch"。

5)在该原理图文件中绘制完成主控制部分电路原理图,如图 11-42 所示,并保存该原理图文件。

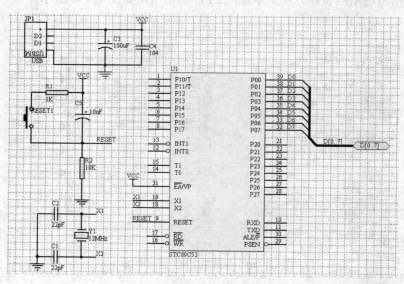

图 11-42 主控制部分电路原理图

2. 绘制顶层原理图

1)在该"MCU System.ddb"数据库文件中,再新建一个原理图文件,并保存为"MCU

System.prj"。

2）在打开的"MCU System.prj"文件窗口中，选择"Design"→"Create Symbol From Sheet"命令，打开"Choose Document to Place"对话框，如图 11-43 所示。

图 10-43 "Choose Document to Place"对话框

3）选择"MCU Board.sch"文档后，单击"OK"按钮，在弹出的"Confirm"对话框中单击"NO"按钮，此时光标附着一个图纸符号，如图 11-44 所示。移动光标到合适位置后，单击放置图纸符号。

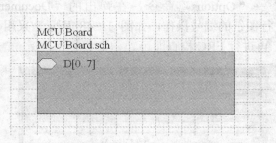

图 11-44 根据"MCU Board.sch"生成的图纸符号

4）在"MCU System.prj"文档窗口中，继续选择"Design"→"Create Symbol From Sheet"命令，创建"LED.sch"原理图文件的图纸符号。调整两个图纸符号的间距以及图纸符号入口，完成后的效果如图 11-45 所示。

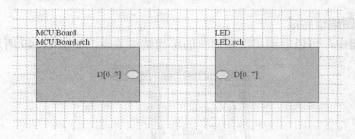

图 11-45 调整后的图纸符号

5）选择"Place"→"Bus"命令，放置总线，连接两个图纸符号，连接完成后的图形，如图 11-46 所示。

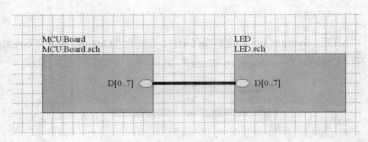

图 11-46 完成顶层原理图的绘制

3. 电气规则检查

1）选择"Tools"→"ERC"命令，对该项目进行 ERC 检查，其结果如图 11-47 所示。结果中存在 3 个错误，从提示信息可以看出，是图纸没有编号。

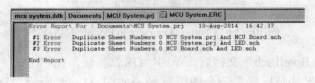

图 11-47 电气规则检查结果

2）选择"Design"→"Options"命令，在弹出的"Document Options"对话框的"Organization"选项卡进行图纸的编号操作，如图 11-48 所示。采用该方法对另外两张图纸进行编号。编号完成后，再进行 ERC 检查即可。

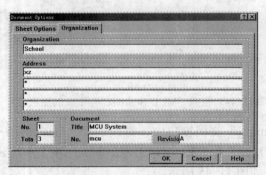

图 11-48 图纸编号

4. 层次原理图编辑完成

在文件管理器中，可以看到层次原理图的层次结构关系，如图 11-49 所示。

图 11-49 项目的文件结构

11.2.2 单片机系统中 LED 显示电路的 PCB 设计

1. 更新数据到 PCB 中

在进行从原理图文件更新数据到 PCB 前,需要确保每个元器件的封装合适,为每个元器件添加正确的封装,如果现有库中没有合适的封装,用户可以自己制作元器件封装,以达到要求。

选择"Design"→"Update PCB"命令,系统自动生成一个与原理图文件同名的 PCB 文件,进入 PCB 编辑工作环境,系统弹出"Update Design"对话框,根据需要进行检查,无误后将数据更新到 PCB 中。

2. 查看更新后的 PCB

选择"View"→"Fit Board"命令,或者按〈Ctrl + PageDown〉组合键,查看工作区内所有对象信息。此时工作区的内容如图 11-50 所示。

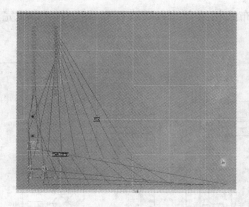

图 11-50 从原理图更新到 PCB 中的结果

3. 元器件布局

1)利用"Room"将 PCB 文件中的元器件分开成为两部分,如图 11-51 所示。这样可以进行模块化布局放置。

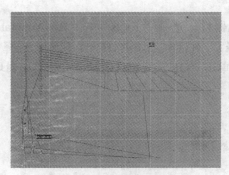

图 11-51 拖动后的效果

2)绘制禁止布线边框,并进行手工布局,布局完成效果如图 11-52 所示。

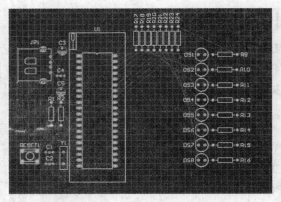

图 11-52 布局完成效果

4. 布线

采用手工布线与自动布线相结合的方式进行布线操作,布线完成后的效果,如图 11-53 所示。

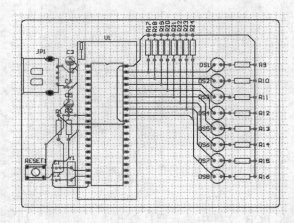

图 11-53 布线后的 PCB 图

5. 元器件的重新注释

重新注释 PCB 中的元器件。选择"Tools"→"Re-Annotate"命令,弹出"Positional Re-Annotate(位置的重注释)"对话框,如图 11-54 所示。选择"2 By Ascending X Then Descending Y"单选按钮,单击"OK"按钮,返回到 PCB 编辑环境。重新注释后的元器件序号,如图 11-55 所示。

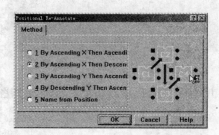

图 11-54 "Positional Re-Annotate(位置的重注释)"对话框

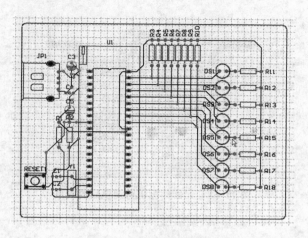

图 11-55 重新注释后的效果

6．元器件序号位置的调整

在图 11-55 中，R11~R18 的位置在电阻的左边，要想将其调整到各自符号的上方，此时，选中需要调整的元器件，选择"Tools"→"Interactive Placement"→"Position component Text"命令，如图 11-56 所示。执行该命令后，系统打开"Component Text Position（元器件文本位置）"对话框，如图 11-57 所示。选择文本放到元器件的上方，单击"OK"按钮，完成位置调整。

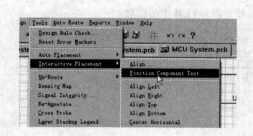

图 11-56 "Position Component Text"命令

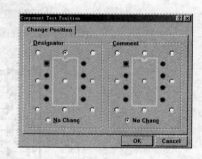

图 11-57 "Component Text Position"对话框

按照以上介绍的方法，进行元器件标识符的排列，排列后的效果如图 11-58 所示。

7．更新标识符到原理图

由于对 PCB 中的元器件标识符进行了重新注释，与原理图中的不一致，因此需要将 PCB 中的元器件新标识符信息更新到原理图中。

1）在 PCB 编辑环境下，选择"Design"→"Update Schematic"命令，打开"Update Design"对话框，单击"Preview Change"按钮后，可以看到变化，如图 11-59 所示。

2）单击"Execute"按钮，执行信息的更新，更新"LED.sch"原理图，如图 11-60 所示。

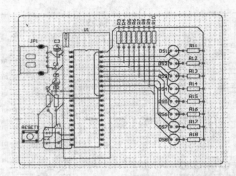

图 11-58 元器件标识符调整后的效果

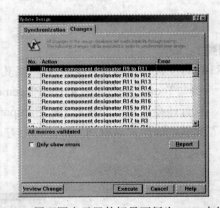

图 11-59 原理图中元器件标号更新为 PCB 中的信息

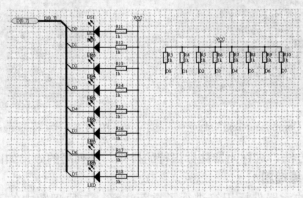

图 11-60 更新后的"LED.sch"原理图

11.3 思考与练习

1. 简述层次电路原理图设计的特点和优势。
2. 完成放大电路的电路设计，如图 11-61 所示。

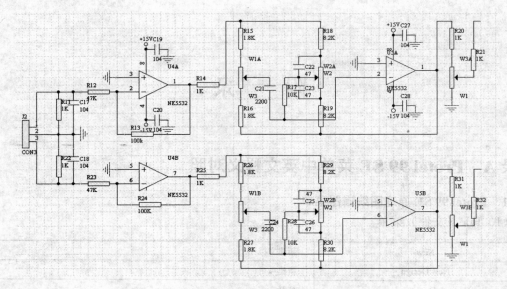

图 11-61 放大电路

3. 七段数码管电路的设计,如图 11-62 所示。

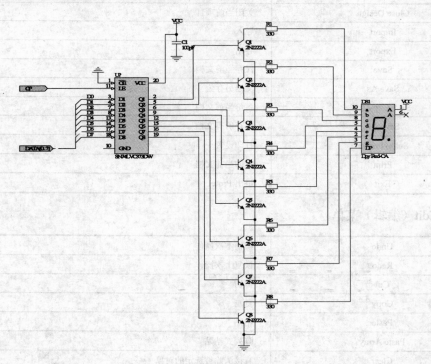

图 11-62 七段数码管显示电路

附　　录

附录 A　Protel 99 SE 菜单中英文释义对照

1. Protel 99 SE 原理图编辑器菜单
（1）File（文件）菜单

New	新建文档
New Design	新建项目
Open	打开文档
Open Full Project	打开当前项目的文档
Close	关闭当前文档
Close Design	关闭当前项目
Import	导入
Export	导出
Save	保存当前文档
Save As	文档另存为
Save Copy As	备份当前文档
Save All	保存所有文档
Setup Printer	打印设置
Print	打印当前文档
Exit	退出 Protel

（2）Edit（编辑）菜单

Undo	撤销本次操作
Redo	恢复上次操作
Cut	剪切
Copy	复制
Paste	粘贴
Paste Array	阵列式粘贴
Clear	直接清除被选定的对象
Find Text	查找文字
Replace Text	替换文字
Find Next	查找下一个
Select	选择

(续)

	Deselect	撤销选择
	Toggle Selection	选择切换
	Delete	删除
	Change	修改（打开属性对话框）
	Move	移动对象
	Align	排列对象
	Jump	跳转
	Set Location Marks	设置标记
	Increment Part Number	功能单元序号增量变化
	Export to Spread	生成更详细的元器件清单

（3）View（视图）菜单

	Fit document	缩放文档适应窗口
	Fit All Objects	缩放所有对象适应窗口
	Area	区域放大
	Around Point	放大微小区域
	50%	50%缩放
	100%	100%缩放
	200%	200%缩放
	400%	400%缩放
	Zoom In	放大
	Zoom Out	缩小
	Pan	以光标处为屏幕中心缩放
	Refresh	刷新
	Design Manager	设计管理器开关
	Status Bar	状态栏开关
	Command Status	命令栏开关
	ToolBars	工具栏开关
	Visible Grid	可视栅格设置开关
	Snap Grid	捕捉栅格设置开关
	Electrical Grid	电气栅格设置开关

（4）Place（放置）菜单

	Bus	放置总线
	Bus Entry	放置总线入口
	Part	放置元器件
	Junction	放置连接点
	Power Port	放置电源（地）
	Wire	放置导线

(续)

	Net Label	放置网络标号
	Port	放置 I/O 端口
	Sheet Symbol	放置图纸符号
	Add Sheet Entry	放置图纸入口
	Directives	放置非 ERC 点等
	Annotation	放置字符串
	Text Frame	放置文本框
	Drawing Tools	绘图工具栏开关
	Process Container	放置过程容器标志

(5) Design（设计）菜单

	Update PCB	更新到 PCB
	PCB Browse Library	打开元器件浏览器
	Add/Remove Library	添加、删除元器件库
	Make Project Library	生成项目元器件库
	Update Parts In Cache	更新缓存中的部件
	Template	模板
	Create Netlist	创建网络表
	Create Sheet From Symbol	由图纸符号创建图纸
	Create Symbol From Sheet	由图纸创建图纸符号
	Options	打开属性对话框

(6) Tools（工具）菜单

	ERC	启动电气规则检查
	Find Component	查找元器件
	Up/Down Hierarchy	层次电路切换
	Complex To Simple	将层次电路的复杂式结构转换为简单式结构
	Annotate	统一修改标号
	Back Anotate	按文件内容对元器件标号
	Database Links	使用数据库内容更新原理图
	Process Containers	过程容器
	Cross Probe	原理图与 PCB 间交互查找
	Select PCB Components	到 PCB 查看选定元器件
	Preferences	打开优先设定对话框

(7) Report（报告）菜单

	Selected Pins	查看被选定的引脚
	Bill of Material	生成元器件清单
	Design Hierarchy	生成层次设计表

	Cross Reference	生成交叉参考表
	Add Port References（Flat）	添加端口参考
	Add Port References(Hierarchical)	添加端口参考（层次设计）
	Remove Port References	清除端口参考
	Netlist Compare	生成网络比较表

2．Protel 99 SE PCB 编辑器菜单

（1）File（文件）菜单

New	新建文档
New Design	新建项目
Open	打开文档
Close	关闭当前文档
Close Design	关闭当前项目
Import	导入
Export	导出
Save	保存当前文档
Save As	文档另存为
Save Copy As	备份当前文档
Save All	保存所有文档
CAM Manager	启动 CAM 管理器
Print/Preview	打印/预览
Exit	退出 Protel

（2）Edit（编辑）菜单

Undo	撤销
Redo	恢复
Cut	剪切
Copy	复制
Paste	粘贴
Paste Special	阵列式粘贴
Clear	删除被选定的对象
Select	选择
Deselect	取消选择
Query Manager	启动查询管理器
Delete	清除被单击的对象
Change	修改（对象属性对话框）
Move	移动
Origin	原点操作
Jump	跳转
Export to Spread	生成元器件列表

(3) View（视图）菜单

Fit Document	缩放显示整个文档
Fit Board	缩放显示电路板
Area	区域缩放
Around Point	缩放显示某点周围的区域
Selected Objects	缩放显示被选定的对象
Zoom In	放大
Zoom Out	缩小
Zoom Last	按照前次显示的比例显示
Pan	以光标处为屏幕中心缩放
Refresh	刷新
Board in 3D	3D 显示
Design Manager	设计管理器开关
Status Bar	状态栏开关
Command Status	命令栏开关
Toolbars	工具栏开关
Connections	显示连接
Toggle Units	单位制切换开关

(4) Place（放置）菜单

Arc(Center)	放置圆弧（以圆心画）
Arc(Edge)	放置圆弧（以边沿画）
Arc(Any Angle)	放置圆弧（以角度画）
Full Circle	放置圆
Fill	放置填充（矩形）
Line	放置线条或导线
String	放置字符串
Pad	放置焊盘
Via	放置过孔
Interactive Routing	放置铜膜导线
Component	放置元器件封装
Coordanate	放置坐标
Dimension	放置尺寸线
Polygon Plane	放置铺铜
Split Plane	分裂平面（需要有内层）
Keepout	放置布线区域
Room	放置元器件房间

(5) Design（设计）菜单

Rules	设置布线规则
Load Nets	装载网络表

（续）

	Netlist manager	网络表管理器
	Update Schematic	更新到原理图
	Layer Stack Manager	层管理器
	Split Planes	管理和分裂平面
	Mechanical Layers	机械层管理器
	Classes	启动类管理器
	From-To Editor	网络管理器
	Browse Components	浏览元器件（封装）
	Add/Remove Library	添加/删除元器件封装库
	Make Library	生成当前项目的元器件封装库
	Aperture Library	建立、调入和编辑光绘文件
	Options	文档属性设置

（6）Tools（工具）菜单

	Design Rule Check	设计规则检查
	Reset Error Markers	取消错误标记
	Auto Placement	自动布局
	Interactive Placement	人工交互布局
	Un-Route	取消布线
	Density Map	生成密度图
	Signal Integrity	信号完整性分析
	Re-Annotate	重新进行编号
	Cross Probe	在原理图和PCB间查找元器件
	Layer Stackup Legend	设置图例
	Convert	转换
	Teardrops	补泪滴
	Miter Corners	倒斜角
	Equalige Net Lengths	利用High Speed/Matched Net Lengths规则进行检查
	Outline Selected Objects	为被选定的对象添加轮廓线
	Find and Set Testpoints	查找和设置测试点
	Clear All Testpoints	清除所有测试点
	Preferences	启动参数选择对话框

（7）Auto route（自动布线）菜单

	All	对电路板自动布线
	Net	对选择的网络进行布线
	Connection	对选择的连接（飞线）进行布线
	Component	对选择的元器件（封装）进行布线
	Area	对选择的区域进行布线

（续）

Setup	布线参数设置	
Stop	停止自动布线	
Reset	复位自动布线器	
Pause	暂停自动布线	
Restart	重新开始自动布线	
Specctra Interface	与 Spectra 布线软件的接口	

（8）Report（报告）菜单

Selected Pins	输出被选定引脚（焊盘）的列表	
Board information	报告电路板信息	
Design Hierarchy	生成层次设计表	
Netlist Status	网络状态列表	
Signal Integrity	信号完整性分析报告	
Measure Distance	距离测量报告	
Measure Primitives	测量两个自由原形对象间的距离	

附录 B　Protel 99 SE 常用快捷键

1. 基本操作快捷键

Enter	选取或者启动
Esc	放弃或者取消
F1	启动在线帮助
Tab	启动浮动对象的属性对话框
PageUp	放大窗口显示比例
PageDown	缩小窗口显示比例
End	刷新屏幕
Del	删除点选取的元器件
Ctrl + Del	删除选取的元器件（清除）
X + A	取消所有选取的对象
X	将浮动对象左右翻转
Y	将浮动对象上下翻转
Space	将浮动对象旋转 90°
Ctrl + Insert	将选取对象复制到编辑区
Shift + Insert	将剪贴板中的对象贴到编辑区
Shift + Del	将选取的对象剪切到剪贴板中
Alt + BackSpace	恢复前一次的操作
Ctrl + BackSpace	取消前一次的操作
Ctrl + C	复制选取的对象
Ctrl + X	剪切

（续）

Ctrl + V	粘贴
Ctrl + F	寻找指定的文字
Ctrl + G	查找并替换字符
Alt + F4	关闭设计编辑器
Spacebar	绘制导线、直线或者总线时，改变走线模式
V + D	缩放视图，以显示整张电路图
V + F	缩放视图，以显示所有电路对象
Home	以光标位置为中心，刷新屏幕
BackSpace	放置导线或者多边形时，删除最末一个顶点
Del	放置导线或者多边形时，删除最末一个顶点
Ctrl + Tab	在打开的各个设计文档之间切换
Alt + Tab	在打开的各个应用程序之间切换
A	弹出编辑\排列子菜单
B	弹出查看\工具栏子菜单
E	弹出编辑菜单
F	弹出文件菜单
G	网格大小设置
H	弹出帮助菜单
I	弹出元器件布局菜单
J	弹出编辑\跳转到子菜单
L	弹出编辑\设定位置标记子菜单
M	弹出编辑\移动子菜单
N	显示、隐藏预拉线
O	弹出 Options 菜单
P	弹出放置菜单
Q	英制与公制切换
R	弹出报告菜单
S	弹出编辑\选择子菜单
T	弹出工具菜单
U	删除自动布线菜单
V	弹出查看菜单
W	弹出视窗菜单
X	弹出编辑\取消选择菜单
Z	弹出 Zoom 菜单
←	向箭头方向以 1 个网格为增量移动光标
Shift + ←	向箭头方向以 10 个网格为增量移动光标
→	向箭头方向以 1 个网格为增量移动光标
Shift + →	向箭头方向以 10 个网格为增量移动光标
↑	向箭头方向以 1 个网格为增量移动光标
Shift + ↑	向箭头方向以 10 个网格为增量移动光标

273

(续)

↓	向箭头方向以1个网格为增量移动光标	
Shift + ↓	向箭头方向以10个网格为增量移动光标	
Ctrl + 1	以元器件原始尺寸的大小显示图纸	
Ctrl + 2	以元器件原始尺寸的大小的200%显示图纸	
Ctrl + 4	以元器件原始尺寸的大小的400%显示图纸	
Ctrl + 5	以元器件原始尺寸的大小的500%显示图纸	
Ctrl + B	将选中对象以下边缘为基准，底部对齐	
Ctrl + T	将选中对象以上边缘为基准，顶部对齐	
Ctrl + L	将选中对象以左边缘为基准，靠左对齐	
Ctrl + R	将选中对象以右边缘为基准，靠右对齐	
Ctrl + H	将选中对象以左右边缘的中心线为基准，水平居中排列	
Ctrl + V	将选中对象以上下边缘的中心线为基准，垂直居中排列	
Ctrl + Shift + H	将选中对象以左右边缘之间，水平均匀分布	
Ctrl + Shift + V	将选中对象以上下边缘之间，垂直均匀分布	
F3	查找下一个匹配字符	
Shift + F4	将打开的所有文档窗口平铺显示	
Shift + F5	将打开的所有文档窗口层叠显示	
Shift + 左键单击对象	选定单个对象	
Ctrl + 左键单击对象，再释放 Ctrl 键	拖动单个对象	
Shift + Ctrl + 左键单击对象	移动单个对象	
Ctrl + 移动或拖动对象	移动对象时，不受电气格点限制	
Alt + 移动或拖动对象	移动对象时，保持垂直方向	
Shift + Alt +移动或拖动对象	移动对象时，保持水平方向	

2. 原理图常用快捷键

Ctrl + L 或 Ctrl + R	使选中的一组对象向左或者向右对齐
Ctrl + B/H/T	使选中的一组对象按底端、水平中心线或者顶端对齐
Ctrl + Shift + H/V	使选中的一组对象水平或者垂直靠中对齐
F2	改变选中对象的焦点位置
Ctrl + F	查找指定文本
Ctrl + G	查找和替换指定文本
F3	查找下一个项目
Ctrl + Home	使光标回到文档的原点上
左键单击并按住+ Delete	删除所选中线的拐角
左键单击并按住 + Insert	在选中的线处增加拐角
Spacebar	放置导线、总线、多边形时激活开始/结束模式
Shift + Spacebar	放置导线、总线、多边形时切换放置模式
Ctrl + 左键单击并拖动	拖动选中的对象可使连线吸附
P + P	放置元器件
P + W	放置连线

(续)

P + B	放置总线
P + U	放置总线分支
P + J	放置电气节点
P + O	放置电源或地
P + N	放置网络标号
P + A	绘制圆弧（中心）
P + L	绘制直线
P + R	绘制矩形
T + C	创建一个新元器件
T + E	为元器件库浏览窗口中选中的元器件重新命名
T + R	删除元器件库浏览窗口中选中的元器件
T + T	删除元器件库浏览窗口中选中的元器件的子件
T + W	为元器件库浏览窗口中选中的元器件创建一个新的子件
D + O	打开文档选项对话框
T + P	打开优先设定对话框

3．PCB 常用快捷键

L	文档的参数选择
Q	公制和英制之间的单位切换
G	捕获栅格大小的选择设置
+	切换到下一层（数字键盘）
-	切换到上一层（数字键盘）
*	下一布线层（数字键盘）
End	刷新工作区
Shift + E	打开或关闭电气网格
Alt + Insert	粘贴
Ctrl + Home 或 Ctrl	使光标回到文档或自定义的原点上
Ctrl + M	测量距离
Shift + R	切换3种布线模式
Shift + S	切换打开/关闭单层显示模式
Ctrl + H	选择连接导线
Ctrl + O	打开优先设定对话框
O + D	优先设定中显示/隐藏
Shift + Spacebar	在布线时切换拐角模式
Spacebar	布线时改变开始/结束模式
BackSpace	布线时删除最后一个拐角
Ctrl + U	取消上次操作
Ctrl + Z	对图形进行区域放大
Ctrl + G	捕获栅格大小的输入设置

参 考 文 献

[1] 胡烨，等．Protel 99 SE 原理图与 PCB 设计教程[M]．北京：机械工业出版社，2005．
[2] 胡烨，等．Protel 99 SE 电路设计与仿真教程[M]．北京：机械工业出版社，2005．
[3] 赵全利，周伟．Protel DXP 实用教程[M]．北京：机械工业出版社，2014．
[4] 潘永雄，沙河．电子线路 CAD 实用教程[M]．西安：西安电子科技大学出版社，2007．
[5] 郭惠，解书刚．Protel 99 SE 常用功能与应用实例精讲[M]．北京：电子工业出版社，2008．
[6] 江思敏，陈明．Protel 电路设计教程[M]．北京：清华大学出版社，2006．